高职高专国家示范性院校课改教材

柔性制造系统控制技术
(亚龙 YL-268)

主　　编　童克波

副主编　史长城　张安民

参　　编　陈　琛　孙红英　闫海兰

主　　审　杨柳春

U0379223

西安电子科技大学出版社

内 容 简 介

　　YL-268 柔性制造系统实验装置在部分高职院校中都有配置,其控制系统以 PLC 组网控制为主,涉及自动检测技术,步进、伺服驱动技术,变频技术,机器人控制技术,气动控制技术,总线技术等。本书以 YL-268 为背景,介绍了柔性制造系统的控制技术,全书主要包括三部分:柔性制造系统核心控制技术,柔性制造系统中 PLC 控制技术,YL-268 柔性制造系统的组成结构和控制原理。

　　本书以"项目引导、任务驱动"的形式编写,注重应用,有些内容属于 PLC 控制的最新技术。

　　本书可作为高职院校电气自动化、机电一体化、机电设备维修与管理、机电工程等专业的教材使用。

图书在版编目(CIP)数据

柔性制造系统控制技术:亚龙 YL-268/童克波主编.
—西安:西安电子科技大学出版社,2015.2
高职高专国家示范性院校课改教材
ISBN 978–7–5606–3609–2

Ⅰ. ① 柔…　　Ⅱ. ① 童…　　Ⅲ. ① 柔性制造系统—自动控制—高等职业教育—教材
Ⅳ. ① TH165

中国版本图书馆 CIP 数据核字(2015)第 018298 号

策　　划　秦志峰
责任编辑　张　玮　秦志峰
出版发行　西安电子科技大学出版社(西安市太白南路 2 号)
电　　话　(029)88242885　88201467　　邮　　编　710071
网　　址　www.xduph.com　　　　电子邮箱　xdupfxb001@163.com
经　　销　新华书店
印刷单位　陕西华沐印刷科技有限责任公司
版　　次　2015 年 2 月第 1 版　　2015 年 2 月第 1 次印刷
开　　本　787 毫米×1092 毫米　1/16　印张 17
字　　数　405 千字
印　　数　1～3000 册
定　　价　36.00 元

ISBN 978 – 7 – 5606 – 3609 – 2 / TH

XDUP 3901001–1

＊＊＊ 如有印装问题可调换 ＊＊＊

前　言

　　柔性制造系统是一个技术复杂、高度自动化的系统，它将微电子学、计算机和系统工程等技术有机地结合起来，圆满地解决了机械制造高自动化与高柔性化之间的矛盾。浙江亚龙科技有限公司将复杂的柔性制造系统中的控制技术提炼出来，开发出了 YL-268 柔性制造系统实验装置。该系统集 PLC 控制技术、组态技术、伺服驱动技术、气动技术、变频技术、自动检测技术、机器人技术和 PROFIBUS-DP 总线技术于一体，十分利于学生对于柔性制造系统的学习和对其控制技术的掌握。鉴于 YL-268 柔性制造系统实训装置所含技术面广量大，高职学生学习起来有一定的难度，编者经过几年的实训教学和科学总结，从中概括出了高职学生能学习并且必须掌握的一些控制技术，配合 YL-268 柔性制造系统实训装置各从站的实际操作，编撰了《柔性制造系统控制技术(亚龙 YL-268)》一书。本书以任务的形式讲述了以下内容：

　　(1) 柔性制造系统认知。

　　(2) 柔性制造系统核心技术中的机械传动技术、气动控制技术、自动检测技术、步进及伺服驱动技术、PROFIBUS-DP 总线技术。

　　(3) 以案例的形式讲解了 PLC 控制技术中的 PID 控制技术、驱动步进电动机三种控制技术、伺服驱动技术、S7-200 PLC 与 MM440 变频器的 USS 通信调速技术、PPI 通信技术及 PROFIBUS-DP 总线技术。

　　书中将 YL-268 柔性制造系统实训装置化整为零，逐个讲解各从站的结构组成、动作原理和控制方法，有利于学生对整个系统的认识、了解和掌握。另外，有关内容都配有实物图片，形象直观，易于学生学习理解。

　　本书由兰州石化职业技术学院童克波任主编。郧阳师范高等专科学校史长城编写了项目四中的任务 2 和任务 3，兰州石化职业技术学院陈琛老师编写了项目二，张安民老师编写了项目四中的任务 4 和任务 5，闫海兰老师编写了附录 1、2，孙红英老师编写了附录 3 的内容，其余内容均由童克波编写。兰州石化职业技术学院杨柳春教授担任本书的主审。本书在编写过程中还得到了浙江亚龙科技有限公司技术人员郑卓勤的大力支持和帮助，此外编者还参考了有关书籍并引用了其中的一些资料，在此一并向他们表示感谢！

　　限于编者的经验、水平，加之时间紧迫，书中难免有不足之处，恳请专家、读者批评指正。

编　者

2014 年 6 月

目　　录

项目— 柔性制造系统认知

了解柔性制造系统及其应用

一、任务引入

随着社会的进步、时代的发展，传统的少品种、大批量的生产方式受到严重的挑战，企业迫切需要一种能在一定范围内调整加工工艺，并且能生产多品种、小批量产品的设备。在这种背景下，柔性制造系统(Flexible Manufacture System，FMS)应运而生，并在世界范围内得到推广，而且在不断完善和发展中。

二、任务分析

通过本任务的学习，应实现以下知识目标：
(1) 了解柔性制造系统的发展历程。
(2) 熟悉柔性制造系统的基本构成。
(3) 熟悉柔性制造系统的优缺点。

三、相关知识

1. 柔性制造系统的发展过程

20 世纪 50 年代至 60 年代，随着科学技术的发展，一些工业发达的国家和地区在研究工厂生产的产品之后，发现大批量生产只占整个制造业的一小部分，大约占制造业总量的 15%～25%，而中小批量生产则占了 75%～85%，此时人们已意识到多品种、小批量自动化生产方式将成为主流趋势。同时，社会对产品功能与质量的要求越来越高，产品更新换代的周期越来越短，产品的复杂程度也随之增高，传统的大批量生产受到挑战。

传统的大批量、少品种的加工方式采用自动流水线制造设备，采用刚性自动化的生产方式，其主要特点是有固定的物流设备，且加工工艺较为固定，不易更改。这种刚性自动化生产线的优点是生产率很高，由于设备是固定的，所以设备的利用率也很高，因此生产产品的成本相对较低。其缺点也十分明显，由于设备的固定性，需要对生产线进行较大改动才能满足改变加工产品品种的要求，这样导致投资成本的加大和对时间的消耗；而多品种、小批量生产加工要求产品多样、产品更新周期短、产品功能复杂，这必然会导致加工时频繁调换刀具，加工工艺稳定性差，生产效率也因此受到影响。因此这种加工方式已经不能满足多品种、小批量生产的要求，其劳动生产率也极大地落后于传统的大批量生产方式。为了同时提高制造工业的柔性和生产效率，使之在保证产品质量的前提下缩短产品生产周期，降低产品成本，最终使中小批量生产能与大批量生产抗衡，柔性制造系统便应运而生。

1967年，世界上首套 FMS "系统 24" 由英国莫林斯公司研制开发。"系统 24" 是由六台模块化的数控机床组成的多工序生产线，可实现无人看管自动连续生产加工的功能。但最终因经济耗费巨大以及技术不成熟，导致该系统并未全部建成。

同年，美国的怀特·森斯特兰公司也研制开发了另一套系统 "onmiline I"，它比 "系统 24" 更为庞大，具有八台加工中心和两台多轴钻床，系统以相对较固定的加工工艺，采用固定顺序将托盘夹具中的工件送入各机床加工，同时工件在各机床之间按顺序进行传送。这种生产方式能进行连续自动加工，但与传统的生产线较为类似，只能满足少品种、大批量生产方式的需求，故只称为柔性自动线。从60年代末至70年代初，FMS 的研制工作先后在日本、苏联、德国等国家开展。

1976年，FMS 重要设备形式之一——柔性制造单元(FMC)显露雏形，由加工中心和工业机器人共同组成的制造单元由日本 FANUC 公司展出。柔性制造单元主要由数台数控机床和一些传送带、工业机器人等所构成的传送装置组成，工业机器人能完成将工件输送到机床、装卸工件等工作。此外 FMC 还拥有独立存放工件的存储站，后来发展成为立体仓库，加工工序可在一定范围内自动调整从而实现连续加工，FMC 满足了多品种、小批量的生产需求。

我国的 FMS 研究相对较晚，我国第一套 FMS 是北京机床研究所于1985年从日本富士通的 FANUC 公司引进的。该套 FMS 主要用于旋转体加工，其对象是 FB-15/25 型直流伺服电动机的轴类、法兰盘类、刷架体类和壳体类等四大类共14种零件。它由5台国产加工中心、日本富士电机公司的 AGV 及4台日本产的机器人组成，包括中央管理系统、物流控制系统、技工单元和监视摄像系统四大部分。

我国第一套自主研发的 FMS-JCS-FMS-2 实用型单元控制系统于1991年诞生，该系统由重庆大学与北京机床研究所共同研制开发，虽然该系统功能不尽完善，但对我国的 FMS 发展具有里程碑式的影响。

FMS 从最初的概念、探索、研究并逐步走向实用化和商品化的过程已经经历了50多年，它的发展水平代表着一个国家的制造业技术水平，其中以美、英、德、日等为代表，成功地创造出许多优秀的 FMS 案例。在目前全球所运行的 FMS 中，美国所研制的占50%，而日本和德国所研制的占另一半。

2. 柔性制造系统的基本构成

FMS 在直观上可定义为一个在中央计算机控制下，由两台以上配有自动换刀及自动换工件托盘的数控机床，以及供应刀具和工件托盘的物料运送装置组成的制造系统，它具有生产负荷平衡调度和对制造过程实时监控以及制造多种零件族的柔性自动化功能。

我国对 FMS 的标准定义为：柔性制造系统是由数控加工设备、物流储运装置和计算机控制系统组成的自动化制造系统，它包括多个柔性制造单元，能根据制造任务或生产环境的变化迅速进行调整，适用于多品种、中小批量生产，能适应加工对象变换，在加工自动化的基础上实现物质流和信息流的自动化。

FMS 的定义有很多种，尚无统一定义。但简单来说，FMS 运用成组技术作为工艺基础，根据具体的加工对象的特点和需求来确定相应的工艺流程，并选择自动加工系统、物流系统和其他系统各部分设备的型号，利用计算机技术进行控制，能根据产品和工艺流程更改要求自动调整并以较高生产率生产多种产品(即具有"柔性")。FMS 可以满足市场对多品种、中小批量生产的需求。

对机械制造业的柔性制造系统而言，其基本构成部分及作用如表 1-1 所示。

表 1-1 柔性制造系统基本构成及其作用

构 成	作 用
自动加工系统	以成组技术为基础，把外形尺寸(形状不必完全一致)和重量大致相等、材料相同、工艺相似的零件集中在一台或数台数控机或专用机床等设备上加工的系统
物流系统	由多种运输装置(如传送带、机械手、完成工件、刀具等)构成的用于供给与传送的系统，它是柔性制造系统主要的组成部分
信息系统	对加工和运输过程中所需的各种信息收集、处理和反馈，并通过电子计算机或其他控制装置(液压、气压装置等)对机床或运输设备实行分级控制的系统
软件系统	保证柔性制造系统用电子计算机进行有效管理的必不可少的组成部分，它包括设计、规划、生产控制和系统监督等软件

柔性制造系统的功能结构主要包括计划调度、加工设备、物流系统、CAD/CAM(计算机辅助设计/计算机辅助制造)一体化、网络通信、检测监控 6 个部分，如图 1-1 所示。

随着微电子技术、计算机技术、通信技术以及机械与控制设备的发展，柔性制造技术日臻成熟。如今，FMS 已成为各工业化国家机械制造自动化的研制发展重点。按规模大小划分，柔性制造系统可分为柔性制造单

图 1-1 柔性制造系统的功能结构

元(FMC)、柔性制造系统(FMS)、柔性制造生产线(FML)、柔性制造工厂(FMF)等 4 种形式，如表 1-2 所示。

表 1-2 柔性制造系统的分类表

形 式	构 成
柔性制造单元	FMC 是由 1～2 台数控机床或加工中心构成的加工单元，并具有不同形式的刀具交换和工件的装卸、输送及储存功能。除了机床的数控装置外，还通过一个单元计算机进行程序管理和外围设备管理。FMC 适合加工形状复杂、工序简单、工时较少、批量小的零件。它有较大的设备柔性，但人员柔性和加工柔性低。FMC 的形式如图 1-2 所示
柔性制造系统	FMS 以两台以上数控机床或加工中心为基础，配以物料传送装置、检测设备等，具有较为完善的刀具和工件的输送和储存系统。FMS 适合加工形状复杂、加工工序多、批量大的零件，加工和物料传送柔性大，但人员柔性仍然较低。它可在不停机的状态下，实现多品种、中小批量的加工管理。FMS 除了调度管理计算机外，还配备有过程控制计算机和分布式数控终端，形成多级控制系统组成的局部网络。FMS 是使用柔性制造技术最具代表性的制造自动化系统。FMS 的形式如图 1-3 所示

形　式	构　　成
柔性制造生产线	FML 是把多台可以调整的机床(多为专用机床)连接起来，配以自动运送装置组成的生产线。其加工设备可以是通用的加工中心、CNC 机床，亦可采用专用机床或 NC 专用机床，可以加工批量较大的不同规格零件，对物料搬运系统的柔性要求低于 FMS，但生产率更高。对于柔性程度低的柔性制造生产线，FML 在性能上接近大批量生产用的自动生产线；对于柔性程度高的柔性制造生产线，则接近于小批量、多品种生产用的柔性制造系统。FML 以离散型生产中的柔性制造系统和连续生产过程中的分散性控制系统(DCS)为代表，其特点是实现生产线柔性化及自动化，技术日臻成熟，迄今已进入实用化阶段。FML 的形式如图 1-4 所示
柔性制造工厂	FMF 是由计算机系统和网络通过制造执行系统(MES)，将设计、工艺、生产管理及制造过程的所有 FMC、FMS 连接起来，配以自动化立体仓库，实现从订货、设计、加工、装配、检验、运送至发货的完整的数字化制造过程。它将制造、产品开发及经营管理的自动化连成一个整体，以信息流控制物质流的智能制造系统(IMS)为代表，其特点是实现了整个工厂的柔性化及自动化，达到了目前自动化生产的最高水平，代表了当今世界上最先进的自动化应用技术。FMF 的形式如图 1-5 所示

图 1-2　FMC 的形式

图 1-3　FMS 的形式

图 1-4　FML 的形式

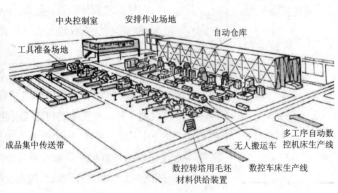

图 1-5　FMF 的形式

3. 柔性制造系统的优点

柔性制造系统是一个技术复杂、高度自动化的系统，它将微电子学、计算机和系统工程等技术有机地结合起来，圆满地解决了机械制造高自动化与高柔性化之间的矛盾。其优点具体如表1-3所示。

表1-3 柔性制造系统的优点

优点	说明
设备利用率高	一组机床在编入柔性制造系统后，其产量比这组机床在分散单机作业时的产量提高了数倍
生产能力相对稳定	自动加工系统由一台或多台机床组成，当发生故障时，有降级运转的能力，物料传送系统也有自行绕过故障机床的能力
产品质量高	零件在加工过程中，装卸一次完成，加工精度高，加工形式稳定
运行灵活	有些柔性系统的检验、装配和维护工作可在第1班完成，第2、3班可在无人照看下正常生产。在理想柔性系统中，其监控系统还能处理诸如刀具的磨损调换、物流的堵塞疏通等运行过程中不可预料的问题
产品应变能力大	刀具、夹具及物料运输装置具有可调性，且系统平面布置合理，便于增减设备，满足市场需要

柔性制造系统作为一种生产手段，不断适应新的需求，不断引入新的技术，不断向更高层发展。FMS随着其应用范围的逐步扩大，有逐渐朝低成本、高柔性、多功能化、模块化、集成化、智能化、小型单元化、管理现代化、环保化方向发展的趋势。

FMS的软、硬件都向模块化方向发展。一方面，与计算机辅助设计和辅助制造系统相结合，利用原有产品系列的典型工艺资料，组合设计不同模块，构成各种不同形式的具有物质流和信息流的模块化柔性系统；另一方面是实现从产品决策、产品设计、生产到销售的整个生产过程的自动化。特别是管理层次自动化的计算机集成制造系统，柔性制造系统只是它的一个组成部分。为了保证系统工作的可靠性和经济性，将其主要组成部分进行了标准化和模块化。以模块化结构集成FMS，再以FMS作为制造自动化基本模块集成计算机/现代集成制造系统(CIMS)是一种基本趋势。

柔性制造系统未来将发展各种工艺内容的柔性制造单元和小型FMS，完善FMS的自动化功能，扩大FMS完成作业内容，并与CAD/CAM相结合，向全盘自动化工厂的方向发展。

思 考 与 复 习

1. 柔性制造系统能实现哪些功能？
2. 按规模大小划分，柔性制造系统可分为几种？

项目二　柔性制造系统核心技术

任务 1　机械传动技术

一、任务引入

在柔性制造系统中，为了实现对工件的传输、搬运，常常要使用各种机械传动设备，了解和熟悉这些机械传动设备的结构、工作原理，是学习柔性制造系统必须掌握的内容。

二、任务分析

通过本任务的学习，应实现以下知识目标：

(1) 了解带传动机构的结构和应用。

(2) 了解滚珠丝杠机构的结构和应用。

(3) 了解直线导轨机构的结构和应用。

(4) 了解齿轮传动机构的结构和应用。

三、相关知识

1. 带传动机构

1) 带传动机构认知

在自动化生产线机械传动系统中，常利用带传动方式实现机械部件之间的运动和动力的传递。带传动机构主要依靠带与带轮之间的摩擦或啮合进行工作。带传动可分为摩擦型带传动和啮合型带传动，其传动结构图如图 2-1 所示。

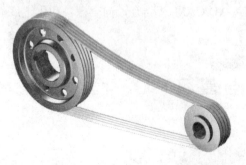

图 2-1　带传动结构图

带传动机构的两大传动类型及其异同点如表 2-1 所示。由于啮合型带传动在传动过程中传递功率大，传动精度高，所以在自动化生产线中使用得较为广泛。

表 2-1 带传动机构的两大传动类型及其异同点

类型	共 同 点	不 同 点
摩擦型	1. 具有很好的弹性，能缓冲吸振，传动平稳，无噪声； 2. 过载时传动带会在带轮上打滑，可防止其他部件受损坏，起过载保护作用；	摩擦型带传动一般适用于中小功率、无需保证准确传动比和传动平稳的远距离场合
啮合型	3. 结构简单，维护方便，无需润滑，且制造和安装精度要求不高； 4. 可实现较大中心距之间的传动功能	啮合型带传动具有传递功率大、传动比准确等优点，多用于要求传动平稳、传动精度较高的场合

2) 了解带传动机构的应用

带传动机构(特别是啮合型同步带传动机构)目前被大量应用在各种自动化装配专机、自动化装配生产线、机械手及工业机器人等自动化生产机械中，同时还广泛应用在包装机械、仪器仪表、办公设备及汽车等行业。在这些设备和产品中，同步带传动机构主要用于传递电机转矩或提供牵引力，使其他机构在一定范围内往复运动(直线运动或摆动运动)。

2. 滚珠丝杠机构

1) 滚珠丝杠机构认知

将滚珠丝杠机构沿纵向剖开可以看到，它主要由丝杠、螺母、滚珠、滚珠回流管、压板、防尘片等部分组成，如图 2-2 所示。丝杠属于直线度非常高的转动部件，在滚珠循环滚动的方式下运行，实现螺母及其连接在一起的负载滑块(例如工作台、移动滑块)在导向部件作用下的直线运动。工业应用中几种典型滚珠丝杠机构的外形如图 2-3 所示。

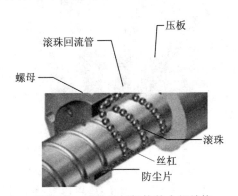

图 2-2 滚珠丝杠机构的内部结构 图 2-3 工业中几种典型应用的滚珠丝杠

滚珠丝杠机构虽然价格较贵，但由于其具有高刚度、高精度、运动可逆、能高速进给和微量进给、驱动扭矩小、传动效率高、使用寿命长等一系列突出优点，能够在自动化机械的各种场合实现所需要的精密传动，所以仍然在工程上得到了极广泛的应用。

2) 滚珠丝杠机构的应用

滚珠丝杠机构作为一种高精度的传动部件，被大量应用于数控机床、自动化加工中心、电子精密机械进给机构、伺服机械手、工业装配机器人、半导体生产设备、食品加工和包装、医疗设备等领域。

图 2-4 所示为滚珠丝杠机构在数控雕刻机中应用的实物图。图 2-5 所示为滚珠丝杠机

构应用于各种精密进给机构的 **X-Y** 工作台,其中步进电动机为驱动部件,直线导轨为导向部件,滚珠丝杠机构为运动转换部件。

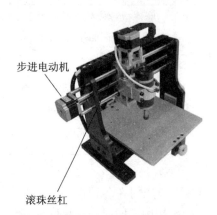

图 2-4　滚珠丝杠在数控雕刻机中的应用

图 2-5　滚珠丝杠在精密进给机构中的应用

3. 直线导轨机构

1) 直线导轨机构认知

直线导轨机构通常也被称为直线导轨、直线滚动导轨、线性滑轨等,它实际是由能相对运动的导轨(或轨道)与滑块两大部分组成的,其中滑块由滚珠、端盖板、保持板、密封垫片组成。直线导轨机构的内部结构如图 2-6 所示。几种典型直线导轨机构的外形如图 2-7 所示。

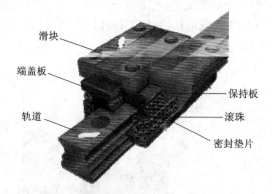

图 2-6　直线导轨机构的内部结构

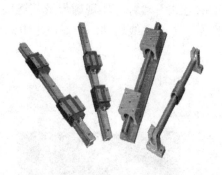

图 2-7　几种典型直线导轨机构的外形

直线导轨机构由于采用了类似于滚珠丝杠的精密滚珠结构,所以具有如表 2-2 所示的一系列特点。使用直线导轨机构除了可以获得高精度的直线运动以外,还可以直接支撑负载工作,降低了自动化机械的复杂程度,简化了设计与制造过程,从而大幅度降低了设计与制造成本。

表 2-2　直线导轨机构的工作特点与应用领域

类　别	工　作　特　点	应　用　领　域
直线导轨	运动阻力非常小,运动精度高,定位精度高,多个方向同时具有高刚度,容许负荷大,能长期维持高精度,可高速运动,维护保养简单,能耗低,价格低廉	广泛应用于数控机床、自动化生产线、机械手、三坐标测量仪器等需要较高直线导向精度的各种装备制造行业

2）直线导轨机构的应用

由于在机器设备上大量采用直线运动机构作为进给、移送装置，所以为了保证机器的工作精度，首先必须保证这些直线运动机构具有较高的运动精度。直线导轨机构作为自动化机械最基本的结构模块被广泛应用于数控机床、自动化装配设备、自动化生产线、机械手、三坐标测量仪器等装备制造行业。

图 2-8 所示为直线导轨机构在双柱车床中的应用。图 2-9 所示为直线导轨机构在卧式双头焊接机床中的应用。

图 2-8 直线导轨机构在双柱车床中的应用　　图 2-9 直线导轨机构在卧式双头焊接机床中的应用

4. 间歇传动机构

1）机械间歇传动机构认知

在自动化生产线中，根据工艺的要求，经常需要沿输送方向以固定的时间间隔、固定的移动距离将各工件从当前的位置准确地移动到相邻的下一个位置，实现这种输送功能的机构称为间歇传输机构，工程上有时也称为步进输送机构或步进运动机构。工程上常用的间歇性运动机构主要有槽轮机构和棘轮机构等。图 2-10 所示为常用间歇传动机构的结构图。

图 2-10 常用间歇传动机构结构图

虽然各种间歇传动机构都能实现间歇输送的功能，但是它们都有其自身结构、工作特点及工程应用领域，如表 2-3 所示。

表 2-3 常用间歇传动机构的类型、工作特点及应用领域

类　型	工　作　特　点	应　用　领　域
槽轮机构	结构简单，工作可靠，机械效率高，能准确控制转角，工作平稳性较好，运动行程不可调节，存在柔性冲击	一般应用于转速不高的场合，如自动化机械、轻工机械、仪器仪表等
棘轮机构	结构简单，转角大小调节方便，存在刚性冲击和噪声，不易准确定位，机构磨损快，精度较低	只能用于低速、转角不大或需要改变转角、传递动力不大的场合，如自动化机械的送料机构与自动计数等

2) 间歇传动机构的应用

间歇传动机构具有结构简单紧凑和工作效率高两大优点。采用间歇传动机构能有效简化自动化生产线的结构，方便地实现工序集成化，形成高效率的自动化生产系统，提高自动化专机或生产线的生产效率，因而在自动化机械装备，特别是电子产品生产、轻工机械等领域得到广泛的应用。

5. 齿轮传动机构

1) 齿轮传动机构的认知

齿轮传动机构是应用最广的一种机械传动机构。常用的传动机构有圆柱齿轮传动机构、圆锥齿轮传动机构和蜗杆传动机构等。图 2-11 所示为各种齿轮传动机构的外形图。

图 2-11　各种齿轮传动机构外形图

齿轮传动是依靠主动齿轮和从动齿轮的齿廓之间的啮合来传递运动和动力的，与其他传动相比，齿轮传动具有如表 2-4 所示的特点。

表 2-4　齿轮传动机构的特点

类　别	优　　点	缺　　点
齿轮传动	1. 瞬时传动比恒定； 2. 适用的圆周速度和传动功率范围较大； 3. 传动效率较高，寿命较长； 4. 可实现平行、相交、交错轴间传动 5. 蜗杆传动的传动比大，具有自锁能力	1. 制造和安装精度要求较高； 2. 生产使用成本高； 3. 不适用于距离较远的传动； 4. 蜗杆传动效率低，磨损较大

2) 齿轮传动机构的应用

齿轮传动机构是现代机械中应用最为广泛的一种传动机构，比较典型的应用是在各级变速器、汽车的变速箱等机械传动变速装置中。图 2-12 所示为齿轮传动机构在减速器和汽车变速箱中的应用。

　　　　(a) 减速器　　　　　　　　　　　　(b) 汽车变速箱

图 2-12　齿轮传动机构在减速器和汽车变速箱中的应用

思 考 与 复 习

1. 摩擦型带传动和啮合型带传动有哪些异同点？
2. 齿轮传动机构有哪些特点？

任务 2 气动控制技术

一、任务引入

在柔性制造系统中，气动控制技术应用广泛，掌握和了解气源的产生、输送，气源的减压控制，气源的流量控制，电磁阀、汽缸的结构和自动控制，都是为学好柔性制造系统所必须掌握的内容。

二、任务分析

通过本任务的学习，应实现以下知识目标：
(1) 了解气动控制系统的组成。
(2) 熟悉和了解各种汽缸的结构和工作原理。
(3) 熟悉和了解各种气动控制元件的结构和作用。

三、相关知识

1. 气动控制系统认知

图 2-13 所示为一个简单的气动控制系统构成图。该控制系统有静音气泵、气动二联件、汽缸、电磁阀、检测元件和控制器等组成，能实现汽缸的伸缩运动控制。气动控制系统是以压缩空气为工作介质，在控制元件的控制和辅助元件的配合下，通过执行元件把空气压缩能转化为机械能，从而完成汽缸直线或回转运动，并对外做功。

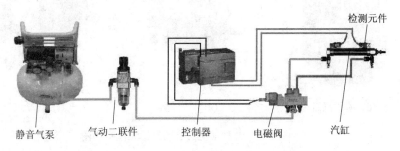

图 2-13 一个简单的气动控制系统构成图

一个完整的气动控制系统基本由气压发生器(气源装置)、执行元件、控制元件、辅助元件、检测装置及控制器等 6 部分组成。

图 2-13 中的静音气泵为压缩空气发生装置，其中包括空气压缩机、安全阀、过载安全保护器、储气罐、罐体压力指示表、一次压力调节指示表、过滤减压阀及气源开关等部件，如图 2-14 所示。气泵是用来产生具有足够压力和流量的压缩空气并将其净化、处理及存储的一套装置，气泵的输出压力可通过其上的过滤减压阀进行调节。

图 2-14　静音气泵

2. 气动执行元件

在气动控制系统中，气动执行元件是一种将压缩空气的能量转化为机械能，实现直线、摆动或者回转运动的传动装置。气动控制系统中常用的执行元件是汽缸和气马达。汽缸用于实现直线往复运动，气马达则用于实现连续回转运动的动作。图 2-15 所示为几种常见的气动执行元件实物图。

(a) 笔型普通汽缸　　　　(b) 气动手爪　　　　(c) 无杆汽缸

(d) 薄型汽缸　　　　(e) 气马达　　　　(f) 转动汽缸

图 2-15　几种常见的气动执行元件实物图

气动执行元件作为气动控制系统中重要的组成部分，被广泛应用在各种自动化机械及生产装备中。为了满足各种应用场合的需要，实际设备中使用的气动执行元件不仅种类繁多，而且各元件的结构特点与应用场合也都不尽相同。表 2-5 给出了工程实际应用中常用气动执行元件的应用特点。

表 2-5　工程实际应用中常用气动执行元件的应用特点

类　型	应　用　特　点
单作用汽缸	单作用汽缸结构简单，耗气量少，在缸体内安装了弹簧，缩短了汽缸的有效行程；活塞杆的输出力随运动行程的增大而减小，弹簧具有吸收动能的能力，可减小行程终端的撞击作用，一般用于短行程和对输出力与运动速度要求不高的场合
双作用汽缸	通过双腔的进气和排气驱动活塞杆伸出与缩回，可实现往复直线运动，活塞前进或后退都能输出力(推力或拉力)；活塞行程可以根据需要选定，双向作用的力和速度可根据需要调节
摆动汽缸	利用压缩空气驱动输出轴在一定角度范围内做往复回转运动，其摆动角度可在一定范围内调节，常用的角度有 90°、180°、270°，用于物体的转位、翻转、分类、夹紧、阀门的开闭以及机器人的手臂动作等
无杆汽缸	无杆汽缸节省空间，行程缸径比可达 50~200，定位精度高，活塞两侧受压面积相等，具有同样的推力，有利于提高定位精度及长行程使用；结构简单、占用空间小，适合小缸径、长行程的场合，但当限位器使负载停止时，活塞与移动体有脱开的可能
气动手爪	一般通过汽缸活塞产生的往复直线运动带动与手爪相连的曲柄连杆、滚轮或齿轮等机构，从而驱动各个手爪同步进行开、闭运动；主要针对机械手的用途而设计，用来抓取工件，实现机械手的各种动作

3. 气动控制元件

在气动控制系统中，气动控制元件用于控制和调节压缩空气的压力、流量和流动方向，以保证执行元件具有一定的输出力和速度，并可按设计的程序正常工作。气动控制元件主要有气动压力控制阀、方向控制阀和流量控制阀。

1) 气动压力控制阀

气动压力控制阀用来控制气动控制系统中压缩空气的压力，可将压力减到每台装置所需的压力，并使压力稳定在所需的压力值上，以满足各种压力需求或节能的要求，气动压力控制阀主要有安全阀、顺序阀、减压阀等几种。图 2-16 所示为常用气动压力控制阀的实物图。

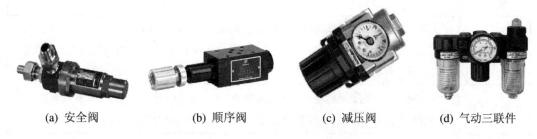

(a) 安全阀　　　　(b) 顺序阀　　　　(c) 减压阀　　　　(d) 气动三联件

图 2-16　常用气动压力控制阀实物图

表 2-6 所示为主要气动压力控制阀的类型、作用及应用特点。在气动控制系统工程应用中，经常将分水滤气器、减压阀和油雾器组合在一起使用，此装置俗称气动三联件。

表 2-6　主要气动压力控制阀的类型、作用及应用特点

类　型	作用及应用特点
减压阀	对供气气源的压力进行二次压力调节，使其压力减小到各气动装置需要的压力，并使压力值保持稳定
安全阀	也称为溢流阀，在系统中起到安全保护作用。当系统的压力超过规定值时，安全阀打开，将系统中的一部分气体排入大气，使得系统压力不超过允许值，从而保证系统不因压力过高而发生事故
顺序阀	依靠气路中压力的作用来控制执行元件按顺序动作的一种压力控制阀。顺序阀一般与单向阀配合在一起构成单向顺序阀

2) 气动流量控制阀

流量控制阀在气动控制系统中通过改变阀的流通截面积来实现对流量的控制，以达到控制汽缸运动速度或者控制换向阀的切换时间和气动信号的传递速度。流量控制阀包括调速阀、单向节流阀和带消声器的排气节流阀等几种。图 2-17 所示为常用气动流量控制阀的实物图。

　　(a) 调速阀　　　　　　　　　(b) 单向节流阀　　　　(c) 带消声器的排气节流阀

图 2-17　常用气动流量控制阀实物图

表 2-7 所示为主要气动流量控制阀的类型、作用及应用特点。特别是单向节流阀上带有气管的快速接头，只要将适合的气管往快速接头上一插就可以接好，使用非常方便，因而在气动控制系统中得到了广泛的应用。

表 2-7　主要气动流量控制阀的类型、作用及应用特点

类　型	应　用　特　点
调速阀	大流量直通型速度控制阀的单向阀为一座阀式阀芯，当手轮开起圈数少时，进行小流量调节；当手轮开起圈数多时，节流阀杆将单向阀顶开至一定开度，可实现大流量调节。直通式接管方便，占用空间小
单向节流阀	单向阀的功能是靠单向型密封圈来实现的。单向节流阀是由单向阀和节流阀并联而成的流量控制阀，常用于控制汽缸的运动速度，故常称为速度控制阀
带消声器的排气节流阀	带消声器的排气节流阀通常装在换向阀的排气口上，控制排入大气的流量，以改变汽缸的运动速度。排气节流阀常带有消声器，可降低排气噪声 20 dB 以上，一般用于换向阀与汽缸之间不能安装速度控制阀的场合及带阀汽缸上

3) 方向控制阀

方向控制阀是气动控制系统中通过改变压缩空气的流动方向和气流通断来控制执行元件启动、停止及运动方向的气动元件。通常使用比较多的是电磁控制换向阀(简称电磁阀)。电磁阀是气动控制中最主要的元件，它利用电磁线圈通电时静铁心对动铁心产生的电磁吸引力使阀切换以改变气流方向。根据阀芯复位的控制方式，又可以将电磁阀分为单电控和双电控两种。图 2-18 所示为电磁控制换向阀的实物图。

(a) 单电控　　　　　　　　　　　(b) 双电控

图 2-18　电磁控制换向阀的实物图

电磁控制换向阀易于实现电—气联合控制，能实现远距离操作，在气动控制系统中广泛使用。在使用双电控电磁阀时应特别注意的是，两侧的电磁线圈不能同时得电，否则将会使电磁阀线圈烧坏。为此，在电气控制回路上，通常设有防止同时得电的联锁回路。

电磁阀按阀切换通道数目的不同可以分为二通阀、三通阀、四通阀和五通阀；同时，按阀芯的切换工作位置数目的不同又可以分为二位阀和三位阀。例如，有两个通口的二位阀称为二位二通阀；有三个通口的二位阀称为二位三通阀。常用的还有二位五通阀，用在推动双作用汽缸的回路中。图 2-19 所示为部分电磁换向阀的图形符号。

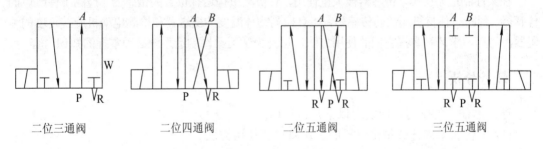

二位三通阀　　　　　　二位四通阀　　　　　　二位五通阀　　　　　　三位五通阀

图 2-19　部分电磁换向阀的图形符号

所谓"位"，指的是为了改变气体方向，阀芯相对于阀体所具有的不同的工作位置。"通"的含义则指换向阀与系统相连的通口，有几个通口即为几通。

在工程实际应用中，为了简化控制阀的控制线路和气路的连接，优化控制系统的结构，通常将多个电磁阀及相应的气控和电控信号接口、消声器和汇流板等集中在一起组成控制阀的集合体使用，将此集合体称为控制阀岛。图 2-20 所示为气动控制系统中常用的电磁阀岛实物图。为了方便气动控制的调试，各电磁阀均带有手动换向和加锁功能的手动旋钮。

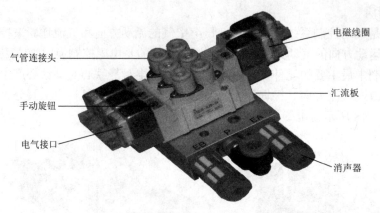

图 2-20　气动控制系统中常用的电磁阀岛实物图

思考与复习

1. 一个完整的气动控制系统由哪几部分构成？
2. 简述气动压力控制阀的类型、作用及应用特点。
3. 在电磁阀中，何为"位"？何为"通"？

任务 3　传感器检测技术

一、任务引入

在柔性制造系统中，传感器被大量使用，有检测机构运行位置的传感器、检测工件颜色的传感器、判断工件材料属性的传感器，还有检测物体温度的变送器和检测电动机旋转角度的编码器，等等。学习和掌握它们的使用方法，也是为学习柔性制造系统必须掌握的知识内容。

二、任务分析

通过本任务的学习，应实现以下知识目标：
(1) 了解和掌握开关量传感器的工作原理和使用方法。
(2) 熟悉数字量传感器的工作原理。

三、相关知识

传感检测技术是实现自动化的关键技术之一。传感检测技术能有效地实现各种自动化生产设备运行信息的自动检测，并按照一定的规律将其转换成与之相对应的电信号进行输出。自动化设备中用于实现传感检测功能的装置称为传感器。

传感器种类繁多，按从传感器输出电信号的类型不同，可将其划分为开关量传感器、数字量传感器和模拟量传感器。

1. 开关量传感器

开关量传感器又称为接近开关，是一种采用非接触式检测，输出开关量的传感器。在自动化设备中，应用较为广泛的主要有磁感应式接近开关、电容式接近开关、电感式接近开关和光电式接近开关等。

1) 磁感应式接近开关

磁感应式接近开关简称磁性接近开关或磁性开关，其工作方式是当有磁性物质接近磁性开关传感器时，传感器感应动作，并输出开关信号。

在自动化设备中，磁性开关主要与内部活塞(或活塞杆)上安装有磁环的各种汽缸配合使用，用于检测汽缸等执行元件的两个极限位置。为了方便使用，每一磁性开关上都装有动作指示灯。当检测到磁信号时，输出电信号，指示灯亮。同时，磁性开关内部都具有过电压保护电路，即使磁性开关的引线极性接反，也不会使其烧坏，只是不能正常检测工作。图 2-21 所示为磁性开关实物图及电气符号图。

图 2-21　磁性开关实物图及电气符号图

2) 电容式接近开关

电容式接近开关利用自身的测量头构成电容器的一个极板，被检测物体构成另一个极板，当物体靠近开关时，物体与接近开关的极距或者介电常数发生变化，引起静电容量发生变化，使得和测量头连接的电路状态也发生相应地变化，并输出开关信号。

电容式接近开关不仅能检测金属零件，而且能检测纸张、橡胶、塑料、木块等非金属物体，还可以检测绝缘的液体。电容式接近开关一般应用在尘埃多、易接触到有机溶剂及需要较高性价比的场合中。由于检测内容的多样性，所以得到更广泛的应用。图 2-22 所示为电容式接近开关实物及电气符号图。

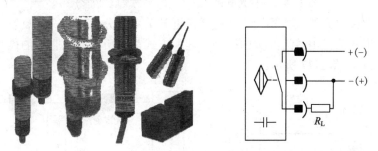

图 2-22　电容式接近开关实物及电气符号图

3) 电感式接近开关

电感式接近开关是利用涡流效应制成的开关量输出位置传感器。它由 *LC* 高频振荡器和放大处理电路组成，利用金属物体在接近时能使其内部产生电涡流，使得接近开关振荡能力衰减、内部电路的参数发生变化，进而控制开关的通断。由于电感式接近开关基于涡流效应工作，所以它的检测对象必须是金属。电感式接近开关对金属与非金属的筛选性能好，工作稳定可靠，抗干扰能力强，在现代工业检测中也得到广泛应用。图 2-23 所示为电感式接近开关的实物及电气符号图。

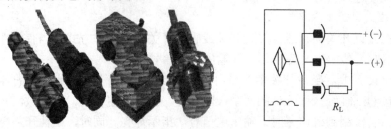

图 2-23　电感式接近开关的实物及电气符号图

4) 光电式接近开关

光电式接近开关是利用光电效应制成的开关量传感器，主要由光发射器和接收器组成。光发射器和接收器有一体和分体式两种。光发射器用于发射红外光或可见光；光接收器用于接收发射器发射的光，并将光信号转换成电信号以开关量形式输出。图 2-24 所示为各种光电式接近开关的实物及电气符号图。

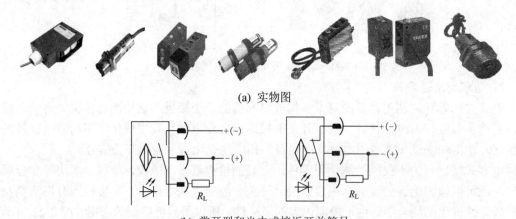

(a) 实物图

(b) 常开型和光电式接近开关符号

图 2-24　各种光电式接近开关的实物及电气符号图

按照接收器接收光的方式不同，光电式接近开关可以分为对射式、反射式和漫反射式三种。这三种形式的光电接近开关的检测原理和方式都有所不同。它们的检测原理分别如图 2-25、图 2-26 和图 2-27 所示。

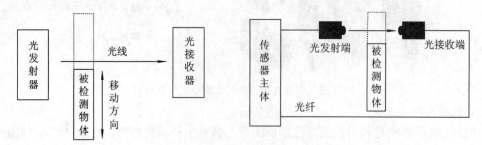

图 2-25　对射式光电接近开关的检测原理

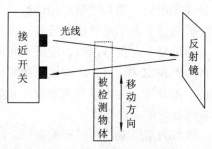

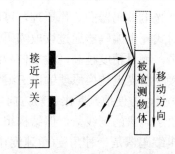

图 2-26　反射式光电接近开关的检测原理　　　　图 2-27　漫反射式光电接近开关的检测原理

(1) 对射式光电接近开关的光发射器与光接收器分别处于相对的位置上，根据光路信号的有无判断信号是否进行输出改变。此开关最常用于检测不透明物体。对射式光电接近开关的光发射器和光接收器有一体式和分体式两种。

(2) 反射式光电接近开关的光发射器与光接收器为一体化的结构，在其相对的位置上安置一个反射镜，光发射器发出的光被反射镜反射，根据是否有反射光线被光接收器接收来判断有无物体。

(3) 漫反射式光电接近开关的光发射器与光接收器集于一体，利用光照射到被测物体上反射回来的光线而进行工作。漫反射式光电接近开关的可调性很好，其敏感度可通过其背后的旋钮进行调节。

光电接近开关在安装时，不能安装在水、油、灰尘多的地方，应回避强光及室外太阳光等直射的地方，注意消除背景物景的影响。光电接近开关主要用于自动包装机、自动灌装机、自动或半自动装配流水线等自动化机械装置上。

2. 数字量传感器

数字量传感器是一种能把被测模拟量直接转换为数字量输出的装置，可直接与计算机系统连接。数字量传感器具有测量精度和分辨率高、抗干扰能力强、稳定性好、易于与计算机接口，便于信号处理和实现自动化测量以及适宜远距离传输等优点，在一些精度要求较高的场合应用极为普遍。工业装备上常用的数字量传感器主要有数字编码器(在实际工程中应用最多的是光电编码器)、数字光栅和感应同步器等。

1) 光电编码器

光电编码器通过读取光电编码盘上的图案或编码信息来表示与光电编码器相连的测量装置的位置信息。图 2-28 所示为光电编码器的实物图。

图 2-28　光电编码器的实物图

根据光电编码器的工作原理，可以将其分为绝对式光电编码器和增量式光电编码器两种。绝对式光电编码器通过读取编码盘上的二进制编码信息来表示绝对位置信息，二进制位数越多，测量精度越高，输出信号线对应越多，结构越复杂，价格越高。增量式光电编码器直接利用光电转换原理输出三组方波脉冲信号 A、B 和 Z 相，A、B 两组脉冲相位差 $90°$，从而可方便地判断出旋转方向，而 Z 相为每转一个脉冲，用于基准点定位；其测量精度取决于码盘的刻线数，但结构相对绝对式光电编码器简单，价格便宜。

　　光电编码器是一种角度(角速度)检测装置，它将输入的角度量，利用转换成相应的电脉冲或数字量，具有体积小、精度高、工作可靠和接口数字化等优点，被广泛应用于数控机床、回转台、伺服传动、机器人、雷达、军事目标测定等需要检测角度的装置和设备中。

　　2) 数字光栅传感器

　　数字光栅传感器是根据标尺光栅与指示光栅之间形成的莫尔条纹制成的一种脉冲输出数字式传感器。它广泛应用于数控机床等闭环系统的线位移和角位移的自动检测以及精密测量方面，测量精度可达几微米。图 2-29 所示为数字光栅传感器的实物图。

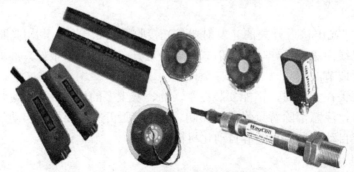

图 2-29　数字光栅传感器的实物图

　　数字光栅传感器具有测量精度高、分辨率高、测量范围大、动态特性好等优点，适合于非接触式动态测量，易于实现自动控制，广泛用于数控机床和精密测量设备中。但是光栅在工业现场使用时，对工作环境要求较高，不能承受大的冲击和振动，要求密封，以防止尘埃、油污和铁屑等的污染，成本较高。

　　3) 感应同步器

　　感应同步器是应用定尺与滑尺之间的电磁感应原理来测量直线位移和角位移的一种精密传感器。感应同步器是一种多极感应元件，可对误差起补偿作用，所以具有很高的精度。图 2-30 所示为感应同步器的实物图。

图 2-30　感应同步器的实物图

　　感应同步器具有对环境温度、湿度变化要求低，测量精度高，抗干扰能力强，使用寿命长和便于成批生产等优点，在各领域的应用极为广泛。直线式感应同步器已经广泛应用于大型精密坐标镗床、坐标铣床及其他数控机床的定位、数控和数显；圆盘式感应同步器常用于雷达天线定位跟踪、导弹制导、精密机床或测量仪器设备的分度装置等领域。

3. 模拟量传感器

模拟量传感器是将被测量的非电学量转化为模拟量电信号的传感器。它可检测在一定范围内变化的连续数值，发出的是连续信号，用电压、电流、电阻等表示被测参数的大小。在工程应用中模拟量传感器主要用于生产系统中位移、温度、压力、流量及液位等常见模拟量的检测。

在工业生产实践中，为了保证模拟信号检测的精度，提高抗干扰能力，便于与后续处理器进行自动化系统集成，所使用的各种模拟量传感器一般都配有专门的信号转换与处理电路，两者组合在一起使用，把检测到的模拟量变换成标准的电信号输出，这种检测装置称为变送器。图 2-31 所示为各种变送器的实物图。

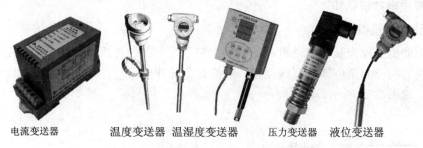

电流变送器　　　温度变送器　温湿度变送器　　　压力变送器　液位变送器

图 2-31　各种变送器的实物图

变送器所输出的标准信号有标准电压或标准电流。电压型变送器的输出电压为 $-5\sim+5\,V$、$0\sim5\,V$、$0\sim10\,V$ 等，电流型变送器的输出电流为 $0\sim20\,mA$ 及 $4\sim20\,mA$ 等。由于电流信号抗干扰能力强，便于运距离传输，所以各种电流型变送器得到了广泛应用。变送器的种类很多，用在工业自动化系统上的变送器主要有温/湿度变送器、压力变送器、液位变送器、电流变送器和电压变送器等。

思考与复习

1. 简述磁感应式接近开关的工作原理。
2. 简述电感式接近开关的工作原理。
3. 简述光电编码器的工作原理。

任务 4　电机驱动技术

一、任务引入

在柔性制造系统中，工件的传送和搬运都涉及电机驱动技术，要对运动的工件进行精确的定位，使用最多的技术是通过 PLC 的输出脉冲控制步进电动机或者伺服电动机的转动进行定位。如何对步进电动机或者伺服电动机进行控制，首先必须了解它们的工作原理，然后才能正确地通过编程对它们进行控制。学习和掌握步进电动机或伺服电动机的使用方法，是为学习柔性制造系统必须掌握的知识内容。

二、任务分析

通过本任务的学习，应了解和熟悉以下知识目标：

(1) 了解和掌握步进电动机的工作原理及使用方法。

(2) 了解伺服电动机的工作原理。

三、相关知识

(一) 步进电动机认知

1. 步进电动机概述

步进电动机又称为脉冲电动机，是数字控制系统中的一种执行元件。其功用是将脉冲电信号变换为相应的角位移或直线位移，即给一个脉冲电信号，电动机就转动一个角度或前进一步，如图 2-32 所示。

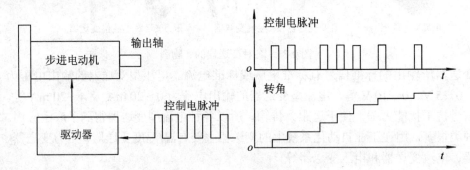

图 2-32　步进电动机的控制原理

步进电动机的角位移量 φ 或线位移量 s 与脉冲数 k 成正比，它的转速 n 或线速度 v 与脉冲频率 f 成正比。在负载能力范围内这些关系不因电源电压、负载大小、环境条件的波动而变化，因而可在开环系统中用作执行元件，使控制系统大为简化。加上步进电机只有周期性的误差而无累积误差等特点，使得在速度、位置等控制领域采用步进电机来进行控制变得非常简单。步进电动机还可以在很宽的范围内通过改变脉冲频率来调速，能够快速启动、反转和制动。它不需要变换，能直接将数字脉冲信号转换为角位移，很适合采用 PLC 控制。

2. 反应式步进电动机的工作原理

按励磁方式分类，步进电动机可分为反应式、永磁式和感应式。其中反应式步进电动机用得比较普遍，结构也较简单，所以这里着重分析这类电机。

反应式步进电动机又称为磁阻式步进电动机，其典型结构如图 2-33 所示。这是一台四相电机，定子铁心由硅钢片叠成，定子上有 8 个磁极(大齿)，每个磁极上又有许多小齿。四相反应式步进电动机共有 4 套定子控制绕组，绕在径向相对的两个磁极上的一套绕组为一相。转子也是由叠片铁心构成，沿圆周有很多小齿，转子上没有绕组。根据工作要求，定子磁极上小齿的齿距和转子上小齿的齿距必须相等，而且转子的齿数有一定的限制。图中转子齿数为 50 个，定子每个磁极上的小齿数为 5 个。

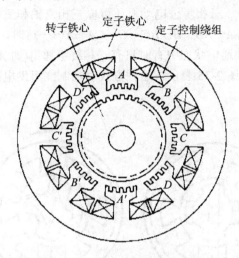

图 2-33　四相反应式步进电动机结构

1) 三相反应式步进电动机工作原理

为了便于说明问题，以一个最简单的三相反应式步进电动机为例说明其工作原理。

图 2-34 是一台三相反应式步进电动机，定子有 6 个极，不带小齿，每两个相对的极上绕有一相控制绕组，转子只有 4 个齿，齿宽等于定子的极靴宽。

当 A 相控制绕组通电，而 B 相和 C 相都不通电时，由于磁通总是沿磁阻最小的路径闭合，所以转子齿 1 和 3 的轴线与定子 A 极轴线对齐。同理，当断开 A 相且接通 B 相时，转子便按逆时针方向转过 30°，使转子齿 2 和 4 的轴线与定子 B 极轴线对齐。若断开 B 相且接通 C 相，则转子再转过 30°，使转子齿 1 和 3 轴线与定子 C 极轴线对齐。如此按 A—B—C—A…… 的顺序不断接通和断开控制绕组，转子就会一步一步地按逆时针方向连续转动，如图 2-34 所示。转子的转速取决于各控制绕组通电和断电的频率(即输入的脉冲频率)，旋转方向取决于控制绕组轮流通电的顺序。如上述电机通电次序改为 A—C—B—A…… 则电机转向相反，按顺时针方向转动。

(a) A 相接通　　　　　　　(b) B 相接通　　　　　　　(c) C 相接通

图 2-34　三相反应式步进电动机

这种按 $A—B—C—A\cdots\cdots$ 运行的方式称为三相单三拍运行。"三相"是指此步进电动机具有三相定子绕组;"单"是指每次只有一相绕组通电;"三拍"是指三次换接为一个循环,第四次换接重复第一次的情况。

除了这种运行方式外,三相步进电动机还可以三相六拍和三相双三拍的方式运行。三相六拍运行的供电方式是 $A—AB—B—BC—C—CA—A\cdots\cdots$ 这时,每一循环换接 6 次,总共有 6 种通电状态,这 6 种通电状态中有时只有一相绕组通电(如 A 相),有时有两相绕组同时通电(如 A 相和 B 相)。图 2-35 表示按这种方式对控制绕组供电时转子位置和磁通分布的图形。

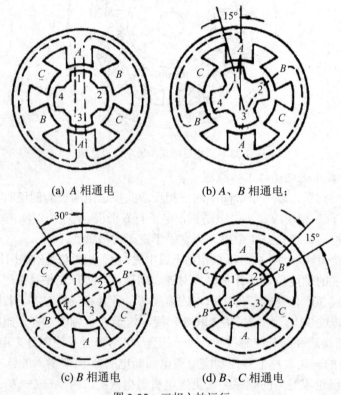

(a) A 相通电 (b) A、B 相通电;

(c) B 相通电 (d) B、C 相通电

图 2-35　三相六拍运行

开始运行时先单独接通 A 相,这时与单三拍的情况相同,转子齿 1 和 3 的轴线与定子 A 极轴线对齐,如图 2-35(a)所示。当 A 相和 B 相同时接通时,转子的位置应兼顾到使 A、B 两对磁极所形成的两路磁通在气隙中所遇到的磁阻同样程度地达到最小。这时,相邻两个 A、B 磁极与转子齿相作用的磁拉力大小相等且方向相反,使转子处于平衡。按照这个原则,当 A 相通电后转到 A、B 两相同时通电时,转子只能按逆时针方向转过 $15°$,如图 2-35(b)所示。这时,转子齿既不与 A 极轴线重合,又不与 B 极轴线重合,但 A 极与 B 极对转子齿所产生的磁拉力却互相平衡。当断开 A 相使 B 相单独接通时,在磁拉力的作用下转子继续按逆时针方向转动,直到转子齿 2 和 4 的轴线与定子 B 极轴线对齐为止,如图 2-35(c)所示。这时,转子又转过 $15°$。依此类推,如果下面继续按照 $BC—C—CA—A\cdots\cdots$ 的顺序使绕组换接,那么步进电动机就不断地按逆时针方向旋转,当接通顺序改为 $A—AC—C—CB—B—BA—A\cdots\cdots$ 时,步进电动机以反方向即顺时针方向旋转。

在实际使用中，还经常采用三相双三拍的运行方式，也就是按 *AB—BC—CA—AB*……方式供电。这时，与单三拍运行时一样，每一循环也是换接 3 次，总共有 3 种通电状态，但不同的是每次换接都同时有两相绕组通电。双三拍运行时，每一通电状态的转子位置和磁通路径与三相六拍相应的两相绕组同时接通时相同，如图 2-35(b)、(d)所示。可以看出，这时转子每步转过的角度与单三拍时相同，也是 30°。

综上所述，三相六拍运行时转子每步转过的角度比三相三拍(不论是单三拍还是双三拍)运行时要小一半，因此一台步进电动机采用不同的供电方式，步距角(每一步转子转过的角度)可有两种不同数值，如上面这台三相步进电动机三拍运行时的步距角为 30°，六拍运行时则为 15°。

2) 四相反应式步进电动机工作原理

以上讨论的是一台最简单的三相反应式步进电动机的工作原理。这种步进电动机每走一步所转过的角度即步距角是比较大的(15° 或 30°)，它常常满足不了系统精度的要求，所以现在大多采用如图 2-36 所示的转子齿数很多且定子磁极上带有小齿的反应式结构，其步距角可以做得很小。下面进一步说明这种电机的工作原理。

设步进电动机为四相单四拍运行，即通电方式为 *A—B—C—D—A*……当图 2-33 中的 *A* 相控制绕组通电时，产生了沿 *A—A'* 极轴线方向的磁通，由于磁通总是沿磁阻最小的路径闭合，因而使转子受到反应转矩的作用而转动，直到转子齿轴线和定子磁极 *A* 和 *A'* 上的齿轴线对齐为止。因为转子共有 50 个齿，每个步距角 $\phi_t = 7.2°$，定子一个极距所占的齿数为 $\frac{50}{2 \times 4} = 6\frac{1}{4}$，不是整数，因此当 *A*、*A'* 极下的定、转子齿轴线对齐时，相邻两对磁极 *B*、*B'* 和 *D*、*D'* 极下的齿和转子齿必然错开 1/4 步距角，即 1.8°。这时，各相磁极的定子齿与转子齿相对位置如图 2-36 所示。如果断开 *A* 相而接通 *B* 相，这时磁通沿 *B*、*B'* 极轴线方向，同样在反应转矩的作用下，转子按顺时针方向应转过 1.8°，使转子齿轴线和定子磁极 *B* 和 *B'* 下齿轴线对齐。这时，*A*、*A'* 和 *C*、*C'* 极下的齿和转子齿又错开 1.8°。依此类推，控制绕组按 *A—B—C—D—A*……顺序循环通电时，转子将按顺时针方向一步一步地连续转动起来。每换接一次绕组，转子转过 1/4 步矩角。显然，如果要使步进电动机反转，那么只要改变通电顺序，按 *A—D—C—B—A*……即可。

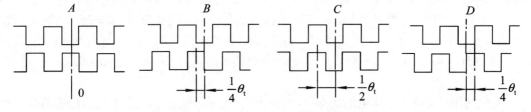

图 2-36 *A* 相通电时定、转子齿的相对位置图

如果运行方式改为四相八拍，其通电方式为 *A—AB—B—BC—C—CD—D—DA—A*……即单相通电和两相通电相间，则与上面三相步进电动机的原理完全相同，当 *A* 相通电转到 *A*、*B* 两相同时通电时，定、转子齿的相对位置由图 2-36 所示的位置变为图 2-37 所示的位置(图中只画出 *A*、*B* 两个极下的齿)，转子按顺时针方向只转过 1/8 齿矩角，即 0.9°，*A* 极和 *B* 极下的齿轴线与转子齿轴线均错开 1/8 步距角。转子受到两个极的作用力矩大小相等，

但方向相反,故仍处于平衡。当 B 相一相通电时,转子齿轴线与 B 极下的齿轴线相重合,转子按顺时针方向又转过 1/8 步距角。这样继续下去,每换接一次绕组,转子转过 1/8 步距角。可见四相八拍运行时的步距角比四相四拍运行时也小一半。

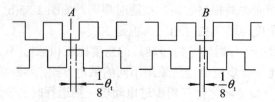

图 2-37 A、B 两相通电时定、转子齿的相对位置

当步进电动机运行方式为四相双四拍,即按 $AB—BC—CD—DA—AB$······方式通电时,步距角与四相单四拍运行时一样,为 1/4 步距角,即 1.8°。

3) 结论

由此可见:电机的位置和速度与导电次数(脉冲数)和频率成一一对应关系,而方向由导电顺序决定。

不过,出于对力矩、平稳性、噪声及减少角度等方面的考虑,三相反应式步进电动机往往采用 $A—AB—B—BC—C—CA—A$ 导电状态,这样可将原来每步 1/3 步距角改变为 1/6 步距角,甚至于通过二相电流不同的组合,使其 1/3 步距角变为 1/12 步距角、1/24 步距角,这就是电机细分驱动的基本理论依据。

不难推出:电机定子上有 m 相励磁绕阻,其轴线分别与转子齿轴线偏移 $1/m$、$2/m$、···、$(m-1)/m$、1,并且按一定的相序导电就能控制电机的正反转,这是步进电动机旋转的物理条件。只要符合这一条件,我们从理论上可以制造任何相的步进电动机,但出于成本等多方面的考虑,市场上一般以二、三、四、五相较为多见。

3. 步进电机的静态指标术语

相数:产生 N、S 磁场的激磁线圈对数,常用 m 表示。

拍数:完成一个磁场周期性变化所需的脉冲数或导电状态,或电机转过一个步距角所需的脉冲数,用 n 表示。以四相电机为例,有四相四拍运行方式,即 $AB—BC—CD—DA—AB$,四相八拍运行方式,即 $A—AB—B—BC—C—CD—D—DA—A$。

步距角:对应一个脉冲信号,电机转子转过的角位移,用 θ 表示,$\theta = 360°$ /(转子齿数 J × 运行拍数)。以常规二、四相且转子齿为 50 齿的电机为例,四拍运行时的步距角为 $\theta = 360°$ /(50 × 4) = 1.8°(俗称整步),八拍运行时的步距角为 $\theta = 360°$ /(50 × 8) = 0.9°(俗称半步)。

定位转矩:电机在不通电的状态下,电机转子自身的锁定力矩(由磁场齿形的谐波以及机械误差引起)。

静转矩:也称保持转矩(Holding Torque),是指步进电动机通电但没有转动时,定子锁住转子的力矩。保持转矩与驱动电压及驱动电源等无关,它是步进电动机最重要的参数之一。通常步进电动机在低速时的力矩接近保持转矩。由于步进电动机的输出力矩随速度的增大而不断衰减,输出功率也随速度的增大而变化,所以保持转矩就成为了衡量步进电动机最重要的参数之一。例如,2 N·m 的步进电动机在没有特殊说明的情况下是指保持转矩为 2 N·m 的步进电动机。

钳制转矩(Detent Torque)：步进电动机在没有通电的情况下，定子锁住转子的力矩。由于反应式步进电动机的转子不是永磁材料，所以它没有钳制转矩。

4. 步进电动机的特点

(1) 一般步进电动机的精度为步进角的 3%～5%，且不可累积。

(2) 步进电动机外表允许的最高温度取决于不同电机磁性材料的退磁点。步进电动机温度过高时会使电机的磁性材料退磁，从而导致力矩下降乃至于失步，因此电机外表允许的最高温度应取决于不同电机磁性材料的退磁点。一般来讲，磁性材料的退磁点都在 130℃以上，有的甚至高达 200℃以上，所以步进电动机外表温度在 80～90℃完全正常。

(3) 步进电动机的力矩会随转速的升高而下降。当步进电动机转动时，电机各相绕组的电感将形成一个反向电动势；频率越高，反向电动势越大。在其作用下，电机的相电流随频率(或速度)的增大而减小，从而导致力矩下降。

(4) 步进电动机低速时可以正常运转，但若高于一定速度就无法启动，并伴有啸叫声。步进电动机有一个技术参数：空载启动频率，即步进电动机在空载情况下能够正常启动的脉冲频率，如果脉冲频率高于该值，电机就不能正常启动，可能发生丢步或堵转，在有负载的情况下，启动频率应更低。如果要使电机达到高速转动，则脉冲频率应有加速过程，即启动频率较低，然后按一定加速度升到所希望的高频(电机转速从低速升到高速)。

5. 步进电动机的控制

在对步进电动机进行控制时，常常会采用步进电动机驱动器对其进行控制。步进电动机驱动器采用超大规模的硬件集成电路，具有高度的抗干扰性以及快速的响应性，不易出现死机或丢步现象。使用步进电动机驱动器控制步进电动机，可以不考虑各相的时序问题(由驱动器处理)，只要考虑输出脉冲的频率(控制驱动器 CP 端)，以及步进电动机的方向(控制驱动器的 DIR 端)。PLC 的控制程序也简单得多。但是，在使用步进电动机驱动器时，往往需要较高频率的脉冲。因此 PLC 是否能产生高频脉冲成为能否成功控制步进电动机驱动器以及步进电动机的关键。西门子 S7-200 PLC 的输出点 Q0.0、Q0.1 可以输出高频脉冲。

6. 步进电动机在工业控制领域的主要应用

步进电动机作为执行元件，是机电一体化的关键产品之一，广泛应用在各种家电产品中，例如打印机、磁盘驱动器、玩具、雨刷、震动寻呼机、机械手臂和录像机等。另外步进电动机也广泛应用于各种工业自动化系统中。由于通过控制脉冲个数可以很方便地控制步进电动机转过的角位移，且步进电动机的误差不积累，可以达到准确定位的目的；还可以通过控制频率很方便地改变步进电动机的转速和加速度，达到任意调速的目的，因此步进电动机可以广泛地应用于各种开环控制系统中。

(二) 伺服电动机认知

伺服电动机又称执行电动机，在自动控制系统中用做执行元件，把所接收到的电信号转换成电动机轴上的角位移或角速度输出。其主要的特点是，当信号电压为零时无自转现象，转速随着转矩的增加而匀速下降。

伺服电动机可以分为直流和交流两种。20 世纪 80 年代以来，随着集成电路、电力电子技术和交流可变速驱动技术的发展，永磁交流伺服驱动技术有了突出的发展，各国著名电气厂商相继推出了各自的交流伺服电动机和伺服驱动器系列产品，并在不断完善和更新。交流伺服系统已成为当代高性能伺服系统的主要发展方向。图 2-38 所示为各种伺服电动机及驱动器的实物图。

图 2-38　各种伺服电动机及驱动器的实物图

交流伺服电动机也是无刷电动机，分为同步和异步电动机，目前运动控制中一般都用同步电动机，它的功率范围大，可以做到很大的功率，惯量大，最高转动速度低且可随着功率增大而快速降低，因而同步电动机适合应用于低速平稳运行的场合。

永磁同步交流伺服驱动器主要由伺服控制单元、功率驱动单元、通信接口单元、伺服电动机及相应的反馈检测器件组成。伺服控制单元包括位置控制器、速度控制器、转矩和电流控制器等，能实现多种控制运动方式。交流伺服电动机的转动精度取决于电机自带编码器的精度(线数)。永磁同步交流伺服驱动器集先进的控制技术和控制策略于一体，使其非常适用于高精度、高性能要求的伺服驱动领域，并体现出强度的智能化、柔性化，是传统的驱动系统所不可比拟的。

当前，高性能的伺服系统大多采用永磁同步交流伺服电动机，控制驱动器多采用快速、准确定位的全数字位置伺服系统。典型生产厂家有德国西门子、美国科尔摩根和日本的松下及安川等公司。

交流伺服电动机具有控制精度高、矩频特性好、运行性能优良、响应快速和过载能力较强等优点，在一些要求较高的自动化生产装备领域中应用比较普遍。但由于伺服电动机成本都比较高，所以在控制系统的设计过程中要综合考虑控制要求、成本等多方面的因素，选用适当的控制电动机。

思考与复习

1. 何为步进电动机的步距角？试计算转子齿数为 50 的 2 相步进电动机 4 拍运行时的步距角，4 相步进电动机 8 拍运行时的步距角。

2. 简述永磁同步交流伺服驱动器的组成结构。

任务5 工业通信网络技术

一、任务引入

在柔性制造系统中，使用了一个很重要的技术——通信网络技术。该技术将每个控制单元组成网络，由主站对每个从站进行控制。针对西门子 PLC 而言，使用的通信网络技术有 PPI 通信、MPI 通信、PROFIBUS-DP 总线通信等。通过学习通信网络技术并掌握其使用方法，为学好柔性制造系统打下坚实的基础。

二、任务分析

通过本任务的学习，应实现以下知识目标：
(1) 了解企业通信网络的组成。
(2) 熟悉现场总线通信的组成结构。

三、相关知识

1. 了解工业通信网络

一般而言，企业的通信网络可划分为三级，即企业级、车间级和现场级。

企业级通信网络用于企业的上层管理，为企业提供生产、经营、管理等数据，通过信息化的方式优化企业的资源，提高企业的管理水平。在这个层次的通信网络中 IT 技术的应用十分广泛，如国际互联网(Internet)和企业内部网(Intranet)。

车间级通信网络介于企业级和现场级之间。它的主要任务是解决车间内不同工艺段之间各种需要协调工作的通信，从通信需求角度来看，要求通信网络能够高速传递大量信息数据和少量控制数据，同时具有较强的实时性。对车间级通信网络，主要解决方案是使用工业以太网。

现场级通信网络处于工业网络系统的最底层，直接连接现场的各种设备，包括 I/O 设备、传感器、变送器、变频与驱动等装置。由于连接的设备千变万化，所使用的通信方式也比较复杂，而且现场级通信网络直接连接现场设备、网络上传递的控制信号，因此对网络的实时性和确定性有很高的要求。对现场级通信网络而言，现场总线是主要的解决方案，最具有影响力的有 PROFIBUS 现场总线、基金会现场总线、Devicenet 现场总线和 CAN 现场总线等。

强大的工业通信网络与信息技术的结合彻底改变了传统的信息管理方式，将企业的生产管理带入到一个全新的境界。为了满足巨大的市场需求，世界著名的自动化产品生产商都为工业控制领域提供了非常完整的通信解决方案，并且考虑到车间级网络的现场级网络的不同通信需求，在不同的层次上提供了不同的解决方案。使用这些解决方案，可以很容易地实现工业控制系统中数据的横向和纵向集成，很好地满足工业领域的通信需求，而且借助于集成的网络管理功能，用户可以在企业级通信网络中很方便地实现对整个网络的监控。

图 2-39 所示为一西门子工业通信网络的拓扑图实例。整个网络分为监控层、操作层和现场层。现场控制信号，如 I/O、传感器、变频器等，通过 HART、ModBus 等各种方式连接到现场 S7-300 PLC 上，PROFIBUS 总线完成 S7-300 PLC 与现场设备的信息交流，可以很方便地进行第三方设备的扩展。现场层配备有两个数据同步的互为冗余的主站，保证现场层与操作层之间数据信息的稳定可靠；中央集控制室与操作员站、工程师站通过开放、标准的以太网进行数据的交换。

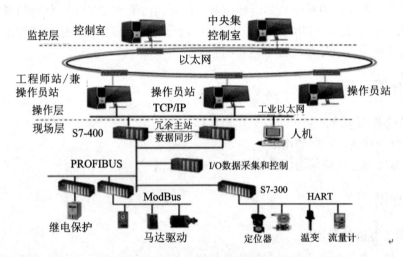

图 2-39 西门子工业通信网络拓扑图实例

在应用较多的西门子工业通信网络解决方案的范畴内使用了许多通信技术。在通信、组态、编程中，除了图 2-39 中提到的工业以太网和 PROFIBUS 总线之外，还需要使用其他一些通信技术。

2. PPI 通信

PPI(Point to Point Interface)通信协议是西门子公司专为 S7-200 系列 PLC 开发的一种通信协议，是 S7-200 PLC 最基本的通信方式，也是其默认的通信方式，该系列 PLC 可通过自带的通信端口实现西门子公司规定的 PPI 通信协议。PPI 是一种点对点的串行通信协议，同时也是主-从通信协议，虽然 PPI 是串行通信，传输速率比较低，但其可以长距离传输数据。

要进行 PPI 通信，首先要设置 PPI 通信参数。PPI 参数主要有波特率、起始位个数、数据位数、检验位、停止位、站地址。S7-200 PLC 的默认通信参数为：站地址为 2，波特率为 9600 kb/s，8 位数据位，2 位偶检验，1 位停止位，1 位起始位。地址与波特率可以在系统块中进行更改，其他的参数格式不能更改。

3. MPI 通信

MPI 是多点接口(Multi Point Interface)的简称，是西门子公司开发的用于 PLC 之间通信的保密协议。MPI 通信是当通信速率要求不高、通信数据量不大时，可以采用的一种简单经济的通信方式。

MPI 通信的主要优点是 CPU 可以同时与多个设备建立通信联系，即编程器、HMI 设备和其他的 PLC 可以连接在一起并同时运行。编程器通过 MPI 生成的网络还可以访问所连接硬件站上的所有智能模块。可同时连接的其他通信对象的数目取决于 CPU 的型号。例如，CPU314 的最大连接数为 4，CPU416 为 64。

MPI 的主要特性如下：

(1) 是 RS-485 物理接口。

(2) 传输率为 19.2 kb/s、187.5 kb/s 或 1.5 Mb/s。

(3) 最大连接距离为 50 m(2 个相邻节点之间)，有两个中继器时最大连接距离为 1100 m，采用光纤和星形耦合器时最大连接距离为 23.8 km。

(4) 采用 PROFIBUS 元件(电缆、连接器)。

MPI 通信有全局数据通信、基本通信和扩展通信。

全局数据通信通过 MPI 在 CPU 间循环地交换数据，而不需要编程。当过程映像被刷新时，在循环扫描检测点上进行数据交换。全局数据可以是输入、输出、标志位、定时器、计数器和数据块区。数据通信不需要编程，而是利用全局数据表来配置。不需要 CPU 的连接用于全局数据通信。

基本通信可用于所有 S7-300/400 CPU，它通过 MPI 子网或站中的总线来传递数据。

扩展通信可用于所有的 S7-400 CPU。该方式通过任何子网(MPI，Profibus，Industrial Ethernent)可以传送最多 64 KB 的数据。它是通过系统功能块(SFB)来实现的，支持有应答的通信。数据也可以读出或写入到 S7-300(PUT/GET 块)中。扩展通信不仅可以传送数据，而且可以执行控制功能，例如控制通信对象的启动和停止。这种通信方法需要配置连接(连接表)。该连接在一个站的全启动时建立并且一直保持。在 CPU 上需要有自由的连接。

4. PROFIBUS 现场总线

1) 现场总线及其国际标准

IEC(国际电工委员会)对现场总线(Fieldbus)的定义是"安装在制造和过程区域的现场装置与控制室内的自动控制装置之间的数字式、串行、多点通信的数据总线称为现场总线"。IEC 61158 是迄今为止制定时间最长、意见分歧最大的国际标准之一，制定时间超过 12 年，先后经过 9 次投票，在 1999 年底获得通过。IEC 61158 最后容纳了下列 8 种互不兼容的协议：

类型 1：原 IEC61158 技术报告，即现场总线基金会(FF)的 HI。

类型 2：Control Net(美国 Rockwell 公司支持)。

类型 3：PROFIBUS(德国西门子公司支持)。

类型 4：P-Net(丹麦 Process Data 公司支持)。

类型 5：FF 的 HSE(原 FF 的 H2，高速以太网，美国 Fisher Rosemount 公司支持)。

类型 6：Swift Net(美国波音公司支持)。

类型 7：WorldFIP(德国 Alstom 公司支持)。

类型 8：Interbus(德国 Phoenix contact 公司支持)。

各类型将自己的行规纳入 IEC 61158，且遵循以下两个原则：

(1) 不改变 IEC 61158 技术报告的内容。

(2) 8 种类型都是平等的，类型 2～类型 8 都对类型 1 提供接口，标准并不要求类型 2～

类型 8 之间提供接口。

IEC 62026 是供低压开关设备与控制设备使用的控制器电气接口标准，于 2000 年 6 月通过。它包括以下内容：

(1) IEC 62024-1：一般要求。

(2) IEC 62024-2：执行器传感器接口(Actuator Sensor Interface，ASI)。

(3) IEC 62024-3：设备网络(Device Network，DN)。

(4) IEC 62024-4：Lonworks(Local Operating Network)总线的通信协议 LonTalk。

(5) IEC 62024-5：灵巧配电(只能分布式)系统(Smart Distributed System，SDS)。

(6) IEC 62024-6：串行多路控制总线(Serial Multiplexed Control Bus，SMCB)。

2) 工厂自动化网络结构

(1) 现场设备层。现场设备层的主要功能是连接现场设备，类如分布式 I/O、传感器、驱动器、执行机构和开关设备等，完成现场设备控制及设备间的连锁控制。

(2) 车间监控层。车间监控层又称为单元层，用来完成车间主生产设备之间的连接(包括生产设备状态的在线监控、设备故障报警及维护等)，以及生产统计、生产调度等功能。传输速度不是最重要的，但是应能传输大容量的信息。

(3) 工厂管理层。车间操作员工作站通过集线器与车间办公管理网连接，将车间生产数据送到车间管理层。车间管理网作为工厂主网的一个子网，连接到工厂骨干网，将车间数据集成到管理层。

西门子工业网(SIMASTIC NET)的通信结构如图 2-40 所示。

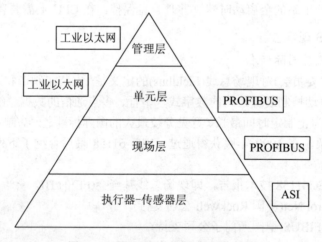

图 2-40 SIMASTIC NET 的通信结构

3) PROFIBUS 的结构与类型

PROFIBUS 已被纳入现场总线的国际标准 IEC 61158 和欧洲标准 EN 50170 之中，并于 2001 年被定为我国的国家标准 JB/T10308.4—2001。PROFIBUS 在 1999 年 12 月通过的 IEC 61158 中称为 Type 3，PROFIBUS 的基本部分称为 PROFIBUS-V0。在 2002 年新版的 IEC 61158 中增加了 PROFIBUS-V1、PROFIBUS-V2 和 RS-4851S 等内容。新增的 PROFInet 规范作为 IEC 61158 的 Type10。截至 2003 年底，安装的 PROFIBUS 节点已突破了 1 千万个，在中国超过 150 万个。

(1) PROFIBUS 的类型。

ISO/OSI 通信标准由七层组成，分为两类：一类是面向网络的第一层到第四层，一类是面向用户的第五层到第七层。第一层到第四层描述数据的传输路径，第五层到第七层为用户提供访问网络系统的方式。PROFIBUS 协议使用了 ISO/OSI 模型的第一层、第二层和第七层。

从用户的角度看，PROFIBUS 提供三种通信协议类型：PROFIBUS-FMS、PROFIBUS-DP、和 PROFIBUS-PA。

PROFIBUS-FMS(Fieldbus Message Specification，现场总线报文规范)使用第一层、第二层和第七层。第七层(应用层)包含 FMS 和 LL1(底层接口)，主要用于系统级和车间级不同供应商的自动化系统之间的传输数据，以及处理单元级(PLC 和 PC)的多主站数据通信。

PROFIBUS-DP(Decentralized Periphery，分布式外部设备)使用第一层和第二层，这种精简的结构特别适合数据的高速传送。PROFIBUS-DP 用于自动化系统中单元级控制设备与分布式 I/O(例如 ET 200)的通信。主站之间的通信为令牌方式；主站与从站之间为主从方式，以及这两种方式的混合。

PROFIBUS-PA(Process Automation，过程自动化)用于过程自动化的现场传感器和执行器的低速数据传输，使用扩展的 PROFIBUS-DP 协议。PROFIBUS-DP 传输技术采用 IEC 1158-2 标准，可以用于防爆区域的传感器和执行器与中央控制系统的通信；使用屏蔽双绞线电缆，由总线提供电源。此外，基于 PROFIBUS 还推出了用于运动控制的总线驱动技术 PROFI-drive 和故障安全通信技术 PROFI-safe。

此外，对于西门子系统，PROFIBUS 提供了两种更为优化的通信方式，即 PROFIBUS-S7 通信和 S5 兼容通信。

PROFIBUS-S7(PG/OP 通信)使用第一层、第二层和第七层，它特别适合于 S7 PLC 与 HMI 和编程器之间的通信，也可用于 S7-300 和 S7-400 以及 S7-400 和 S7-400 之间的通信。

PROFIBUS-FDL (S5 兼容通信)使用第一层和第二层，数据传送快，特别适合于 S7-300、S7-400 和 S5 系列 PLC 之间的通信。

(2) PROFIBUS 的物理层。

PROFIBUS 可以使用多种通信介质(电、光、红外、导轨以及混合方式)。其传输速率为 9.6 kb/s～12 Mb/s，假设 DP(分布式外部设备)有 32 个站点，所有站点传送以 512 b/s 输入和 512 b/s 输出，在 12 Mb/s 时只需 1 ms。每个 DP 从站的输入数据和输出数据最大为 244B。使用屏蔽双绞线电缆时的最远通信距离为 9.6 km，使用光缆时的最远通信距离为 90 km，最多可以接 127 个从站。可以使用灵活的拓扑结构，支持线型、树型、环形结构以及冗余的通信模型。

DP/FMS 的 RS-485 传输 DP 和 FMS 使用相同的传输技术和统一的总线存取协议，可以在同一根电缆上同时运行。DP/FMS 符合 EIA RS-485 标准(也称为 H2)，采用屏蔽或非屏蔽双绞线电缆，传输速率为 9.6 kb/s～12 Mb/s。一个总线段最多有 32 个站，带中继器时最多有 127 个站。若使用 A 型电缆，传输速率为 3 Mb/s～12 Mb/s 时的通信距离为 100 m，9.6 kb/s～93.75 kb/s 时则为 1200 m。

4) PROFIBUS-DP 设备的分类

(1) 1 类 DP 主站。1 类 DP 主站(DPM1)是系统的中央控制器,DPM1 与 DP 从站循环地交换信息,并对总线通信进行控制和管理,如 PC、OP、TP 等。

(2) 2 类 DP 主站。2 类 DP 主站(DPM2)是 DP 网络中的编程、诊断和管理设备。DPM2 除了具有 1 类主站的功能外,还可以读取 DP 从站的输入/输出数据和当前的组态数据,以及给 DP 从站分配新的总线地址,如 PLC、PC 等。

(3) DP 从站。

① 分布式 I/O(非智能型 I/O)由主站统一编址。

② PLC 智能 DP 从站(I 从站):PLC(智能型 I/O)作从站。存储器中有一片特定区域作为主站通信的共享数据区。

③ 具有 PROFIBUS-DP 接口的其他现场设备。

(4) DP 组合设备。

5) PROFIBUS-DP 总线

PROFIBUS-DP 总线允许构成单主站或多主站系统的系统配置。系统配置包括站点数目、站点地址、输入/输出数据的格式、诊断信息的格式和所用的总体参数。典型的 PROFIBUS-DP 总线配置是以此总线存取程序为基础,一个主站轮询多个从站。在单主站系统中,总线系统操作阶段只有一个活动主站,PLC 为中央控制部件。图 2-41 所示为 PROFIBUS-DP 单主站系统配置。单主站系统在通信时可获得最短的总体循环时间。

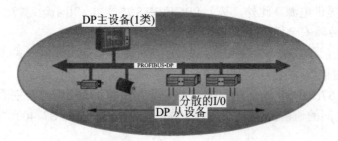

图 2-41 PROFIBUS-DP 单主站系统配置

PROFIBUS-DP 多主站系统配置如图 2-42 所示。在多主站系统配置中,总线上的主站与各自的从站机构相互构成一个独立的子系统,或者作为 DP 网络上的附加配置和诊断设备。在多主站 DP 网络中,一个从站只有一个 1 类主站,1 类主站可以对从站执行发送和接

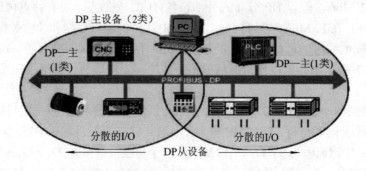

图 2-42 PROFIBUS-DP 多主站系统配置

收数据操作，其他主站(2 类主站)只能有选择地接收从站发送给 1 类主站的数据，而不能直接控制该从站。与单主站系统相比，多主站系统的循环时间要长得多。

思考与复习

1. 简述企业通信网络的组成。
2. 何为现场总线？
3. 简述 PROFIBUS-DP 设备的分类。

项目三　柔性制造系统中的PLC控制技术应用

任务 1　PLC 在过程控制中的应用

一、任务引入

在过程控制中，PID(比例(P)、积分(I)和微分(D))控制是应用最广泛的一种自动控制方法。它具有原理简单、易于实现、适用面广、控制参数相互独立、参数选定比较简单、调整方便等优点。长期以来，广大科技人员及现场操作人员在 PID 控制的使用中积累了大量的实践经验。了解 PID 控制的原理和使用方法，已成为电气和仪表操作人员的必备技能。

二、任务分析

通过本任务的学习，应实现以下知识目标：
(1) 了解 PID 控制的工作原理。
(2) 掌握 PID 控制的参数整定方法。
(3) 掌握 S7-200 PLC 的 PID 指令使用方法。
(4) 掌握 PID 指令的编程方法和步骤。

三、相关知识

1. PID 控制简介

在理论上可以证明，对于过程控制的典型对象——"一阶滞后+纯滞后"与"二阶滞后+纯滞后"，PID 控制器是一种最优控制。PID 调节规律是连续系统动态品质校正的一种有效办法，它的参数整定方式简便，结构改变灵活(如可为 PI 调节、PD 调节等)。

1) 比例(P)控制

比例控制是一种最简单、最常用的控制方式，如放大器、减速器和弹簧等。比例控制器能立即成比例地响应输入的变化量。当仅有比例控制时，系统输出存在稳态误差。

2) 积分(I)控制

在积分控制中，控制器的输出是输入量对时间的积累。对一个自动控制系统，如果在进入稳态后存在稳态误差，则称这个控制系统是有稳态误差的或简称有差系统。为了消除稳态误差，在控制器中必须引入"积分项"。积分项对误差的运算取决于时间的积分，随着时间的增加，积分项会增大。所以即便误差很小，积分项也会随着时间的增加而增大，它推动控制器的输出增大，使稳态误差进一步减小，直到等于零。因此，采用比例+积分(PI)控制器，可以使系统在进入稳态后无稳态误差。

3) 微分(D)控制

在微分控制中，控制器的输出与输入误差信号的微分(即误差的变化率)成正比关系。自动控制系统在克服误差的调节过程中可能会出现振荡甚至失稳。其原因是由于存在较大的惯性组件(环节)或有滞后组件，具有抑制误差的作用，其变化总是落后于误差的变化。解决的办法是使抑制误差的作用的变化"超前"，即在误差接近零时，抑制误差的作用就应该是零。这就是说，在控制器中仅引入"比例"项往往是不够的，比例项的作用仅是放大误差的幅值，而目前需要增加的是"微分项"，它能预测误差变化的趋势，这样，具有比例＋微分的控制器就能够提前使抑制误差的控制作用等于零，甚至为负值，从而避免被控量的严重超调。所以对有较大惯性或滞后的被控对象，比例+微分(PD)控制器能改善系统在调节过程中的动态特性。

2. PID 控制器的参数整定

1) 闭环控制系统的特点

控制系统一般包括开环控制系统和闭环控制系统。开环控制系统是指被控对象的输出(被控制量)对控制器的输出没有影响，在这种控制系统中，不依赖将被控制量反馈回来以形成任何闭环回路。闭环控制系统的特点是系统被控对象的输出(被控制量)会反馈回来影响控制器的输出，形成一个或多个闭环。闭环控制系统有正反馈和负反馈，若负反馈信号与系统给定值信号相反，则称为负反馈；若极性相同，则称为正反馈。一般闭环控制系统均采用负反馈，又称为负反馈控制系统。可见，闭环控制系统性能远优于开环控制系统。

2) PID 控制器的参数整定

PID 控制器的参数整定是控制系统设计的核心内容。它是根据被控过程的特性，确定 PID 控制器的比例系数、积分时间和微分时间的大小。PID 控制器参数整定的方法很多，概括起来有如下两大类：

(1) 理论计算整定法。它主要依据系统的数学模型，经过理论计算确定控制器参数。这种方法所得到的计算数据未必可以直接使用，还必须通过工程实际进行调整和修改。

(2) 工程整定法。它主要依赖于工程经验，直接在控制系统的试验中进行，且方法简单、易于掌握，在工程实际中被广泛采用。PID 控制器参数的工程整定方法，主要有临界比例法、反应曲线法和衰减法。这三种方法各有其特点，其共同点都是通过试验，然后按照工程经验公式对控制器参数进行整定。但无论采用哪一种方法所得到的控制器参数，都需要在实际运行中进行最后的调整与完善。

现在一般采用的是临界比例法。利用该方法进行 PID 控制器参数的整定步骤如下：

① 首先预选择一个足够短的采样周期让系统工作。

② 仅加入比例控制环节，直到系统对输入的阶跃响应出现临界振荡，记下这时的比例放大系数和临界振荡周期。

③ 在一定的控制度下通过公式计算得到 PID 控制器的参数。

3) PID 控制器的主要优点

PID 控制器成为应用最广泛的控制器，它具有以下优点：

(1) PID 算法蕴涵了动态控制过程中的过去、现在、将来的主要信息，而且其配置几乎最优。其中，比例(P)代表了当前的信息，起纠正偏差的作用，使过程反应迅速。微分(D)在信号变化时有超强控制作用，代表将来的信息。在过程开始时强迫过程进行，过程结束时减小超调，克服振荡，提高系统的稳定性，加快系统的过渡过程。积分(I)代表了过去的积累的信息，它能消除静差，改善系统的静态特性。此三种作用配合得当，可使动态过程快速、平稳、准确，收到良好的效果。

(2) PID 控制适用性好，有较强的鲁棒性，对各种工业应用场合，都可在不同的程度上应用，特别适于"一阶惯性环节＋纯滞后"和"二阶惯性环节＋纯滞后"的过程控制对象。

(3) PID 算法简单明了，各个控制参数相对较为独立，参数的选定较为简单，形成了完整的设计和参数调整方法，很容易为工程技术人员所掌握。

(4) PID 控制根据不同的要求，针对自身的缺陷进行了不少改进，形成了一系列改进的 PID 算法。例如，为了克服微分带来的高频干扰的滤波 PID 控制，为克服大偏差时出现饱和超调的 PID 积分分离控制，为补偿控制对象非线性因素的可变增益 PID 控制等。这些改进算法在一些应用场合取得了很好的效果。同时当今智能控制理论的发展，又形成了许多智能 PID 控制方法。

3. PID 算法

PID 控制器调节输出，保证偏差(e)为零，使系统达到稳定状态，偏差是给定值(SP)和过程变量(PV)的差。PID 控制的原理基于以下公式：

$$M(t) = K_c \cdot e + K_c \int_0^1 e \, \mathrm{d}t + M_{\text{initial}} + K_c \cdot \frac{\mathrm{d}e}{\mathrm{d}t} \tag{3-1}$$

式中，$M(t)$ 是 PID 回路的输出；K_c 是 PID 回路的增益；e 是 PID 回路的偏差(给定值与过程变量的差)；M_{initial} 是 PID 回路输出的初始值。

由于以上的算式是连续量，必须将以上的连续量离散化才能在计算机中运算，离散处理后的算式如下：

$$M_n = K_c \cdot e_n + K_1 \cdot \sum_1^n e_x + M_{\text{initial}} + K_D \cdot (e_n - e_{n-1}) \tag{3-2}$$

式中，M_n 是在采样时刻 n 的 PID 回路输出的计算值；K_L 是积分项的比例常数；K_D 是微分项的比例常数；e_n 是采样时刻 n 的回路的偏差值；e_{n-1} 是采样时刻 $n-1$ 的回路的偏差值；e_x 是采样时刻 x 的回路的偏差值。

再对式(3-2)进行改进和简化，得出如下计算 PID 输出的算式：

$$M_n = \text{MP}_n + \text{MI}_n + \text{MD}_n \tag{3-3}$$

式中，M_n 是第 n 采样时刻的计算值，MP_n 是第 n 采样时刻比例项的值；MI_n 是第 n 采样时刻积分项的值；MD_n 是第 n 采样时刻微分项的值。

4. S7-200PLC 的 PID 指令

S7-200PLC 有 PID 指令，可以比较方便地进行 PID 控制。S7-200PLC 的 PID 回路指令，当使能有效时，根据表格(TBL)中的输入和配置信息对引用 LOOP 执行 PID 回路计算。PID 指令的格式如表 3-1 所示。

表 3-1 PID 指令的格式

LAD	输入/输出	含 义	数据类型
PID EN ENO TBL LOOP	EN	使能	BOOL
	TBL	参数表的起始地址	BYTE
	LOOP	回路号，常数范围为 0～7	BYTE

使用 PID 指令时的注意事项如下：

(1) 程序中最多可以使用 8 条 PID 指令，回路号为 0～7，不能重复使用。

(2) PID 指令不对参数表输入值进行范围检查。必须保证过程变量、给定值积分项前值和过程变量前值在 0.0～1.0 之间。

(3) 使能 ENO = 0 的错误条件：0006(间接地址)，SM1.1(溢出，参数表起始地址或指令中指定的 PID 回路指令号操作数超出范围)。

在工业生产过程中，模拟信号 PID(由比例、积分和微分构成的闭合回路)调节是常见的控制方法。运行 PID 控制指令，S7-200 PLC 将根据参数表中输入测量值、控制设定值及 PID 参数，进行 PID 运算，求得输出控制值。参数表中有 9 个参数，全部是 32 位的实数，共占用 36 个字节。PID 控制回路的参数表如表 3-2 所示。

表 3-2 PID 控制回路的参数表

偏移地址	参 数	数据格式	参数类型	描 述
0	过程变量 PV_n	REAL	输入/输出	必须在 0.0～1.0 之间
4	给定值 SP_n	REAL	输入	必须在 0.0～1.0 之间
8	输出值 M_n	REAL	输入	必须在 0.0～1.0 之间
12	增益 K_e	REAL	输入	增益是比例常数，可正可负
16	采样时间 T_s	REAL	输入	单位为秒，必须是正数
20	积分时间 T_I	REAL	输入	单位为分钟，必须是正数
24	微分时间 T_d	REAL	输入	单位为分钟，必须是正数
28	上一次积分值 M_x	REAL	输入/输出	必须在 0.0～1.0 之间
32	上一次过程变量 PV_{n-1}	REAL	输入/输出	最后一次 PID 运算过程变量值
36～79	保留自整定变量			

四、任务实施

1. 使用 PID 指令编写控制程序

1) 控制要求

有一台电炉要求炉温控制在一定的范围。电炉的工作原理如下：

当设定电炉温度后，S7-200 PLC 经过 PID 运算后由模拟量输出模块 EM232 输出一个电压信号送到控制板，控制板根据电压信号(弱电信号)的大小控制电热丝的加热电压(强电)

的大小(甚至断开)，温度传感器测量电炉的温度，温度信号经过控制板的处理后输入到模拟量输入模块 EM231，再送到 S7-200 PLC 进行 PID 运算，如此循环。整个系统的硬件配置如图 3-1 所示。

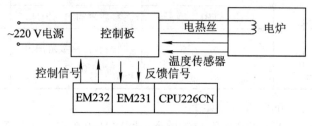

图 3-1　硬件配置图

2) 硬件配置

系统硬件配置如下：

(1) 1 台 CPU226CN PLC。

(2) 1 台 EM231。

(3) 1 台 EM232。

(4) 1 根编程电缆(或 CP5611 卡)。

(5) 1 台电炉(含控制板)。

3) PID 参数表

编写程序前，先要填写 PID 指令的参数表，参数如表 3-3 所示。

表 3-3　电炉温度控制的 PID 参数表

地址	参　数	描　　述
VD100	过程变量 PV_n	温度经过 A/D 转换后的标准化数值
VD104	给定值 SP_n	0.335(最高温度为 1，调节到 0.335)
VD108	输出值 M_n	PID 回路输出值
VD112	增益 K_e	0.15
VD116	采样时间 T_s	35
VD120	积分时间 T_I	30
VD124	微分时间 T_d	0
VD128	上一次积分值 M_x	根据 PID 运算结果更新
VD132	上一次过程变量 PV_{n-1}	最后一次 PID 运算过程变量值

4) 程序编写

程序分为三部分：主程序、子程序和中断子程序。主程序在开机时即调用子程序，在子程序中将表 3-3 中的 PID 参数进行设置，同时在子程序中设定中断子程序的中断周期为 100 ms，中断事件为 10，中断子程序为 INT_0，允许中断。

在中断子程序中将 EM231 采集的模拟量信号 AIW0 的值进行转换，进行标准化运算，最后将其值作为过程变量(反馈值)存放到 VD100 中。经过 PID 运算后，再将 PID 输出值 M_n 进行将实数转换为 16 位整数的逆运算，然后经 EM232 输出端 AQW0 输出，最后由控制板控制电阻丝的通断，从而控制电炉的温度。

(1) PID 控制主程序如图 3-2 所示。

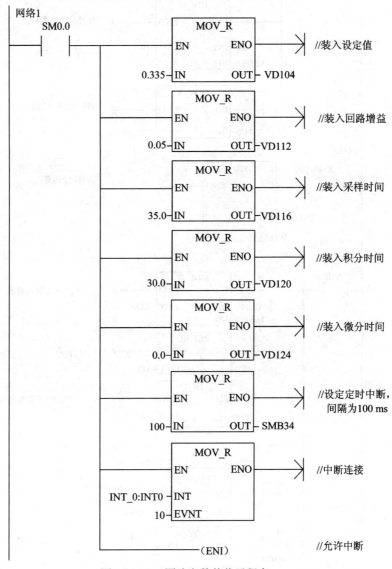

图 3-2　PID 控制主程序

(2) PID 控制回路的参数设置在子程序中完成，如图 3-3 所示。

图 3-3　PID 回路参数装载子程序

(3) 程序首先对温度传感器检测来的模拟量信号 AIW0 进行标准化运算，将运算值存入过程变量 VD100 中，进行 PID 运算，再将运算结果 VD108 中的值进行逆运算，传入 AQW0 中去对控制板进行控制，从而控制电阻丝的通断。PID 运算中断子程序如图 3-4 所示。

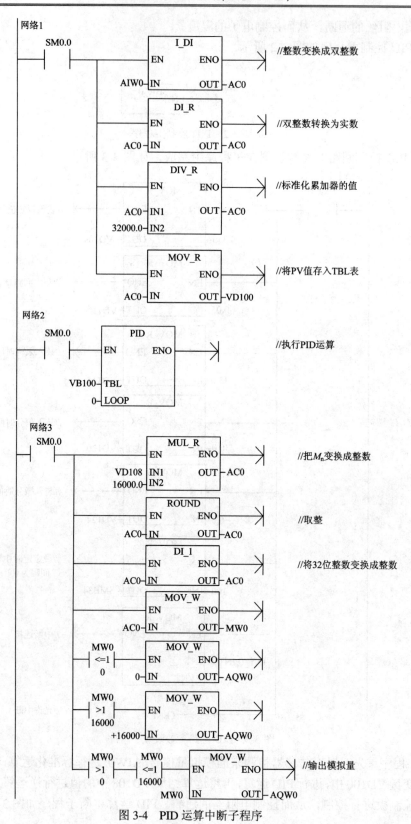

图 3-4　PID 运算中断子程序

2. 使用指令向导编写 PID 控制程序

使用 PID 指令编写控制程序，必须对控制过程比较了解，但编写比较麻烦，初学者不容易理解。STEP7 编程软件可以使用指令向导进行 PID 控制程序编写，这样就相对容易实现了。

1）PID 指令向导设置

(1) 打开指令向导，选定 PID。选中菜单栏的"工具"，单击其子菜单项"指令向导"，弹出如图 3-5 所示的界面，选定"PID"选项，单击"下一步"按钮。

(2) 指定回路号。如图 3-6 所示，本例选定回路号码为"0"，单击"下一步"按钮。

(3) 设置回路参数。如图 3-7 所示，本例将比例参数设定为 0.05，采用时间设为"35.0"秒，积分时间设为"30.00"分钟，微分时间设为"0.00"分钟，实际上就是不使用微分项"D"，使用 PI 调节器，最后单击"下一步"按钮。

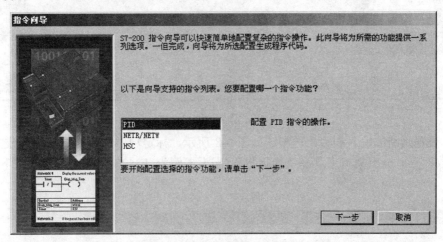

图 3-5　选定 PID 操作

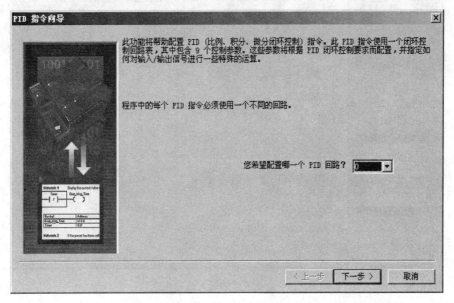

图 3-6　指定回路号码

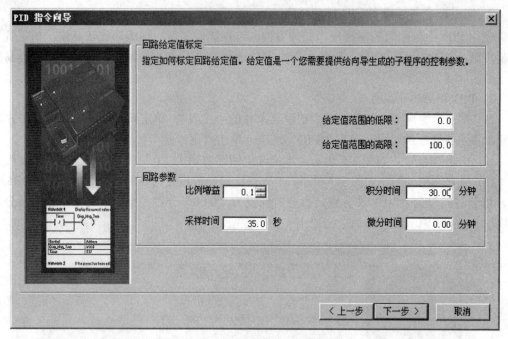

图 3-7　设置回路参数

(4) 设置回路的输入和输出选项。如图 3-8 所示，标定项中选择"单极性"，过程变量中的参数不变，输出类型中选择"模拟量"(因为本例为 EM232 输出)，单击"下一步"按钮。

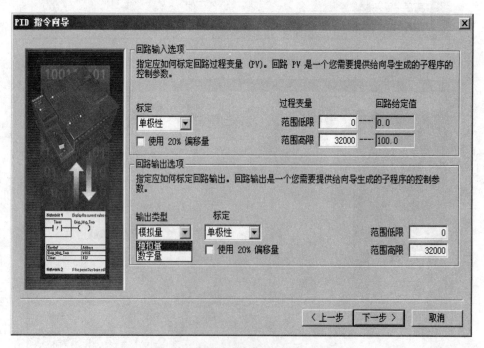

图 3-8　设置回路的输入和输出选项

(5) 设置回路报警选项。如图 3-9 所示，本例没有设置报警，单击"下一步"按钮。

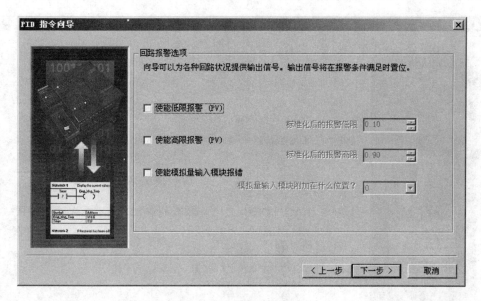

图 3-9　设置回路报警选项

(6) 为计算指定存储区。如图 3-10 所示，PID 指令使用 V 存储区中的一个 36 个字节的参数表，存储用于控制回路操作的参数。PID 计算还要求一个"暂存区"，用于存储临时结果。先单击"建议地址"按钮，再单击"下一步"按钮，自动分配地址，当然地址也可以根据需要自己来分配。

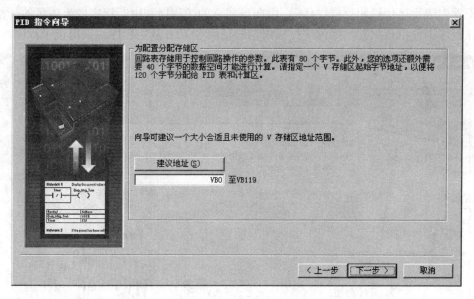

图 3-10　为计算指定存储区

(7) 指定子程序和中断程序。如图 3-11 所示，本例使用默认子程序名，只要单击"下一步"按钮即可。如果项目包含一个激活 PID 配置，已经建立的中断程序名被设为只读。项目中的所有配置共享一个公用中断程序，项目中增加的任何新配置不得改变公用中断程序的名称。

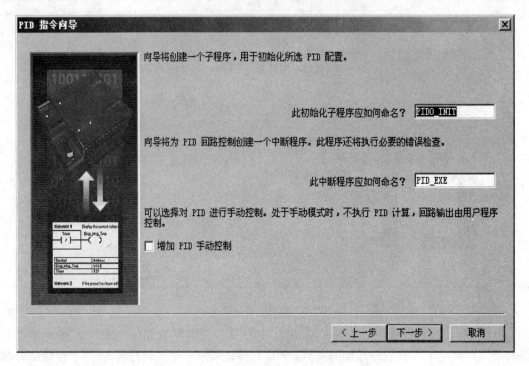

图 3-11　指定子程序和中断程序

(8) 生成 PID 代码。如图 3-12 所示，单击"完成"按钮，S7-200 PLC 指令向导将为指定的配置生成程序代码和数据块代码。由向导建立的子程序和中断程序成为项目的一部分。若要在程序中使用该配置，则每次扫描周期时使用 **SM0.0** 从主程序块调用该子程序即可。

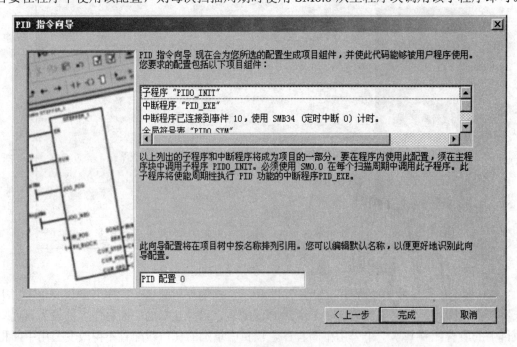

图 3-12　生成 PID 代码

2) 程序编写

在主程序编辑区使用特殊辅助继电器 SM0.0 直接调用 PID0_INIT 子程序，如图 3-13 所示。

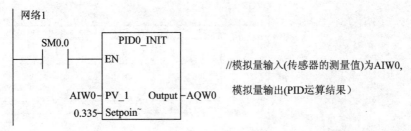

网络1

//模拟量输入(传感器的测量值)为AIW0,

模拟量输出(PID运算结果)

图 3-13　主程序编写

3) PID 的自整定

S7-200 CPU V2.3 以上版本的硬件支持 PID 自整定功能，在软件 STEP-Micro/WIN V4.0 以上提供的版本中增加了 PID 调节控制面板。可以使用用户程序或 PID 调节控制面板来启动自整定功能。在同一时刻，最多可以有 8 个 PID 回路同时进行自整定。

PID 自整定的目的是为用户提供一套最优化的整定参数，使用这些整定参数值可以使控制系统达到最佳的控制效果，真正优化控制程序。PID 自整定的使用方法如下：

在 STEP-Micro/WIN V4.0 在线的情况下，单击菜单"工具"下的子菜单"PID 调节控制面板"，如图 3-14 所示。

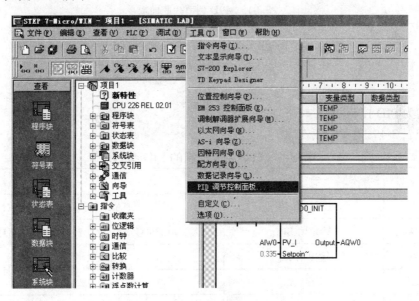

图 3-14　打开 PID 调节控制面板

在"PID 调节控制面板"上先选定"自动调节"，再单击"开始自动调节"按钮，PID 自动调节开始。PID 调节控制面板如图 3-15 所示。

为了保证 PID 自整定的成功，在启动 PID 自整定前，需要调节 PID 参数，使 PID 调节器基本稳定，输出、反馈变化平缓，并且使反馈比较接近给定；设定合适的给定值，使 PID 调节器的输出远离趋势图的上下坐标轴，以免 PID 自整定开始后输出值的变化范围受限制。

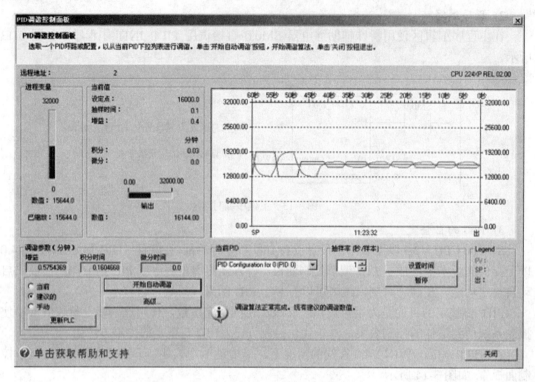

图 3-15　PID 调节控制面板

思考与复习

1. 何为 PID 控制器？
2. 按表 3-4 编写 PID 控制程序。

表 3-4　电炉温度控制的 PID 参数表

地　址	参　数	描　述
VD200	过程变量 PV_n	温度经过 A/D 转换后的标准化数值
VD204	给定值 SP_n	0.35(最高温度为 1，调节到 0.335)
VD208	输出值 M_n	PID 回路输出值
VD212	增益 K_e	0.25
VD216	采样时间 T_s	30
VD220	积分时间 T_I	30
VD224	微分时间 T_d	0
VD228	上一次积分值 M_x	根据 PID 运算结果更新
VD232	上一次过程变量 PV_{n-1}	最后一次 PID 运算过程变量值

任务2　PLC在步进电动机中的应用

一、任务引入

在定位控制中，使用PLC控制步进电动机的实例非常多。S7-200 PLC如何通过编程控制步进电动机，就是本节将要完成的任务。

二、任务分析

通过本任务的学习，应实现以下知识目标：
(1) 掌握高速脉冲输出指令的使用方法。
(2) 掌握高速脉冲输出指令控制步进电动机的编程方法。
(3) 掌握使用位置向导指令控制步进电动机的编程方法。

三、相关知识

1. 直接使用S7-200 PLC的高速输出点控制步进电动机

1) 高速脉冲输出指令介绍

高速脉冲输出功能即在PLC的指定输出点上实现脉冲输出(PTO)和脉冲调制(PWM)功能。S7-200 PLC配有两个PTO/PWM发生器，它们可以产生一个高速脉冲串或一个脉冲调制波形。一个发生器输出点是Q0.0，另一个发生器输出点是Q0.1。Q0.0和Q0.1也可作为普通输出点使用。一般情况下，PTO/PWM输出负载至少为10%的额定负载。

脉冲输出指令(PLS)配合特殊存储器用于配置高速输出功能，PLS指令格式见表3-5。

表3-5　PLS指令格式

LAD	STL	功　　能
 PLS —EN ENO— —Q0X	PLS　1(或0)	产生一个高速脉冲串或一个脉冲调制波形

脉冲串操作(PTO)按照给定的脉冲个数和周期输出一串方波(占空比为50%，如图3-16所示)。PTO可以产生单段脉冲串或者多段脉冲串(使用脉冲包络)，单位为μs或ms，以指定脉冲宽度和周期。

图3-16　脉冲串输出

PTO脉冲个数范围为1～429 496 295，周期为10～65 535 μs或者2～65 535 ms。

2) 与 PLS 指令相关的特殊寄存器的含义

如果要装入新的脉冲数(SMD72 或 SMD82)、脉冲宽度(SMW70 或 SMW80)和周期(SMW68 或 SMW78),应在执行 PLS 指令前装入这些值和控制寄存器,然后 PLS 指令会从特殊存储器 SM 中读取数据。这些特殊寄存器分为 3 大类:PTO/PWM 功能状态字、PTO/PWM 功能控制字、PTO/PWM 功能寄存器。这些寄存器的含义见表 3-6~表 3-8。

表 3-6　PTO/PWM 控制寄存器的 SM 标志

Q0.0	Q0.1	控 制 字 节
SM67.0	SM77.0	PTO/PWM 更新周期值(0 = 不更新,1 = 更新周期值)
SM67.1	SM77.1	PWM 更新脉冲宽度值(0 = 不更新,1 = 脉冲宽度值)
SM67.2	SM77.2	PTO 更新脉冲数(0 = 不更新,1 = 更新脉冲数)
SM67.3	SM77.3	PTO/PWM 时间基准选择(0 = 1 μs/格,1 = 1 ms/格)
SM67.4	SM77.4	PWM 更新方法(0 = 异步更新,1 = 同步更新)
SM67.5	SM77.5	PTO 操作(0 = 单段操作,1 = 多段操作)
SM67.6	SM77.6	PTO/PWM 模式选择(0 = 选择 PTO,1 = 选择 PWM)
SM67.7	SM77.7	PTO/PWM 允许(0 = 禁止,1 = 允许)

表 3-7　其他 PTO/PWM 寄存器的 SM 标志

Q0.0	Q0.1	控 制 字 节
SMW68	SMW78	PTO/PWM 周期值(范围 2~65 535)
SMW70	SMW80	PWM 脉冲宽度值(范围 0~65 535)
SMW72	SMD82	PTO 脉冲计数值(范围 1~42294967295)
SMW166	SMW176	进行中的段数(仅用在多段 PTO 操作中)
SMW168	SMW178	包络表的起始位置,用从 V0 开始的字节偏移表示(仅用在多段 PTO 操作中)
SMW170	SMB180	线性包络状态字节
SMW171	SMB181	线性包络结果寄存器
SMW172	SMD182	手动模式频率寄存器

表 3-8　PTO/PWM 控制字节参考

控制寄存器 (十六进制)	允许	执行 PLS 指令的结果					
		模式选择	PTO 段操作	时基	脉冲数	脉冲宽度	周期
16#81	Yes	PTO	单段	1 μs/周期			装入
16#84	Yes	PTO	单段	1 μs/周期	装入		
16#85	Yes	PTO	单段	1 μs/周期	装入		装入
16#89	Yes	PTO	单段	1 μs/周期			装入
16#8C	Yes	PTO	单段	1 μs/周期	装入		
16#A0	Yes	PTO	单段	1 μs/周期	装入		装入
16#A8	Yes	PTO	单段	1 μs/周期			

使用与 PTO/PWM 功能相关的特殊寄存器 SM 时有以下几点需要注意：

(1) 如果要装入新的脉冲数(SMD72 或 SMD82)、脉冲宽度(SMW70 或 SMW80)或者周期(SMW68 或 SMW78)，应该在执行 PLS 指令前装入这些数值到控制寄存器中。

(2) 如果要手动终止一个正在进行的 PTO 包络，则应把状态字中的用户终止位 SM66.5 或者 SM76.5)置 1。

(3) 用一个 PTO 状态字中的空闲位 SM66.7(或 SM76.7)来表示脉冲输出完成，另外在脉冲串输出完成时，可以执行一段中断服务程序。当使用多段操作时可以在整个包络表之后执行中断服务程序。

四、任务实施

某设备上有两套步进驱动系统：步进驱动器的型号为 SH-2H042Ma；步进电动机的型号为 17HS111，是两相四线直流 24 V 步进电动机。要求：按下按钮 SB1 时，步进电动机带动 X 方向和 Y 方向的机构复位，当 X 方向靠近开关 SQ1 时停止，当 Y 方向靠近开关 SQ2 时停止，复位完成。请画出 I/O 接线图并编写程序。

1. 使用高速脉冲输出指令编写程序

1) 主要软硬件配置

(1) 1 套 STEP7-Micro/WIN V4.0。

(2) 2 台型号为 17HS111 的步进电动机。

(3) 2 台型号为 SH-2H042Ma 的步进驱动器。

(4) 1 台 CPU226CN。

2) 系统接线图

(1) 步进电动机与步进驱动器的接线。本系统选用的步进电动机是两相四线的步进电动机，其型号是 17HS111，其接线原理图如图 3-17 所示(图中只画出一台步进电动机)。其含义是：步进电动机的四根引出线分别是红色、绿色、黄色和蓝色；其中红色引出线应该与步进驱动器的 A+ 接线端子相连，绿色引出线应与步进驱动器的 A− 接线端子相连，黄色引出线应与步进驱动器的 B+ 接线端子相连，蓝色引出线应与步进驱动器的 B− 接线端子相连。

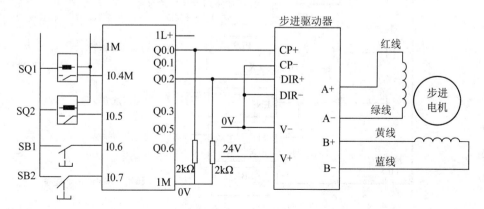

图 3-17　PLC、步进驱动器和步进电动机的接线原理图

(2) PLC 与步进电动机、步进驱动器的接线。步进驱动器有共阴和共阳两种接法,这与控制信号有关系,西门子 PLC 的输出信号是 +24 V(即 PNP 接法),应采用共阴接法。所谓共阴接法就是步进驱动器的 DIR–、CP– 和电源的负极短接,如图 3-17 所示。三菱 PLC 输出的是低电位信号(即 NPN 接法),应采用共阳接法。

步进驱动器的驱动信号是 +5 V,而西门子输出信号是 +24 V,显然是不匹配的,解决办法就是在 PLC 与步进驱动器之间串联一个 2000 Ω 电阻,起分压作用,因此输入信号近似等于 +5 V。有的资料指出串联一个 2000 Ω 电阻是为了将输入电流控制在 10 mA,也就是起限流作用。这里电阻的限流或分压作用的含义在本质上是相同的。CP+ (CP–)是脉冲接线端子,DIR+ (DIR–)是方向控制信号接线端子。PLC 接线图如图 3-17 所示。有的步进驱动器只能采用共阳接法,如果使用西门子 S7-200PLC 控制这种类型的步进驱动器,就不能直接连接,必须将 PLC 的输出信号进行反相。另外,还要注意,输入端的接线采用 PNP 的接法,因此两只接近开关是 PNP 型,若选用的是 NPN 型接近开关,那么接法就会不同。

3) 程序编写

复位主程序、子程序如图 3-18 所示。

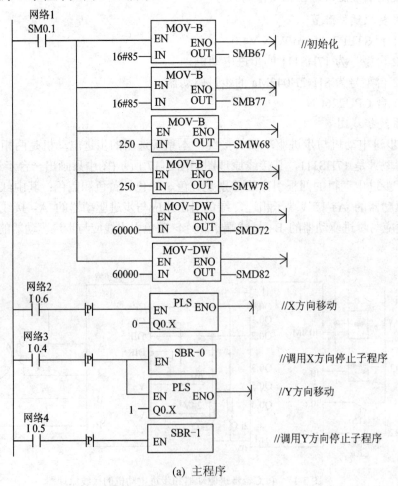

(a) 主程序

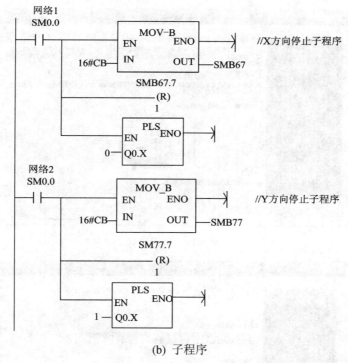

(b) 子程序

图 3-18 复位程序

4) 关键点

编写这段程序的关键点在于初始化和强制使步进电动机停机而对 SMB67 的设定，其核心都体现在对于 SMB67 寄存器的理解上。其中，SMB67 = 16#85 的含义是 PTO 允许、选择 PTO 模式、单段操作、时间基准为微秒、PTO 脉冲更新和 PTO 周期更新，SMB67=16#CB 的含义是 PTO 禁止、选择 PTO 模式、单段操作、时间基准为微秒、PTO 脉冲不更新和 PTO 周期不更新。

如果不想在输出端接分压电阻，那么在 PLC 的 1L+ 接线端上接 DC +5 V 也是可行的，但产生的问题是本组其他信号都为 DC +5 V，因此在设计时要综合利弊，从而进行取舍。

2. 使用位置控制向导编程控制步进电动机

使用高速脉冲输出指令控制 PLC 的高速输出点对于步进电动机进行运动控制比较麻烦，特别是控制字不容易理解。我们可以使用 STEP7-MicroWIN 软件中提供的位置控制向导，就很容易编写程序了。下面具体介绍这种方法。

1) 位置向导指令设置

(1) 激活"位置控制向导"。打开 STEP7 软件，在主菜单"工具"中选中"位置控制向导"子菜单，并单击之，弹出装置选择界面，如图 3-19 所示。

(2) 装置配置。S7-22X 系列 PLC 内部有两个装置可以配置：一个是机载 PTO/PWM 发生器，一个是 EM253 位置模块。位置控制向导允许配置以上两个装置中的任意一个。很显然，我们选择"PTO/PWM 发生器"，如图 3-19 中的"1"处，再单击"下一步"按钮。

(3) 指定一个脉冲发射器。S7-22X 系列 PLC 内部有两个脉冲发生器(Q0.0 和 Q0.1)可供选用，本例选择"Q0.0"，再单击 "下一步"按钮，如图 3-20 所示。

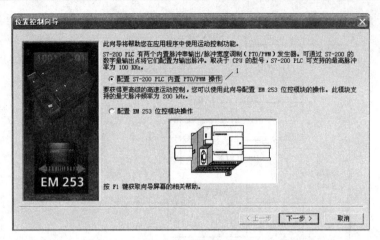

图 3-19　装置选择

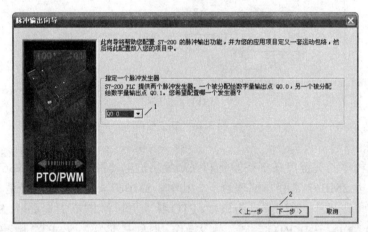

图 3-20　指定一个脉冲发生器

(4) 选择 PTO/PWM，应选择时间基准。可选择 Q0.0 为脉冲串输出(PTO)或脉冲宽度调制(PWM)配置脉冲发生器，控制步进电动机，应该选择"线性脉冲串输出(PTO)"，再单击"下一步"按钮，如图 3-21 所示。若想监视 PTO 产生的脉冲数目，则点击复选框选择使用高速计数器。

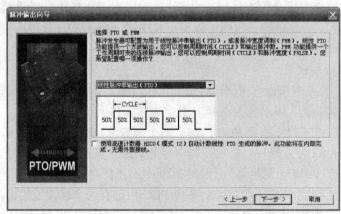

图 3-21　选择 PTO 或 PWM 模式

(5) 指定电动机速度。

MAX_SPEED：在电动机扭矩能力范围内输入应用最佳的工作速度。驱动负载所需的转矩由摩擦力、惯性和加速/减速时间决定。位置控制向导会计算和显示由位控模块为指定的 MAX_SPEED 所能够控制的最低速度。

SS_SPEED：在电动机的能力范围内输入一个数值，以低速驱动负载。如果 SS_SPEED 数值过低，电动机和负载可能会在运动开始和结束时颤动或跳动。如果 SS_SPEED 数值过高，电动机可能在启动时失步，并且在尝试停止时，负载可能使电动机不能立即停止而多行走一段。

在电动机的数据单中，对于电动机和给定负载，有不同的方式定义启动/停止(或拉入/拉出)速度，通常 SS_SPEED 值是 MAX_SPEED 值的 5%～15%。

如图 3-22 所示，在"1"和"3"处输入最大速度、启动和停止速度，再单击"下一步"按钮。

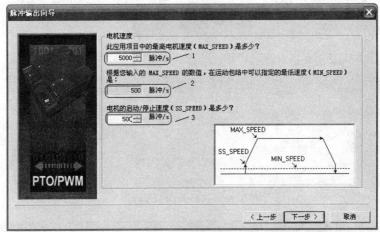

图 3-22　指定电动机速度

(6) 设置加速和减速时间。

ACCEL_TIME(加速时间)：电动机从 SS_SPEED 加速至 MAX_SPEED 所需要的时间，默认值为 1000 ms(1 s)，本例选默认值，如图 3-23 所示的"1"处。

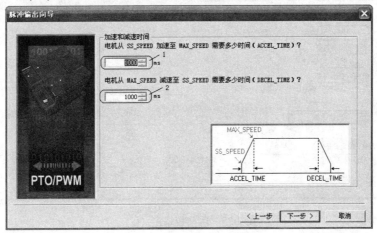

图 3-23　设置加速和减速时间

DECEL_TIME(减速时间): 电动机从最大 MAX_SPEED 减速至 SS_SPEED 所需要的时间, 默认值为 1000 ms(1 s), 本例选默认值, 如图 3-23 所示的 "2" 处。之后单击 "下一步" 按钮。

电动机的加速时间和减速时间应经过测试来确定, 以 ms 为单位, 开始时可输入一个较大的值, 逐渐减少这个时间值直至电动机开始失速, 从而优化应用中的这些设置。

(7) 定义每个已配置的轮廓。先单击如图 3-24 所示 "1" 处的 "新包络", 弹出 "2" 处的 "运动包络定义" 对话框, 再单击 "确定" 按钮, 弹出如图 3-25 所示的 "运动包络定义" 界面。

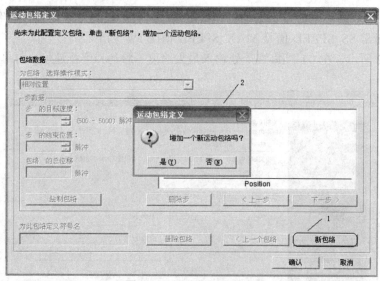

图 3-24　运动包络定义(1)

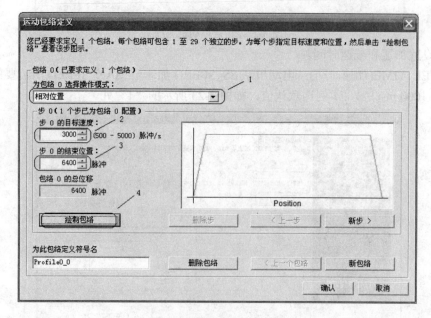

图 3-25　运动包络定义(2)

先选择操作模式, 如图 3-25 所示的 "1" 处, 根据操作模式(相对位置或单速连续旋转)

配置此轮廓；再在"2"和"3"处输入目标速度和结束位置脉冲；接着单击"4"处的"绘制包络"按钮，包络线生成，最后单击"确定"按钮。

(8) 设定轮廓数据的起始 V 存储区地址。PTO 向导在 V 存储区中以受保护的数据块形式生成 PTO 轮廓模板，在编写程序时不能使用 PTO 向导已经使用的地址，此地址段可以系统推荐，也可以人为地分配。人为分配的好处是 PTO 向导占用的地址段可以避开读者习惯使用的地址段。设定轮廓数据的起始 V 存储区地址，如图 3-26 所示，本例设置为 "VB1000"，再单击"下一步"按钮。

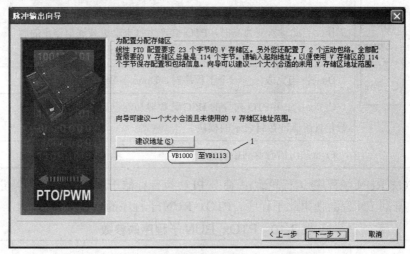

图 3-26 设定轮廓数据的起始 V 存储区地址

(9) 生成子程序。单击"确定"按钮可生成子程序，如图 3-27 所示。至此 PTO 向导的设置工作已经完成，后续工作就是在编程时使用这些生成的子程序。

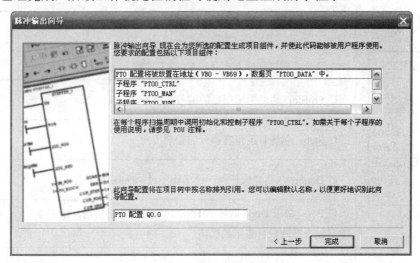

图 3-27 生成子程序

2. 子程序简介

(1) PTOx_CTRL 子程序：(控制)启用和初始化与步进电动机或伺服电动机合用的 PTO 输出，在程序中只使用一次，并且确定在每次扫描时得到执行。始终用 SM0.0 作为 EN 的输入。PTOx_CTRL 子程序的参数见表 3-9。

表 3-9　PTOx_CTRL 子程序的参数

子　程　序	各输入/输出参数的含义	数据类型
PTOx_CTRL EN I_STOP D_STOP Done Error C_Pos	EN：使能	BOOL
	I_STOP：立即停止，当此输入为低时，PTO 功能会正常工作；当此输入变为高时，PTO 立即终止脉冲的发出	BOOL
	D_STOP：表示减速停止，当此输入为低时，PTO 功能会正常工作；当此输入变为高时，PTO 会产生将电动机减速至停止的脉冲串	BOOL
	Done：当完成任何一个子程序时，Done 参数会开启	BOOL
	C_Pos：如果 PTO 向导的 HSC 计数器功能已启用，则 C_Pos 参数包含用脉冲数目表示的模块	DINT
	Error：出错时返回错误代码	BYTE

(2) PTOx_RUN 子程序(运行轮廓)：命令 PLC 执行存储于配置/轮廓表的特定轮廓中的运动操作。开启 EN 位会使用此子程序。PTOx_RUN 子程序的参数见表 3-10。

表 3-10　PTOx_RUN 子程序的参数

子　程　序	各输入/输出参数的含义	数据类型
PTOx_RUN EN START Profile Done Error Abort C_Profile C_Step C_Pos	EN：使能，开启 EN 位会启用此子程序	BOOL
	START：发起轮廓的执行。对于在 START 参数已开启 PTO 当前不活动时的每次扫描，此子程序会激活 PTO。为了确保仅发送一个命令，应以脉冲方式开启 START 参数	BOOL
	C_Profile：运动轮廓指定的编号或符号名	BYTE
	C_Step：包含目前正在执行的轮廓步骤	BYTE
	C_Done：包当完成任何一个子程序时，Done 参数会开启	BOOL
	C_Pos：如果 Done 向导的 HSC 计数器功能已启用，则 C_Pos 参数包含脉冲数目表示的模块	DINT
	Error：出错时返回错误代码	BYTE

(3) PTOx_MAN 子程序(手动模式)：将 PTO 输出置于手动模式。允许电机启动、停止和按不同的速度运行。当 PTOx_MAN 子程序已启用时，任何其他 PTO 子程序都无法执行。PTOx_MAN 子程序的参数见表 3-11。

表 3-11　PTOx_MAN 子程序的参数

子程序	各输入、输出参数的含义	数据类型
PTOx_MAN EN RUN Speed　　Error 　　　　C_Pos	EN：使能	BOOL
	RUN：运行、停止参数，命令 PTO 加速至指定速度(Speed 参数)	BOOL
	Speed：在电动机运行中更改 Speed 参数的数值。停用 RUN 参数命令 PTO 减速至电动机停止。速度是一个用每秒脉冲数计算的值	DINT
	C_Pos：如果 PTO 向导的 HSC 计数器功能已启用，则 C_Pos 参数包含用脉冲数目表示的模块	DINT
	Erorr：出错时返回错误代码	BYTE

3) 编写程序

使用位置向导控制来编写程序会比较简单，但必须搞清楚三个子程序的使用方法，这是编写程序的关键，其程序梯形图如图 3-28 所示。

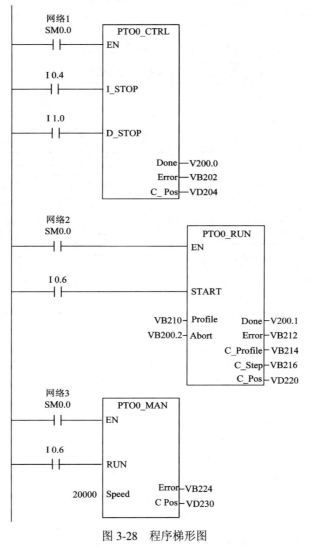

图 3-28　程序梯形图

4) 关键点

使用指令向导编写的程序简洁、方便，特别是控制步进电动机加速启动或减速停止，且能很好地避开步进电动机失步问题。

3. 不使用步进驱动器，PLC 直接控制步进电动机

使用 PLC 直接控制步进电动机时，可使用 PLC 产生控制步进电动机所需要的各种时序脉冲。例如三相步进电动机可采用三种工作方式：① 三相单三拍，正向 A—B—C，反向 A—C—B；② 单相双三拍，正向 AB—BC—CA，反向 AC—CB—BA；③ 三相单六拍，正向 A—AB—B—BC—C—CA，反向 A—AC—C—CB—B—BA。根据步进电动机的工作方式以及所要求的频率(步进电动机的速度)，可画出 A、B、C 各相的时序图，并使用 PLC 产生各种时序的脉冲。

1) 采用西门子 S7-200 PLC 控制三相步进电动机

要求通过 PLC 实现三相步进电动机的启停控制、正反转控制，以及三种工作方式的切换控制(每相通电时间为 1 s)。

2) 程序的 I/O 分配

根据控制要求，设置程序的 I/O 分配如表 3-12 所示。

表 3-12　程序的 I/O 分配表

输入(I)			输出(O)		
元件	地址	注　释	元件	地址	注　释
SB1	I0.0	启动按钮	A 相	Q0.0	控制 A 相电压
SA1	I0.1	方向选择开关	B 相	Q0.1	控制 B 相电压
SB2	I0.2	停止按钮	C 相	Q0.2	控制 C 相电压
SA2	I0.3	三相单三拍方式选择	L1	Q0.3	启动指示灯
SA3	I0.4	三相双三拍方式选择		Q0.4	三相单三拍运行方式显示
SA4	I0.5	三相单六拍方式选择		Q0.5	三相双三拍运行方式显示
				Q0.6	三相单六拍运行方式显示
			L2	Q0.7	输出脉冲显示灯

3) 各种控制方式的时序图

(1) 三相单三拍正向的时序图如图 3-29 所示。

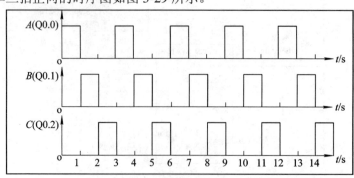

图 3-29　三相单三拍正向运行时序图

(2) 三相双三拍正向的时序图如图 3-30 所示。

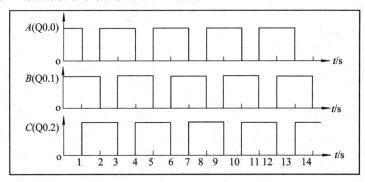

图 3-30　三相双三拍正向运行时序图

(3) 三相单六拍正向的时序图如图 3-31 所示。

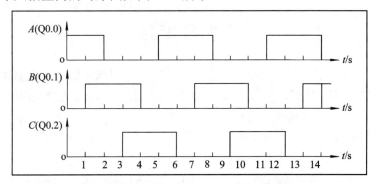

图 3-31　三相单六拍正向运行时序图

4) 程序编写

使用定时器产生不同工作方式下的工作脉冲，然后按照控制开关状态输出到各相对应的输出点以控制步进电动机。

(1) 三相单三拍正向控制程序。

按照图 3-29 所示的时序图编写三相单三拍正向控制程序，如图 3-32 所示。

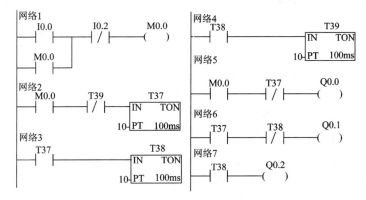

图 3-32　三相单三拍正向控制程序

(2) 三相双三拍正向控制程序。

按照图 3-30 所示的时序图编写三相双三拍正向控制程序，如图 3-33 所示。

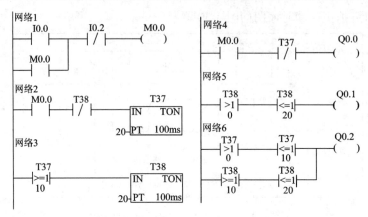

图 3-33　三相双三拍正向控制程序

思 考 与 复 习

1. 模仿图 3-33 的三相双三拍正向控制程序，编写三相单六拍正向控制程序。

2. 按表 3-11 的 I/O 分配，试将三相单三拍正向控制、三相双三拍正向控制、三相单六拍正向控制编写在一个程序中进行控制。

3. 将按位置向导指令编写的程序执行一遍，写出调试中发现的问题。

任务 3　使用 MAP 库指令控制步进电动机

一、任务引入

在 PLC 控制步进电动机的过程中，使用西门子公司新开发的 MAP 库指令控制步进电动机，比使用位置向导指令编写的程序更方便，实际控制步进电动机运行更精确。本节的任务是使用 MAP 库指令编程控制步进电动机。

二、任务分析

通过本任务的学习，应实现以下知识目标：

(1) 熟悉 MAP 库指令的安装方法。

(2) 熟悉 MAP 库指令的输入/输出定义。

(3) 熟悉 MAP 库指令的背景数据块。

(4) 掌握 MAP 库指令的使用方法及控制步进电动机的编程方法。

三、相关知识

1. MAP 库指令的安装方法

现在，S7-200 系列 PLC 本体 PTO 提供了应用库 MAP SERV Q0.0 和 MAP SERV Q0.1，

分别用于 Q0.0 和 Q0.1 的脉冲串输出。MAP 库指令的安装步骤如下：

(1) 打开 STEP7 编程软件，在指令树中打开"库"，选中"库"，单击鼠标右键，弹出"添加/删除库"显示框，如图 3-34 所示。

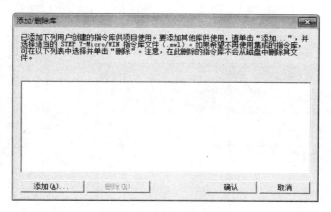

图 3-34　添加/删除库

(2) 在图 3-34 中点击"添加(A)"按钮，在弹出的界面中将显示多个添加的路径，如图 3-35 所示。

图 3-35　选择添加路径

(3) 在图 3-35 中，双击"绝对指令库"，弹出如图 3-36 所示的界面，分别点击要安装的库指令"map serv q0.0.mwl"、"map serv q0.1.mwl"。保存完后，出现"添加/删除库"的界面，如图 3-37 所示。

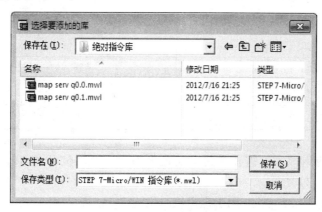

图 3-36　选择要添加的库

(4) 在图 3-37 中，点击"确认"按钮，则被选中的"map serv q0.0.mwl"、"map serv q0.1.mwl"两条库指令被添加到 STEP7 编程软件中，如图 3-38 所示。

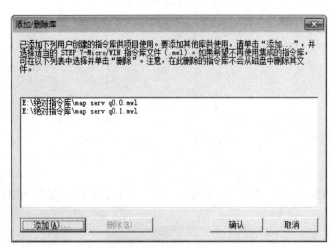

图 3-37　添加选择的库指令

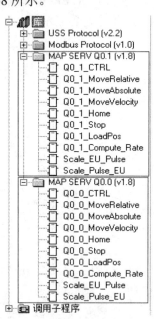

图 3-38　添加的 MAP 库指令

2. 每条库指令的含义

MAP 库指令分别对应 S7-200 PLC 的脉冲输出点 Q0.0、Q0.1，每点的库指令含义相同，它们的功能如表 3-13 所示。

表 3-13　每条库指令的功能

指　　令	功　　能
Q0_x_CTRL	参数定义和控制
Q0_x_MoveRelative	执行一次相对位移运动
Q0_x_MoveAbsolute	执行一次绝对位移运动
Q0_x_MoveVelocity	按预设的速度运动
Q0_x_Home	寻找参考点位置
Q0_x_Stop	停止运动
Q0_x_LoadPos	重新装载当前位置
Scale_EU_Pulse	将距离值转化为脉冲数
Scale_Pulse_EU	将脉冲数转化为距离值

为了很好地应用该库，需要在运动轨迹上添加三个限位开关 Home、Fwd_Limit 和 Rev_Limit，如图 3-39 所示。

Home 为参考点接近开关，用于定义绝对位置 C_Pos 的零点。

Fwd_Limit 是正向限位开关，Rev_Limit 是反向限位开关，两者统称为边界限位开关。

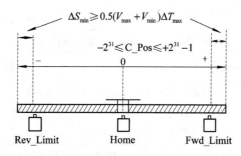

图 3-39　运动装置零点设置图

绝对位置 C_Pos 的计数值格式为 DINT，所以其计数范围为 $-2\,147\,483\,648\sim$ $+2\,147\,483\,647$。

如果一个限位开关被运动物件触碰，则该运动物件会减速停止，因此，限位开关的安置位置应当留出足够的裕量ΔS_{min}，以避免物件滑出轨道尽头。

3. 输入/输出点定义

应用 MAP 库时，一些输入/输出点的功能被预先定义，如表 3-14 所示。

表 3-14　输入/输出点的功能定义

名　　称	MAP SERV Q0.0	MAP SERV Q0.1
脉冲输出	Q0.0	Q0.1
方向输出	Q0.2	Q0.3
参考点输入	I0.0	I0.1
所用的高速计数器	HC0	HC3
高速计数器预置值	SMD 42	SMD 142
手动速度	SMD 172	SMD 182

4. MAP 库的背景数据块

为了可以使用 MAP 库，必须为该库分配 68 B(每个库)的全局变量，如图 3-40 所示。库存储区在使用了 MAP 库指令编程后才能分配存储区。

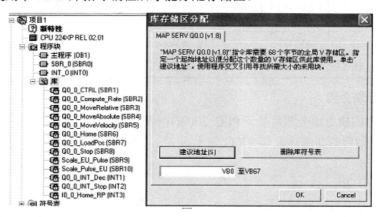

图 3-40　默认的库存储区分配

表 3-15 是使用该库时所用到的最重要的一些变量(以相对地址表示)。

表 3-15　库存储区变量的功能

符 号 名	相对地址	注　释
Disable_Auto_Stop	+V0.0	默认值为 0 意味着当运动物件已经到达预设地点时,即使尚未减速到 Velocity_SS,依然停止运动;默认值为 1,则意味着减速至 Velocity_SS 时才停止
Dir_Active_Low	+V0.1	方向定义,默认值为 0 时表示反向,为 1 时表示正向
Final_Dir	+V0.2	寻找参考点过程中的最后方向
Tune_Factor	+VD1	调整因子(默认值 = 0)
Ramp_Time	+VD5	Ramp time = accel_dec_time(加减速时间)
Max_Speed_DI	+VD9	最大输出频率 = Velocity_Max
SS_Speed_DI	+VD13	最小输出频率 = Velocity_SS
Homing_State	+VD18	寻找参考点过程的状态
Homing_Slow_Spd	+VD19	寻找参考点时的低速(默认值 = Velocity_SS)
Homing_Fast_Spd	+VD23	寻找参考点时的高速(默认值 = Velocity_Max/2)
Fwd_Limit	+V27.1	正向限位开关
Rev_Limit	+V27.2	反向限位开关
Homing_Active	+V27.3	寻找参考点激活
C_Dir	+V27.4	当前方向
Homing_Limit_Chk	+V27.5	限位开关标志
Dec_Stop_Flag	+V27.6	开始减速
PTO0_LDPOS_Error	+VB28	使用 Q0_x_LoadPos 时的故障信息(16#00 = 无故障,16#FF = 故障)
Target_Location	+VD29	目标位置
Deceleration_factor	+VD33	减速因子 = (Velocity_SS − Velocity_Max)/accel_dec_time (格式:REAL)
SS_Speed_real	+VD37	最小速度 = Velocity_SS (格式:REAL)
Est_Stopping_Dist	+VD41	计算出的减速距离 (格式:DINT)

5. 库指令块介绍

MAP 库中的指令块全部是基于 PLC-200 的内置 PTO 输出来完成运动控制的。此外,脉冲数将通过指定的高速计数器 HSC 进行计量。HSC 可用来中断计算并触发减速的起始点。

1) Q0_x_CTRL 指令块

该指令块用于传递全局参数,在每个扫描周期都需要被调用。该指令块如图 3-41 所示,功能描述如表 3-16 所示。

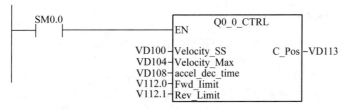

图 3-41 Q0_x_CTRL 指令块

表 3-16 Q0_x_CTRL 指令块功能描述

参 数	类 型	格 式	单 位	意 义
Velocity_SS	IN	DINT	Pulse/sec.	启动/停止频率
Velocity_Max	IN	DINT	Pulse/sec.	最大频率
accel_dec_time	IN	REAL	sec.	最大加减速时间
Fwd_Limit	IN	BOOL		正向限位开关
Rev_Limit	IN	BOOL		反向限位开关
C_Pos	OUT	DINT	Pulse	当前绝对位置

Velocity_SS 是最小脉冲频率，是加速过程的起点和减速过程的终点。

Velocity_Max 是最大脉冲频率，受限于电机最大频率和 PLC 的最大输出频率。

在程序中若输入超出(Velocity_SS，Velocity_Max)范围的脉冲频率，将会被 Velocity_SS 或 Velocity_Max 所取代。

accel_dec_time 是由 Velocity_SS 加速到 Velocity_Max 所用的时间(或由 Velocity_Max 减速到 Velocity_SS 所用的时间，两者相等)，规定为 0.02～32.0 s，但最好不要小于 0.5 s。

注意：超出 accel_dec_time 范围的值仍可以被写入块中，但是会导致定位过程出错。

2) Scale_EU_Pulse 指令块

该指令块用于将一个位置量转化为一个脉冲量，因此它可将一段位移转化为脉冲数，或将一个速度转化为脉冲频率。Scale_EU_Pulse 指令块如图 3-42 所示，功能描述如表 3-17 所示。

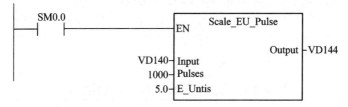

图 3-42 Scale_EU_Pulse 指令块

表 3-17 Scale_EU_Pulse 指令块功能描述

参 数	类 型	格 式	单 位	意 义
Input	IN	REAL	mm or mm/s	欲转换的位移或速度
Pulses	IN	DINT	Pulse / revol.	电机转一圈所需要的脉冲数
E_Units	IN	REAL	mm / revol.	电机转一圈所产生的位移
Output	OUT	DINT	Pulse or pulse/s	转换后的脉冲数或脉冲频率

该功能块的计算公式如下：

$$Output = \frac{Pulses}{E\_Units} \cdot Input \tag{3-4}$$

3）Scale_Pulse_EU 指令块

该指令块用于将一个脉冲量转化为一个位置量，因此它可将一段脉冲数转化为位移，或将一个脉冲频率转化为速度。Scale_Pulse_EU 指令块如图 3-43 所示，功能描述如表 3-18 所示。

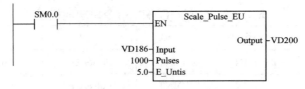

图 3-43　Scale_ Pulse_EU 指令块

表 3-18　Scale_ Pulse_EU 指令块功能描述

参　数	类　型	格　式	单　位	意　义
Input	IN	REAL	Pulse 或 Pulse/s	欲转换的脉冲数或脉冲频率
Pulses	IN	DINT	Pulse /Revol	电机转一圈所需要的脉冲数
E_Units	IN	REAL	mm /Revol	电机转一圈所产生的位移
Output	OUT	DINT	mm 或 mm/s	转换后的位移或速度

该功能块的计算公式如下：

$$Output = \frac{E\_Units}{Pulses} \cdot Input \tag{3-5}$$

4）Q0_x_Home 指令块

Q0_x_Home 指令块如图 3-44 所示，功能描述如表 3-19 所示。

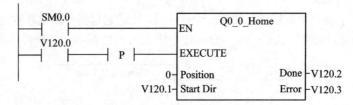

图 3-44　Q0_x_Home 指令块

表 3-19　Q0_x_Home 指令块功能描述

参　数	类　型	格　式	单　位	意　义
EXECUTE	IN	BOOL		寻找参考点的执行位
Position	IN	DINT	Pulse	参考点的绝对位移
Start_Dir	IN	BOOL		寻找参考点的起始方向 (0 = 反向，1 = 正向)
Done	OUT	BOOL		完成位(1 = 完成)
Error	OUT	BOOL		故障位(1 = 故障)

该指令块用于寻找参考点(零点)，在寻找过程的起始，电机首先以 Start_Dir 的方向、

Homing_Fast_Spd 的速度开始寻找，在碰到边界限位开关("Fwd_Limit"或"Rev_Limit")后，减速至停止，然后开始相反方向的寻找；当碰到参考点开关(input I0.0; with Q0_1_Home：I0.1)的上升沿时，开始减速到"Homing_Slow_Spd"。如果此时的方向与"Final_Dir"相同，则在碰到参考点开关下降沿时停止运动，并且将计数器 HC0 的计数值设为"Position"中所定义的值。

如果当前方向与"Final_Dir"不同，则必然要改变运动方向，这样就可以保证参考点始终在参考点开关的同一侧(具体是哪一侧取决于"Final_Dir")。

寻找参考点的状态可以通过全局变量"Homing_State"来监测，如表 3-20 所示。

表 3-20　监控参考点的状态

Homing_State 的值	意　　义
0	参考点已找到
2	开始寻找
4	在相反方向，以速度 Homing_Fast_Spd 继续寻找过程(在碰到限位开关或参考点开关之后)
6	发现参考点，开始减速过程
7	在方向 Final_Dir，以速度 Homing_Slow_Spd 继续寻找过程(在参考点已经在 Homing_Fast_Spd 的速度下被发现之后)
10	故障(在两个限位开关之间并未发现参考点)

5) Q0_x_MoveRelative 指令块

该指令块用于让轴按照指定的方向，以指定的速度，运动指定的相对位移。Q0_x_MoveRelative 指令块如图 3-45 所示，功能描述如表 3-21 所示。

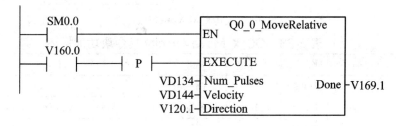

图 3-45　Q0_x_MoveRelative 指令块

表 3-21　Q0_x_MoveRelative 指令块功能描述

参　数	类　型	格　式	单　位	意　　义
EXECUTE	IN	BOOL		执行位
Num_Pulses	IN	DINT	Pulse	相对位移(必须大于 1)
Velocity	IN	DINT	Pulse/s	预置频率 (Velocity_SS <= Velocity <= Velocity_Max)
Direction	IN	BOOL		预置方向(0 = 反向，1 = 正向)
Done	OUT	BOOL		完成位(1 = 完成)

6) Q0_x_MoveAbsolute 指令块

该指令块用于让轴以指定的速度运动到指定的绝对位置。Q0_x_MoveAbsolute 指令块如图 3-46 所示，功能描述如表 3-22 所示。

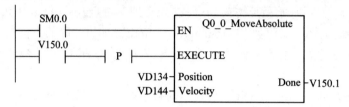

图 3-46   Q0_x_MoveAbsolute 指令块

表 3-22   Q0_x_MoveAbsolute 指令块功能描述

参 数	类 型	格 式	单 位	意 义
EXECUTE	IN	BOOL		绝对位移运动的执行位
Position	IN	DINT	Pulse	绝对位移
Velocity	IN	DINT	Pulse/s	预置频率 (Velocity_SS <= Velocity <= Velocity_Max)
Done	OUT	BOOL		完成位(1 = 完成)

7) Q0_x_MoveVelocity 指令块

该指令块用于让轴按照指定的方向和频率运动，在运动过程中可对频率进行更改。

Q0_x_MoveVelocity 指令块如图 3-47 所示，功能描述如表 3-23 所示。

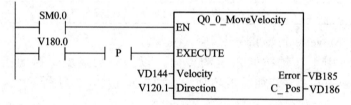

图 3-47   Q0_x_MoveVelocity 指令块

表 3-23   Q0_x_MoveVelocity 指令块功能描述

参 数	类 型	格 式	单 位	意 义
EXECUTE	IN	BOOL		执行位
Velocity	IN	DINT	Pulse/s	预置频率 (Velocity_SS <= Velocity <= Velocity_Max)
Direction	IN	BOOL		预置方向 (0=反向，1 = 正向)
Error	OUT	BYTE		故障标识 (0 = 无故障，1 = 立即停止，3 = 执行错误)
C_Pos	OUT	DINT	Pulse	当前绝对位置

Q0_x_MoveVelocity 指令块只能通过 Q0_x_Stop 指令块来停止轴的运动，如图 3-48 所示。

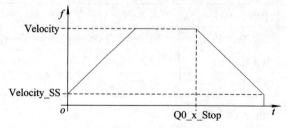

图 3-48   Q0_x_MoveVelocity 指令块的停止过程

8) Q0_x_Stop 指令块

该指令块用于使轴减速直至停止。Q0_x_Stop 指令块如图 3-49 所示,功能描述如表 3-24 所示。

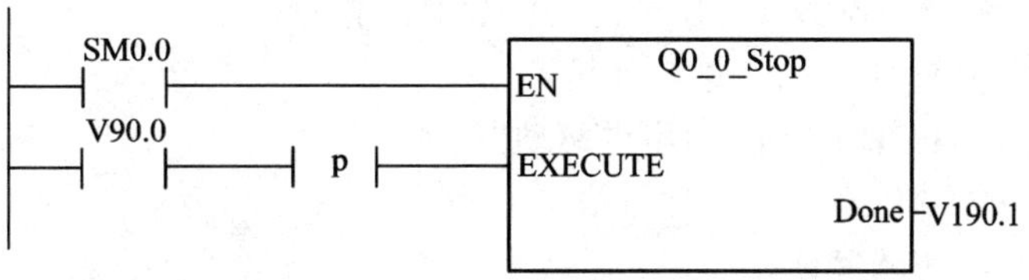

```
    SM0.0                       Q0_0_Stop
──┤  ├──────────────────EN
    V90.0
──┤  ├────┤ P ├──────────EXECUTE
                                    Done ├─ V190.1
```

图 3-49　Q0_x_Stop 指令块

表 3-24　Q0_x_Stop 指令块功能描述

参　数	类　型	格　式	单　位	意　　义
EXECUTE	IN	BOOL		执行位
Done	OUT	BOOL		完成位(1 = 完成)

9) Q0_x_LoadPos 指令块

该指令块用于将当前位置的绝对位置设置为预置值。Q0_x_LoadPos 指令块如图 3-50 所示,功能描述如表 3-25 所示。

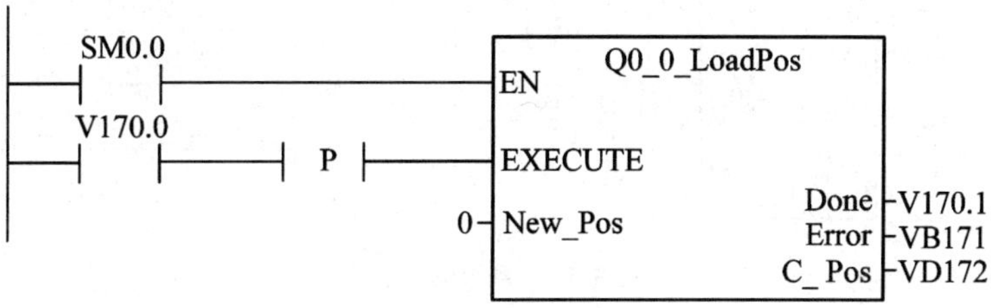

```
    SM0.0                       Q0_0_LoadPos
──┤  ├──────────────────EN
    V170.0
──┤  ├────┤ P ├──────────EXECUTE
                                    Done ├─ V170.1
         0 ─ New_Pos                Error ├─ VB171
                                   C_Pos ├─ VD172
```

图 3-50　Q0_x_LoadPos 指令块

表 3-25　Q0_x_LoadPos 指令块功能描述

参　数	类　型	格　式	单　位	意　　义
EXECUTE	IN	BOOL		设置绝对位置的执行位
New_Pos	IN	DINT	Pulse	预置绝对位置
Done	OUT	BOOL		完成位(1 = 完成)
Error	OUT	BYTE		故障位(0 = 无故障)
C_Pos	OUT	DINT	Pulse	当前绝对位置

注意:使用该指令块将使得原参考点失效,为了清晰地定义绝对位置,必须重新寻找参考点。

四、任务实施

使用 MAP 库指令驱动步进电动机,使步进电动机驱动的滑块能在如图 3-39 所示的轨道上运行。要求按下复位按钮后，滑块能回到零位；按下启动按钮，滑块又能运行到指定位置。

1. 主要软硬件配置

(1) 1 套 STEP-Micro/WIN V4.0，且安装 MAP 库指令。

(2) 1 台型号为 17HS111 的步进电动机。

(3) 1 台型号为 SH-2H042Ma 的步进驱动器。

(4) 1 台 S7-226CN PLC。

(5) 1 台配备有滑块的导轨。

2. 系统接线图

使用一台步进电动机驱动滑块，配置 PLC 输出点 Q0.0 作高速脉冲输出，此时 PLC 控制器自动定义输出点 Q0.2 为步进电动机方向控制，I0.0 为参考点输入，如表 3-14 所示。I2.0 为复位(回零点)按钮，I1.5 为停止按钮，I1.6 为到达第一段绝对位移的启动按钮，I1.7 为到达第二段绝对位移的启动按钮。系统接线图如图 3-51 所示。

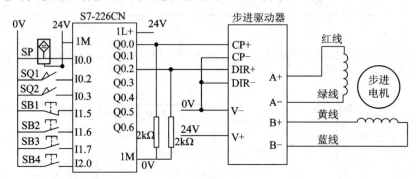

图 3-51　系统接线图

3. 系统 I/O 分配

按图 3-51 系统接线图，分配程序所使用的输入、输出点如表 3-26 所示。

表 3-26　程序的 I/O 分配表

输入(I)			输出(O)		
元件	地址	注　释	地址	注　释	
SP	I0.0	检测零点位置的光电开关	Q0.0	输出高速脉冲	
SQ1	I0.2	导轨后限位开关	Q0.2	控制步进电动机反向	
SQ2	I0.3	导轨前限位开关			
SB1	I1.5	步进电动机停止按钮			
SB2	I1.6	第一段绝对位移启动按钮			
SB3	I1.7	第二段绝对位移启动按钮			
SB4	I2.0	滑块回零复位按钮			

4. 系统控制程序

系统控制程序如图 3-52 所示。

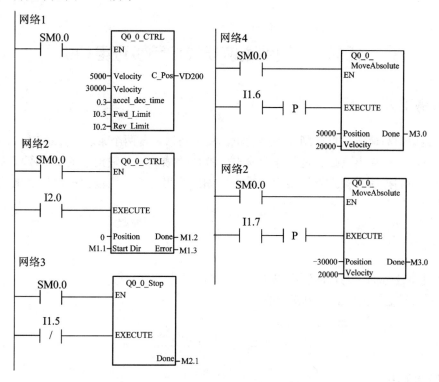

图 3-52　系统控制程序

网络 1 为 Q0_0_CTRL 脉冲控制指令,使用 SM0.0 使指令一直处于使能状态,驱动 PLC 输出点 Q0.0 输出高速脉冲,启动/停止频率设置为每秒 5000 个脉冲,运行最大频率设置为每秒 30000 个脉冲,最大加减速时间范围被规定为 0.02～32.0 s,但最好不要小于 0.5 s。这里设置为 0.3 s,可根据实际需要更改。滑块运行前限位开关为 I0.3,滑块运行后限位开关为 I0.2。

网络 2 为 Q0_0_Home 脉冲控制指令,I2.0 为寻找参考点(零点)的执行位,参考点的绝对位移设置为 0,寻找参考点的起始方向由 M1.1 控制,当 M1.1 = 0 时步进电动机反向运行,M1.1＝1 时步进电动机正向运行。

网络 3 为 Q0_0_Stop 停止指令。因停止按钮接成常闭,故所有程序中 I1.5 使用常闭触点驱动停止执行位。

网络 4、5 为 Q0_0_MoveAbsolute 绝对位置指令,该指令块用于让轴以指定的速度运动到指定的绝对位置。网络 4 的位置为反方向 50 000 个脉冲,网络 5 的位置为反方向 30 000 个脉冲,运动的速度为每秒 20 000 个脉冲,驱动执行位 EXECUTE 时必须使用上升沿。

思考与复习

1. 将图 3-52 所示的程序实际执行一遍,写出调试中发现的问题。

2. 模仿图 3-52 所示的程序，编写一个可以随时改变绝对位移大小，进而控制滑块运行的控制程序。

任务4　使用定位模块控制步进电动机

一、任务引入

如果使用高速输出点控制步进电动机，那么必须具备两个条件：一是 PLC 必须要有高速输出点，二是输出点必须是晶体管输出。PLC 集成的高速输出点的频率不够高，因此对于要求较高的控制系统必须使用定位模块。如何使用定位模块编程控制步进电动机就是本节要完成的任务。

二、任务分析

通过本任务的学习，应实现以下知识目标：
(1) 熟悉定位模块的结构和功能。
(2) 熟悉定位模块的使用方法。
(3) 掌握使用定位模块控制步进电动机的编程方法。

三、相关知识

1. 使用定位模块控制步进电动机和使用高速输出点控制步进电动机的区别

既然使用 S7-200 PLC 的高速输出点可以控制步进电动机，为什么还要使用定位模块控制步进电动机呢？原因在于：

(1) S7-200 PLC 要用其高速输出点控制步进电动机，那么必须具备两个条件：一是 PLC 必须有高速输出点，二是输出点必须是晶体管输出。例如继电器输出的 PLC 即使有高速输出点也不能控制步进电动机。

(2) PLC 集成的高速输出点的频率不够高，以 CPU226 为例，其最高频率只有 20 kHz，其使用范围有限，而定位模块 EM253 的最高频率已达到 200 kHz。

(3) 从示波器观测波形就可以看出，定位模块高速脉冲的波品质明显优于 PLC 内部集成的高速输出点，因此对于要求较高的控制系统必须使用定位模块。

(4) PLC 集成的高速输出点功能还不够强大。

2. 定位模块 EM253 简介

相对 PLC 集成的高速输出点，定位模块 EM253 的功能强大，定位精度高，使用更加方便，具体特点如下：

(1) 可用于位置开环回路中，不可用于闭环位置模式；可用于 1.1 版本以上的 CPU22X 的扩展模式，但由于 CPU221 自身不能带扩展模式，所以 EM253 不可作为 CPU221 的扩展模块。

(2) 可以提供 12 Hz～200 kHz 的脉冲频率。

(3) 支持直线和 S 曲线。

(4) 提供螺距补偿功能。

(5) 有绝对式、手动式和相对式等多种工作模式。

(6) 有四种回原点的方式。

EM253 定位模块外形如图 3-53 所示，其各接线端子的定义如表 3-27 所示。

图 3-53　EM253 模块外形图

表 3-27　接线端子的定义

序号	接线端子	功　能	序号	接线端子	功　能
1	L+	+24 V DC	10	LMT−	负向硬限位
2	M	0 V	11	4M	
3	1M	输入 stop 信号	12	LMT+	正向硬限位
4	STOP		11	4M	
5	2M	参考点切换输入	13	PO+/PO−	P0 输出(脉冲或方向)
6	RPS		14	P1+/P1−	P1 输出(脉冲或方向)
7	3M	零脉冲输入	15	DIS	使能控制
8	ZP		16	CLR	清除步进驱动器的脉冲计数寄存器
9	T1	与 P0、P1、DIS、CLR 联合使用			

EM253 定位模块指示灯的状态如表 3-28 所示。

表 3-28　EM253 定位模块的接线端子或指示灯

序号	输入/输出(对于 EM253)	LED/接线端子	LED 颜色	功　能　描　述
1	—	MF	红色	检测到致命的故障时接通
2	—	MG	绿色	无故障时接通,检测到故障时以 1 Hz 闪烁
3	—	PWR	绿色	L+ 和 M 接上 24 V DC 供电时接通
4	输入	STOP	绿色	输入 STOP 接通时亮
5	输入	RPS	绿色	参考点切换输入接通时亮
6	输入	ZP	绿色	0 脉冲输入接通时亮
7	输入	LMT−	绿色	负向限位接通时亮
8	输入	LMT+	绿色	正向限位接通时亮
9	输出	P0	绿色	P0 输出触发时亮
10	输出	P1	绿色	P1 输出触发时亮
11	输出	DIS	绿色	DIS 输出时亮
12	输出	CLR	绿色	清除偏差计数输出激活时亮

四、任务实施

某设备上有一套步进驱动系统,步进驱动器型号为 SH-2H042Ma,步进电动机的型号为 17HS111,是两相四线直流 24 V 步进电动机。要求:按下按钮 SB1 时,步进电动机带动 X 方向运动,步进电动机上有两个限位开关。请画出 I/O 接线图并编写程序。

1. 主要软硬件配置

(1) 1 套 STEP-Micro/WIN V4.0。

(2) 1 台型号为 17HS111 的步进电动机。

(3) 1 台型号为 SH-2H042Ma 的步进驱动器。

(4) 1 台 S7-226CN PLC。

(5) 1 台 EM253 模块。

2. 系统接线图

(1) 步进电动机是两相四线的步进电动机,其接线图如图 3-54 所示。步进电动机的 4 根引出线分别是红色、绿色、黄色和蓝色,其中红色引出线应与步进驱动器的 A+ 接线端子相连,绿色引出线应与步进驱动器的 A− 接线端子相连,黄色引出线应与步进驱动器的 B+ 接线端子相连,蓝色引出线应与步进驱动器的 B− 接线端子相连。

(2) 步进驱动器的脉冲输入端子与定位模块 EM253 的 P0 脉冲输出端子相连,步进驱动器的方向控制端子与 P1 端子相连,而步进驱动器的 V− 端子和 EM253 的 M 端子相连,达到共地的目的。由于本驱动器没有使能端子,所以 EM253 的 DIS 端子不接线。

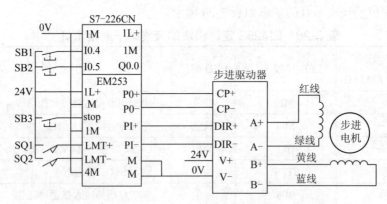

图 3-54　PLC 与驱动器和步进电动机接线图

3. 系统的硬件组态

(1) 打开"位置控制向导"配置工具。启动软件 STEP7-MicroWIN V4.0,单击导航栏的工具按钮,再单击"位置控制向导"按钮,弹出"位置控制向导"界面,如图 3-55 所示,也可以通过单击主菜单下的"位置控制向导"子菜单实现。

(2) 选择位置配置模式。图 3-55 中,先选定"配置 EM253 位控模块操作",再单击"下一步"按钮。

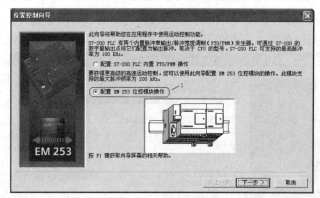

图 3-55 位置控制向导

(3) 读取定位模块 EM253 的逻辑位置。先设定模块的位置，由于只有一个扩展模块，所以模块位置为 0。再单击"读取模块"按钮，弹出"3"处的信息，然后单击"下一步"按钮，读取定位模块 EM253 的逻辑位置，如图 3-56 所示。

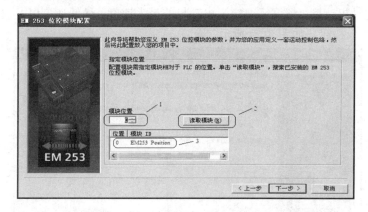

图 3-56 读取定位模块 EM253 的逻辑位置

(4) 输入系统的测量单位。图 3-56 中，先在"1"处输入电动机旋转一周应输出的脉冲数；再在"2"处输入基准测量单位，本例为"mm"；接着在"3"处输电动机旋转一周产生多少"mm"的运动，这个数值与机械结构有关；最后单击"下一步"按钮，如图 3-57 所示。

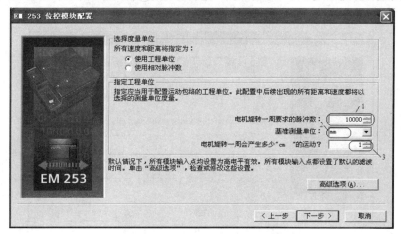

图 3-57 输入系统的测量单位

(5) 定义模块输入信号 LMT+、LMT- 和 STP 的功能。本任务选择的都是"减速停止"，当然也可根据实际需要选择"立即停止"或"不停止"选项，如图 3-58 所示。

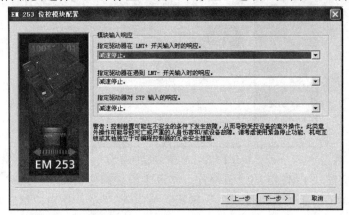

图 3-58　定义模块输入信号 LMT+、LMT- 和 STP 的功能

(6) 定义电动机速度。根据需要定义电动机的最大速度、最低速度以及启动/停止速度，再单击"下一步"按钮，如图 3-59 所示。

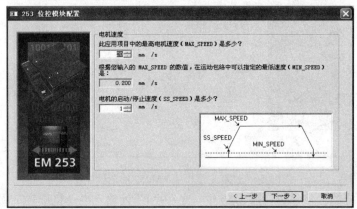

图 3-59　定义电动机速度

(7) 定义手动操作的参数。设定点动时电动机的速度，再单击"下一步"按钮，如图 3-60 所示。

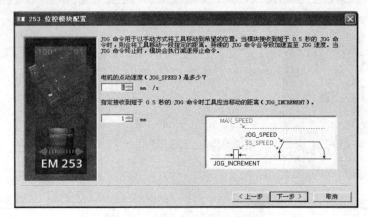

图 3-60　定义手动操作的参数

(8) 加减速参数设定。加速时间就是从最低速度加速到最大速度所用的时间，设置在"1"处，减速时间就是从最高速度减速到最低速度所用的时间，设置在"2"处，再单击"下一步"按钮，如图 3-61 所示。

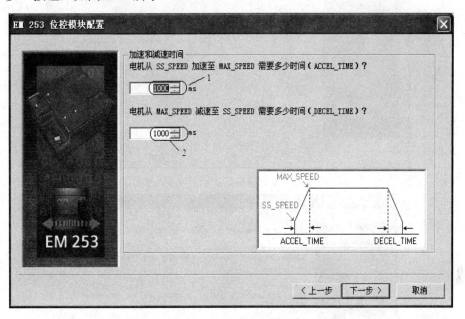

图 3-61 加减速参数设定

(9) 设置运动位置拐点参数。指定补偿时间，若不补偿则输入"0"，再单击"下一步"按钮，如图 3-62 所示。

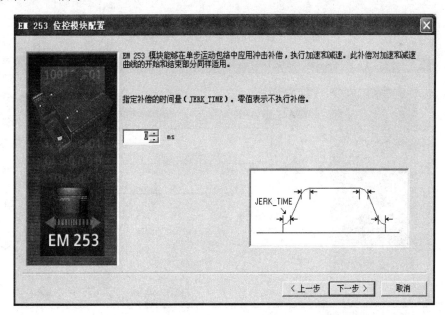

图 3-62 设置运动位置拐点参数

(10) 设置模块寻找原点位置参数。先选"1"处的选项，再单击"下一步"按钮，如图 3-63～图 3-65 所示。

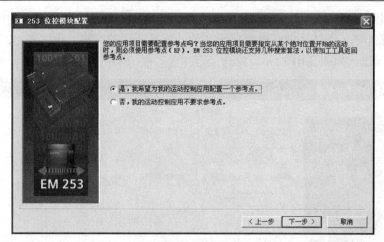

图 3-63　设置模块寻找原点位置参数(1)

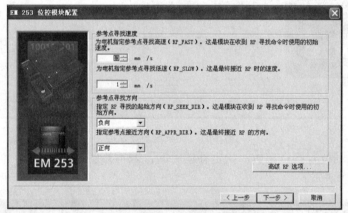

图 3-64　设置模块寻找原点位置参数(2)

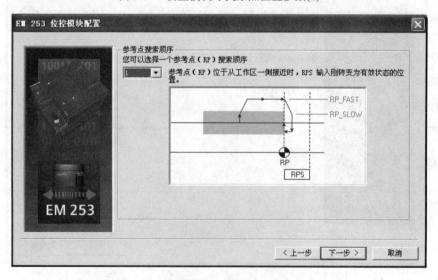

图 3-65　设置模块寻找原点位置参数(3)

(11) 设定定位模块 EM253 的运动轨迹包络。定位模块 EM253 的运动轨迹包络设置,如图 3-66 所示。

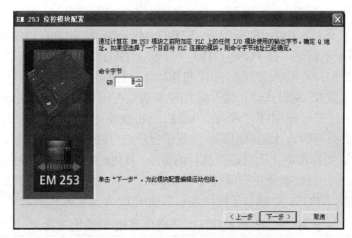

图 3-66　设定定位模块 EM253 的运动轨迹包络

(12) 分配地址。先单击"建议地址"按钮，再单击"下一步"按钮，如图 3-67 所示。

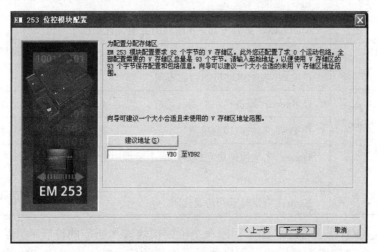

图 3-67　分配地址

(13) 完成组态。单击"完成"按钮，结束组态，如图 3-68 所示。

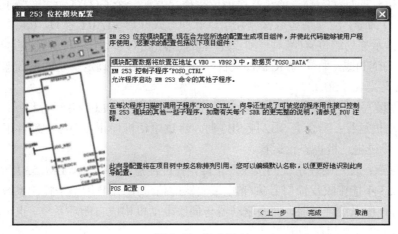

图 3-68　完成组态

4. 程序编写

(1) 子程序简介。完成以上的配置后,STEP7-Micro/WIN V4.0 自动生成一系列子程序,以下重点介绍两个子程序,即 POSx_CTRL 和 POSx_GOTO。

① POSx_CTRL 子程序(控制)。启用和初始化位控模块的方法是自动命令位控模块,每次 S7-200 更改为 RUN 模式时,载入配置/轮廓表。在项目中仅限使用一次本子程序,并确保程序在每次扫描时呼叫本子程序。应将 SM0.0(始终开启)用作 EN 参数的输入。MOD_EN 参数必须开启,才能启用其他位置子程序向位控模块发送命令。如果 MOD_EN 参数关闭,位模块会异常中止所有正在执行的命令。POSx_CTRL 子程序的输出参数提供位控模块的当前状态。当位控模块完成任何一个子程序时,Done 参数会开启。Error 参数包含本子程序的结果。POSx_CTRL 子程序各输入/输出的含义见表 3-29。

表 3-29 POSx_CTRL 子程序各输入/输出的含义

子 程 序	各输入/输出参数的含义	数据类型
POSx_CTRL EN MOD_EN Done Error C_Pos C_Speed C_Dir	EN: 使能	BOOL
	MOD_EN:必须开启,才能启用其他位置子程序向位控模块发送命令	BOOL
	C_Dir:表示电动机的当前方向	BOOL
	C_Speed:提供模块的当前速度	DINT、REAL
	C_Pos:模块的当前位置	DINT、REAL
	Done: 当位控模块完成任何一个子程序时,Done 参数会开启	BOOL
	Error:出错时返回错误代码	BYTE

② POSx_GOTO 子程序。该子程序命令位控模块进入所需的位置,开启 EN 位也会启用此子程序。在"完成"位发出子程序执行已完成的信号前,应确定 EN 位保持开启。开启 START 参数向位控模块发出一个 GOTO 命令。对于在 START 参数开启,且位控模块当前不繁忙时执行的每次扫描,该子程序向位控模块发送一个 GOTO 命令。为了确保仅发送了一个 GOTO 命令,应使用边缘探测元素以脉冲方式开启 START 参数。Pos 参数包含一个数值,用于指示移动的位置(绝对移动)或移动的距离(相对移动)。根据所选的测量单位,该数值是脉冲(DINT)或工程单位(REAL)数目。Speed 参数用于确定移动的最高速度。其各输入/输出的含义见表 3-30。

(2) 程序编写。编写如图 3-69 所示的程序,将其下载到 PLC,并运行程序。当合上 SB1 时,步进电动机运行;当合上 SB2 或 SB3 时,步进电动机停止;当碰到硬件限位开关 SQ1 或 SQ2 时,步进电动机也停止运行。

(3) 关键点:首先硬件系统的接线要正确,并应注意组态正确。EM253 用于开环控制,含义是 EM253 不能接收反馈信号(如光电编码器的信号),并非指整个控制系统就是开环。当 EM253 与伺服系统连接时,伺服驱动器与伺服电动机构成自闭环系统,也可以说这个控制系统是闭环的。

表 3-30　POSx_GOTO 子程序各输入/输出的含义

子程序	各输入/输出参数的含义	数据类型
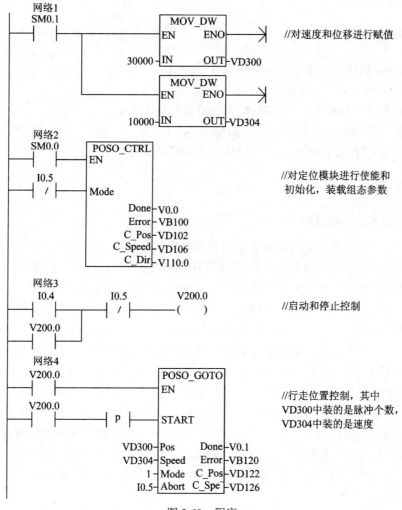	EN：使能	BOOL
	START：开启 START 参数向位控模块发出一个 GOTO 命令	BOOL
	Pos：指示移动的位置(绝对移动)或移动的距离(相对移动)	BOOL
	Speed：模块的设定速度	DINT、REAL
	Abort：紧急停止	BOOL
	C_Speed：提供模块的当前速度	DINT、REAL
	C_Pos：模块的当前位置	DINT、REAL
	Done：当位控模块完成本子程序时，Done 参数开启	BOOL
	Mode：移动的类型，0 表示绝对位置，1 表示相对位置，2 表示单速连续正向旋转，3 表示单速连续负向旋转	BYTE
	Error：出错时返回错误代码	BYTE

图 3-69　程序

思考与复习

将图 3-69 所示的程序实际执行一遍，写出调试中发现的问题。

任务 5   PLC 伺服控制中的应用

一、任务引入

伺服电动机控制系统是用来精确地跟随或复现某个过程的反馈控制系统，其作用是使输出的机械位移(或转角)准确地跟踪输入位移(或转角)。如何使用伺服驱动器控制伺服电动机就是本节要完成的任务。

二、任务分析

通过本任务的学习，应实现以下知识目标：
(1) 了解伺服电动机的工作原理。
(2) 了解松下 Minas A4 系列 AC 伺服驱动器的使用方法。
(3) 了解三菱 MR-J2S 伺服驱动器的使用方法。
(4) 熟悉使用 PLC 伺服驱动器控制伺服电动机的编程方法。

三、相关知识

1. 交流伺服电动机概述

伺服电动机控制系统是用来精确地跟随或复现某个过程的反馈控制系统，又称为随动系统。在很多情况下，伺服系统专指被控制量(系统的输出量)是机械位移或位移速度、加速度的反馈控制系统，其作用是使输出的机械位移(或转角)准确地跟踪输入位移(或转角)。

交流伺服电动机通常是指两相异步电动机。交流伺服电动机又称为执行电动机，在自动控制系统中作为执行元件，将输入的电压信号变换成转轴的角速度或角位移输出。输入的电压信号又称为控制信号或控制电压，当控制电压的相位改变 180° 时，交流伺服电动机的转子就会反转；当改变控制电压的大小时，交流伺服电动机随之改变转速。

交流伺服电动机在控制系统中的应用日益广泛，控制系统对电机的要求也在不断提高：伺服电动机必须有宽广的调速范围，即伺服电动机的转速随着控制电压的改变能在宽广的范围内连续调节；伺服电动机应无"自转"现象，即要求交流伺服电动机的控制电压降为零时能立即自行停转；伺服电动机有快速响应的特性，即电动机的机电时间常数要小；伺服电动机应有较大的堵转转矩和较小的转动惯量，这样电动机的转速才能随着控制电压的改变而迅速变化。

交流伺服电动机没有换向器，具有构造简单、工作可靠、维护容易、效率较高、价格便宜以及不需整流电源设备等优点，在自动控制系统中的应用非常广泛。

交流伺服电动机分为同步电动机和异步电动机两大类，按相数可分为单相、两相、三相和多相。

传统交流伺服电动机的结构通常是采用笼型转子两相伺服电动机及空心杯转子两相伺服电动机，所以常把交流伺服电动机称为两相异步伺服电动机。

2. 松下 Minas A4 系列 AC 伺服驱动器

1) 伺服驱动器型号

输入电源：单相 100 V AC，50/60 Hz；三相 200 V AC，50/60 Hz。

环境温度：55℃。

输出转矩：按额定转矩输出。

电机转速：按额定转速输出。

松下 AC 伺服驱动器外形如图 3-70 所示，型号说明如图 3-71 所示。

图 3-70 松下 AC 伺服驱动器外形图

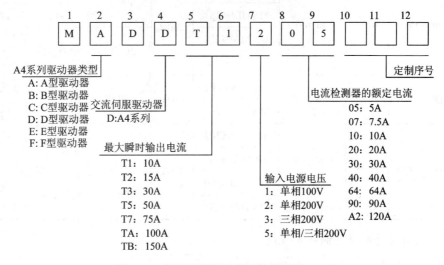

图 3-71 松下伺服驱动器型号说明图

伺服驱动器的使用期限与其运行工况密切相关。在如下运行条件下，伺服驱动器预期可以使用 28 000 小时。

2) 驱动器与伺服电动机的组合

松下伺服驱动器与伺服电动机的组合如表 3-31 所示。

表 3-31　伺服驱动器与伺服电动机的组合表

伺服驱动器			适配电动机				
型号	类型	输入电源	型号	电压	额定功率	额定转速	编码器规格
MADDT1105	A 型	单相 100V	MSMD5AZP1	100V	50 W	3000 r/min	5 线制, 250p/r
			MSMD5AZS1				7 线制, 17 位
MADDT1107	A 型	单相 100V	MSMD011P1		100 W		5 线制, 250p/r
			MSMD011S1				7 线制, 17 位
MADDT1205	A 型	单相 200V	MSMD5AZP1	200V	50 W		5 线制, 250p/r
			MSMD5AZS1				7 线制, 17 位
			MSMD012P1		100 W		5 线制, 250p/r
			MSMD012S1				7 线制, 17 位
MADDT1207	A 型	单相 200V	MSMD022P1		200 W		5 线制, 250p/r
			MSMD022S1				7 线制, 17 位
			MAMA012P1		100 W	5000 r/min	5 线制, 250p/r
			MAMA012S1				7 线制, 17 位
MBDDT2110	B 型	单相 100V	MSMD021P1	100V	200 W	3000 r/min	5 线制, 250p/r
			MSMD021S1				7 线制, 17 位
MBDDT2210	B 型	单相 200V	MSMD042P1	200V	400 W		5 线制, 250p/r
			MSMD042S1				7 线制, 17 位
			MAMA022P1		200 W	5000 r/min	5 线制, 250p/r
			MAMA022S1				7 线制, 17 位
MCDDT3120	C 型	单相 100V	MSMD041P1	100V	400 W	3000 rpm	5 线制, 250p/r
			MSMD041S1				7 线制, 17 位
MCDDT3520	C 型	单相/三相 200V	MSMD082P1	200V	750 W		5 线制, 250p/r
			MSMD082S1				7 线制, 17 位
			MAMD042P1		400 W	5000 r/min	5 线制, 250p/r
			MAMD042S1				7 线制, 17 位

3) 几种型号驱动器的技术规范

几种型号驱动器的技术规范如表 3-32 所示。

表 3-32　几种型号驱动器的技术规范

驱动器型号	MADDT1105	MADDT1205	MADDT1107	MADDT1207
输入电源	单相 100V	单相 200V	单相 100V	单相 200V
最大瞬时输出电流	10 A		10 A	
最大连续输出电流	5 A		7.5 A	
编码器反馈信号(分辨率)	10000 p/r，　　131072 p/r			
再生制动电阻	需外接			
自动增益调整功能	有			
扰动观测器	有			
动态制动器	有			
绝对式系统 *	有效**			
全闭环控制	有效			
环境温度	0～55℃			
主电源电缆	HVSF 0.75～2.0 mm^2，　　AWG 14～18			
接地电缆	HVSF 2.0 mm^2，　　AWG 14			
主电源最大冲击电流	7A	14A	7A	14A
控制电源最大冲击电流	14A	28A	14A	28A
重量	约 0.8 kg			
外形尺寸	A 型			

注：*——使用 17 位规格编码器；**——绝对式编码器的电池应外接。

4) A4 系列驱动器的接口端子

(1) A4 系列 A、B 型驱动器的接口端子和连接口图分别如图 3-72、图 3-73 所示。

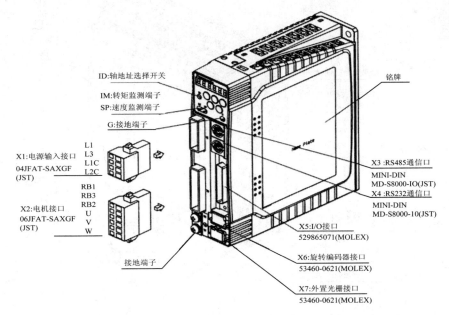

图 3-72　A4 系列 A、B 型驱动器的接口端子图

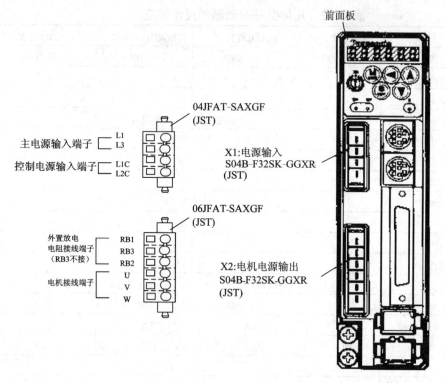

图 3-73 A4 系列 A、B 型驱动器的连接口图

(2) A4 系列 C、D 型驱动器的接口端子和连接口图分别如图 3-74、图 3-75 所示。

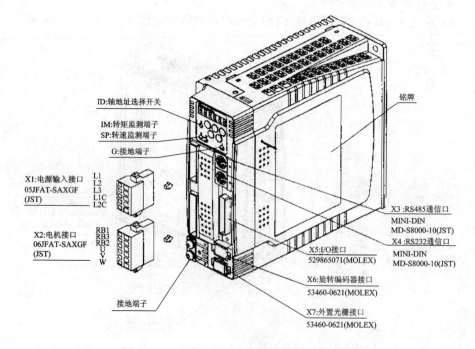

图 3-74 A4 系列 C、D 型驱动器的接口端子图

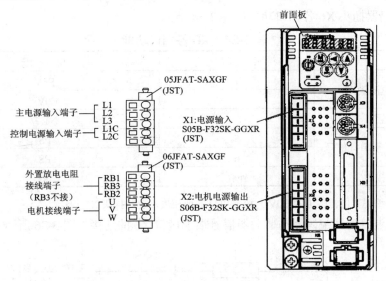

图 3-75　A4 系列 C、D 型驱动器的连接口图

图 3-73 中的电源插头 X1：A、B 型驱动器用 04JFATSAXGF(J.S.T.公司生产)；C、D 型驱动器用 05JFATSAXGF(J.S.T.公司生产)。电源插头 X2：A～D 型驱动器用 06JFATSAXGF(J.S.T.公司生产)。插头各端子说明如表 3-33 所示。

表 3-33　X1、X2 插头各端子说明

端子	接线号		信号		注　释
	插头	端子排			
X1	L1,（L2）, L3	L1,（L2）, L3	主电源输入端子	100 V	在 L1、L3 端子间输入单相 100～115 V，50～60 Hz 电源
				200 V	B 型：输入单相 100～115 V，50～60 Hz 电源 C、D 型：输入单相/三相 200～240 V，50～60 Hz 电源，单相输入时只接 L1、L3 端子
	L1C, L2C	r, t	控制电源输入端子	100 V	输入单相 100～115 V，50～60 Hz 电源
				200 V	输入单相 200～240 V，50～60 Hz 电源
X2	RB1, RB2, RB3	P, RB2, RB3	制动电阻接线端子		1. 通常将 RB3 和 RB2(B2 和 B1)短路； 2. 如果发生再生放电电阻过载报警(Err18)而导致驱动器故障，则将 RB3 和 RB2(B2 和 B1)断路，然后在 RB1 和 RB2(P 和 B2)之间接入一个制动电阻； 3. A4 系列的 A、B 型驱动器默认配置是需外接制动电阻的，因此其 RB3 和 RB2(B2 和 B1)通常不要短接，但如果发生了 Err18 报警，则在 RB1 和 RB2(P 和 B2)之间接入一个制动电阻； 4. 如果接入了制动电阻，则将参数 Pr6C 设成除 0 之外的值
	U, V, W	U, V, W	电机接线端子		连接到电机的对应绕组，U 表示 U 相，V 表示 V 相，W 表示 W 相

旋转编码器插头 X6 各端口功能如表 3-34 所示。

表 3-34　X6 各端口功能

信　号	引脚号码	功　能
编码器电源输出	1	E5V
	2	E0V*
未用	3，4	不必接
编码器 I/O 信号(串行信号)	5	PS
	6	PS
外壳接地	外壳	FG

注：*——编码器电源输出的 E0V 与控制电路的地相接，也与插头 X5 相连。

(3) 7 线制绝对式编码器与驱动器信号端子接口 X6 的连接如图 3-76 所示。

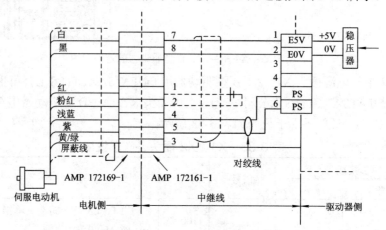

图 3-76　7 线制绝对式编码器与驱动器信号端子 X6 的连接图

绝对式编码器用的电池(建议型号：3.6V，ER6V，Toshiba 东芝)，接到第 1 和第 2 引脚之间。

(4) 5 线制增量式编码器与驱动器信号端子接口 X6 的连接如图 3-77 所示。

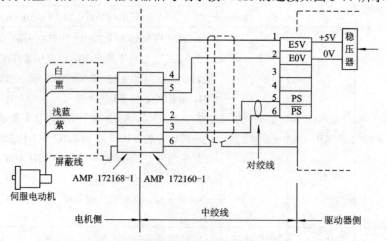

图 3-77　5 线制增量式编码器与驱动器信号端子 X6 的连接图

(5) 位置控制模式控制信号接线图如图 3-78 所示。

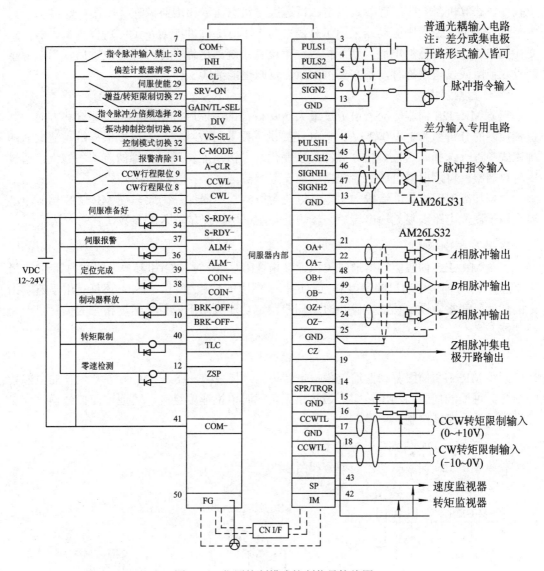

图 3-78　位置控制模式控制信号接线图

(6) 图 3-78 所示位置控制模式各端子的功能及参数含义见附录 1、2。

3. 三菱 MR-J2S 伺服驱动器

三菱 MELSERVO-J2-Super 系列(简称为 MR-J2S)伺服驱动器是在 MELSERVO-J2 系列的基础上开发的具有更高性能、更多功能的伺服系统。

该伺服驱动器有位置控制、速度控制和转矩控制 3 种控制模式，此外还有位置/速度控制、速度/转矩控制、转矩/位置控制等切换控制方式可供选择。它不但可用于工作机械和一般工业机械等需要高精度位置控制和平稳速度控制的场合，还可用于速度控制和张力控制的领域。

三菱 MR-J2S 伺服驱动器使用 RS-232C 和 RS-422 串行通信方式，通过安装有伺服设置软件的计算机，就能进行参数设定、试运行、状态显示和增益调整等操作。

三菱 MR-J2S 伺服驱动器采用了分辨率为 131 072 脉冲/转(p/r)的绝对位置编码器，只要在伺服放大器上另加电池，就能构成绝对位置系统。这样在原点经过设置后，当电源重新投入使用或发送报警时，不需要再次原点复归也能继续工作。

1) 位置控制模式

三菱 MR-J2S 伺服驱动器可通过最大 500 kp/s 的高速脉冲串控制电机速度和方向，其位置控制的分辨率为 131 072 p/s；此外还提供了位置斜坡功能，并可以根据机械情况从两种模式中进行选择。当位置指令脉冲急剧变化时，该功能实现了平稳的启动和停止；通过实时自调整，可以根据机械的情况自动地设置增益。

急剧加减速或过载而造成的主电路过流会影响功率器件，因此三菱 MR-J2S 伺服驱动器采用了嵌位电路以限制输出转矩。转矩的限制可用模拟量输入或参数设置的方法调整。

2) 速度控制模式

三菱 MR-J2S 伺服驱动器通过模拟速度指令(0～±10 V DC)和参数设置的内部设定(最大 7 速)，可对伺服电动机的速度和方向进行高精度的平稳控制；另外，还具有用于速度指令的加速时间常数设定功能、停止时的伺服锁定功能或用于模拟量速度指令的偏置自动调整功能。

3) 转矩控制模式

三菱 MR-J2S 伺服驱动器通过模拟量转矩输入指令(0～±8 V DC)和参数设置的内部转矩指令，可控制伺服的输出转矩；为防止无负载时电机速度过高，可通过模拟量输入或参数设置来设定速度控制。

4) 三菱 MR-J2S 伺服驱动器的型号

三菱 MR-J2S 伺服驱动器的型号如图 3-79 所示。

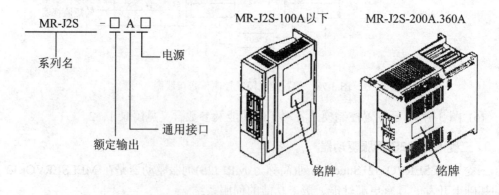

图 3-79　三菱 MR-J2S 伺服驱动器的型号

5) 三菱 MR-J2S 伺服驱动器各部分的名称

三菱 MR-J2S-100A 以下伺服驱动器各部分的名称如图 3-80 所示。

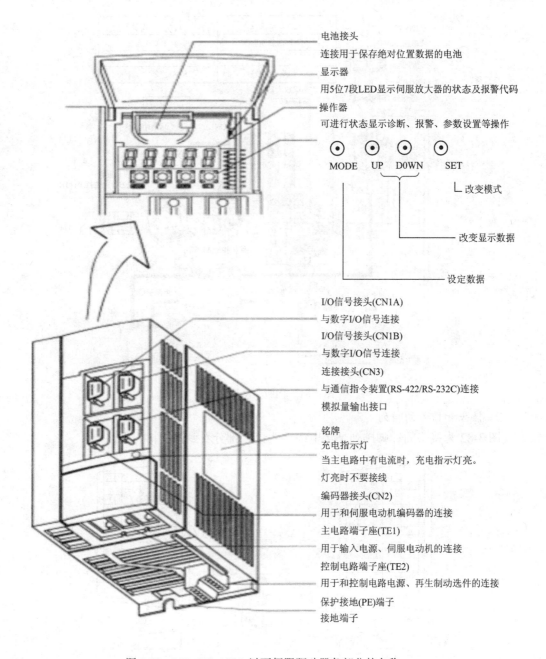

电池接头
连接用于保存绝对位置数据的电池
显示器
用5位7段LED显示伺服放大器的状态及报警代码
操作器
可进行状态显示诊断、报警、参数设置等操作

MODE UP D0WN SET

└ 改变模式

改变显示数据

设定数据

I/O信号接头(CN1A)
与数字I/O信号连接
I/O信号接头(CN1B)
与数字I/O信号连接
连接接头(CN3)
与通信指令装置(RS-422/RS-232C)连接
模拟量输出接口

铭牌
充电指示灯
当主电路中有电流时，充电指示灯亮。
灯亮时不要接线
编码器接头(CN2)
用于和伺服电动机编码器的连接
主电路端子座(TE1)
用于输入电源、伺服电动机的连接
控制电路端子座(TE2)
用于和控制电路电源、再生制动选件的连接
保护接地(PE)端子
接地端子

图 3-80　MR-J2S-100A 以下伺服驱动器各部分的名称

6) 接线图

三菱 MR-J2S-100A 以下、三相 200～230 V 或单相 230V 伺服驱动器接线图如图 3-81 所示。为了防止触电，必须将伺服驱动器的保护接地(PE)端子与控制柜保护接地(PE)端子连接。

注意：单相 230V 电源可用于 MR-J2S-70A 以下的伺服放大器电源，接 L1、L2 端子，L3 端子不用连接。

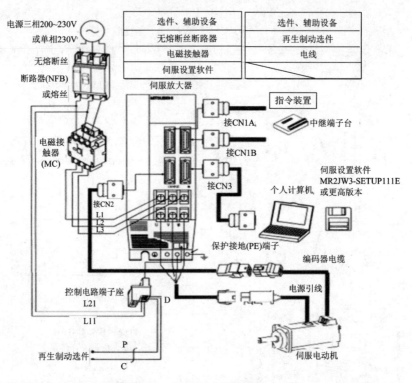

图 3-81 伺服驱动器接线图

7) 接头和信号的排列

图 3-82 为接头的针脚排列是从电缆接头接线部分看到的图样。

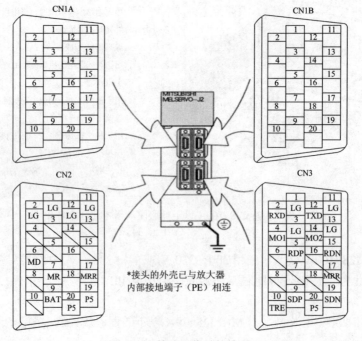

图 3-82 接头和信号的排列

8) 位置控制模式接线图

位置控制模式原理接线图如图 3-83 所示。

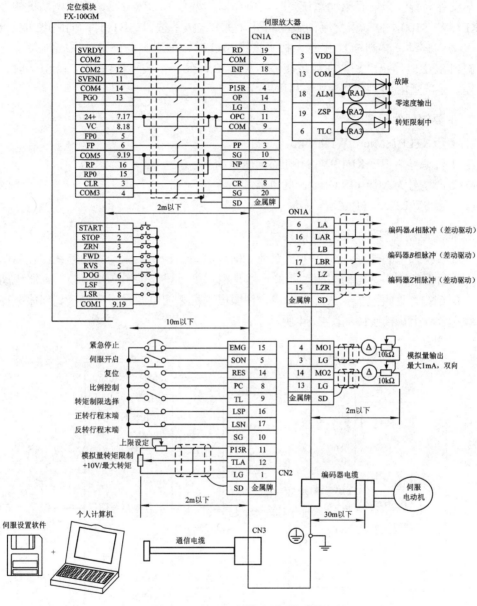

图 3-83　位置控制模式原理接线图

9) 端子功能

伺服驱动器各端子功能如附录 3 所示。

四、任务实施

1. 控制要求

本任务要求直接使用 PLC 的高速输出点控制伺服系统。

在前面介绍了直接使用 PLC 的高速输出点控制步进电动机,其实直接使用 PLC 的高速输出点控制伺服电动机的方法与之类似,只不过后者略微复杂一些。

某设备上有一套伺服驱动系统,伺服驱动器的型号为 MR-J2S,伺服电动机的型号为 HF-KE13W-S100,是三相交流伺服电动机。要求:按下按钮 SB1 时,伺服电动机带动系统向 X 方向移动,碰到 SQ1 停止;按下按钮 SB3 时,伺服电动机带动系统向 X 负方向移动,碰到 SQ2 时停止,Y 方向靠近接近开关 SQ2 时停止;按下按钮 SB2 和 SB4 时,伺服系统停机。试画出 I/O 接线图并编写程序。

2. 主要软硬件配置

(1) 1 套 STEP7-Micro/WIN V4.0。

(2) 1 台型号为 HF-KE13W-S100 的伺服电动机。

(3) 1 台型号为 MR-J2S 的伺服驱动器。

(4) 1 台 S7-224Xpsi PLC。

3. 伺服电动机与伺服驱动器的接线、

伺服系统选用的是三菱 MR-J2S 系列。伺服电动机和伺服驱动器的连线比较简单,伺服电动机后面的编码器与伺服驱动器的连线是由三菱公司提供的专用电缆,伺服驱动器端的接口是 CN2,这根电缆一般不会接错。伺服电动机上的电源线对应连接到伺服驱动器上的接线端子 0 上。接线图如图 3-84 所示。

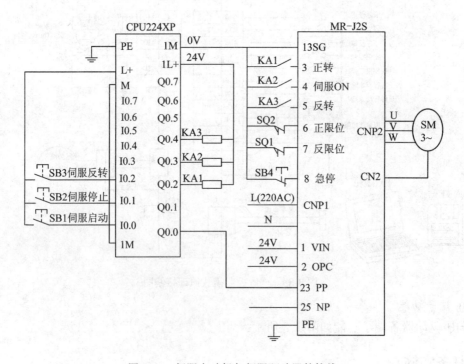

图 3-84 伺服电动机与伺服驱动器的接线

4. PLC 伺服驱动器的连接线

PLC 伺服驱动器的供电电源可以是三相交流 230 V,也可以是单向交流 230 V,本例采用单向交流 230 V 供电, 伺服驱动器的供电接线端子排是 CNP1。PLC 的高速输出点与伺服驱动器的 PP 端子连接, PLC 的输出和伺服驱动器的输入都是 NPN 型, 因此是匹配的, PLC 的 1M 必须和伺服驱动器的 SG 连接, 以实现共地的目的。

需要指出的是, 不使用中间继电器 KA1、KA2、KA3 也是可行的, 可直接将 PLC 的 Q0.2、Q0.3、Q0.4 与伺服驱动器的 3、4、5 接线端子相连。

连接时, 务必注意 PLC 与伺服驱动器必须共地, 否则不能形成回路; 此外, 三菱的伺服驱动器只能接受 NPN 信号, 因此在选择 PLC 时, 要注意选用 NPN 输出的 PLC, 西门子 S7-200 系列的 PCL 目前只有一款(CPU 224XPsi)是 NPN 输出。若读者一定要选用 PNP 输出 PLC, 则需要将信号进行转换, 通常处理信号比较麻烦而且效果要差一些。

5. 伺服电动机的参数设定

用 PLC 的高速输出点控制伺服电动机除了接线比用 PLC 的高速输出点控制步进电动机复杂外, 还必须对伺服系统进行必要的参数设置, 而控制步进电动机不需要设置参数(细分的设置除外)。伺服系统的参数设置如下:

P0 = 0000, 含义是位置控制, 不进行再生制动。

P3 = 100, 含义是齿轮比的分子。

P4 = 1, 含义是齿轮比的分母。

P41 = 0, 含义是伺服 ON、正行程限位和反行程限位都通过外部信号输入。

虽然伺服驱动器的参数很多, 但对于简单应用, 只需要调整以上几个参数就足够了。

设置完成以上参数后, 不要忘记保存参数, 伺服驱动器断电后, 以上设置才起作用。此外, 刚开始编写程序时输入的脉冲数较少, 而且齿轮比 P3/P4 又很小, 系统运行后, 伺服电动机并未转动, 其实伺服电动机已旋转, 只不过肉眼没有发现其转动, 只要把输入的脉冲数增加到足够大, 将齿轮比调大一些, 就能发现伺服电动机旋转。

6. 控制程序的编写

用 PLC 的高速输出点控制伺服电动机的程序与用 PLC 的高速输出点控制步进电动机的程序类似, 这里不做过多的解释, 其程序如图 3-85 所示。当完成系统接线、参数设定和程序下载后, 压下按钮 SB1 时, 伺服电动机正转; 压下 SB2 或 SB4 时, 伺服电动机停转; 按下 SB3 按钮时, 伺服电动机反转。当系统碰到行程开关 SQ1 或者 SQ2 时, 伺服电动机停止转动。

7. 信号的变换问题

西门子的 PLC 的晶体管输出多为 PNP 型(CPUX224Xpsi 为 NPN 输出, 是最近才推出的产品), 而三菱的伺服驱动器多为 NPN 输入, 很显然, 三菱驱动器不能直接接受西门子的 PNP 信号。解决问题的方案就是将西门子的 PLC 的信号反向, 如图 3-86 所示, PLC 的 Q0.0 输出的信号经过三极管 SS8050 后变成伺服驱动器可以接受的信号, 从 PP 端子输入。

需要指出的是, 对于要求不高的系统可以采用此解决方案, 因为 PLC 输出的脉冲信号经过晶体管处理后, 其品质明显变差(可用示波器观看), 容易丢脉冲, 因此最好还是选用 NPN 输出的 PLC 控制三菱的伺服驱动系统。

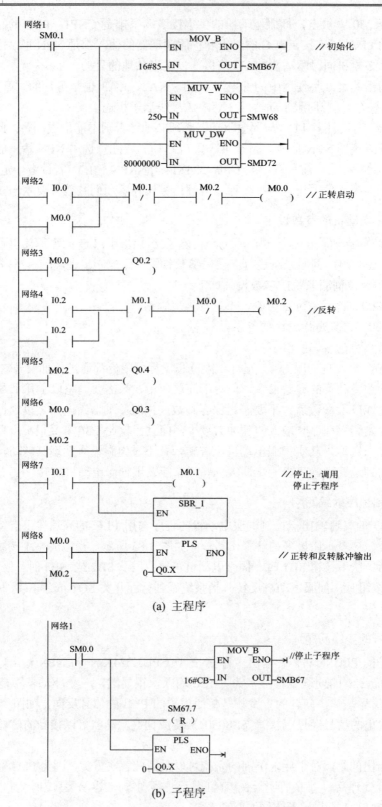

(a) 主程序

(b) 子程序

图 3-85 PLC 的高速输出点控制伺服电动机程序

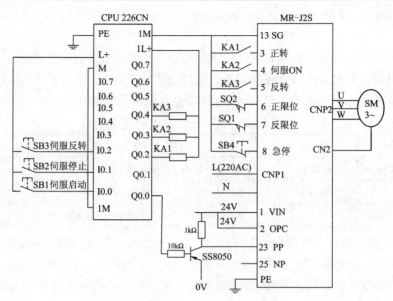

图 3-86 使用 PNP 型的 PLC 的高速输出点控制伺服电动机

思考与复习

将图 3-69 所示的程序实际执行一遍，写出调试中发现的问题。

任务 6　使用 PPI 协议实现两台 PLC 之间的通信

一、任务引入

PPI 是一个主从协议，主站向从站发出请求，从站作出应答；从站不主动发出信息，而是等候主站向其发出请求或查询，要求应答。主站通过由 PPI 协议管理的共享连接与从站通信。如何使用 PPI 主从协议实现两台 PLC 之间的通信就是本节要完成的任务。

二、任务分析

通过本任务的学习，应实现以下知识目标：
(1) 掌握 PROFIBUS-DP 总线的制作和使用方法。
(2) 掌握网络读/写指令的使用方法。
(3) 掌握两台 S7-200 PLC 之间进行 PPI 通信的编程方法。

三、相关知识

1. PPI 协议概述

本任务使用的西门子 S7-200 PLC 可以支持 PPI 通信、MPI 通信(从站)、Modbus 通信 (从站)、USS 通信、自由口协议通信、POOFIBUS-DP 现场总线通信(从站)、ASI 通信和以太网通信。

PPI 不限制与任何一台从站通信的主站数目，但是无法在网络中安装 32 台以上主站。

PPI 高级协议允许网络设备在设备之间建立逻辑逻辑。若使用 PPI 高级协议，每台设备可提供的连接数目有限。表 3-35 显示了 S7-200 提供的连接数目。PPI 协议目前还没有公开。

表 3-35　S7-200 提供的连接数目

模　块	端　口	波　特　率	连　接
S7-200CPU	端口 0	9.6 kband/19.2 kband/或 187.5 kband	4 个
	端口 1	9.6 kband/19.2 kband 或 187.5 kband	4 个
EM-277 模块		9.6 kband/19.2 kband 或 187.5 kband	每个模块 6 个

如果在用户程序中启用 PPI 主站模式，S7-200CPU 可在处于 RUN(运行)模式时用作主站，启用 PPI 主站模式后，可以使用"网络读取"(NETR)或"网络写入"(NETW)指令从其他 S7-200CPU 读取数据或向 S7-200CPU 写入数据。S7-200 用作 PPI 主站时，作为从站应答来自其他主站的请求。可以使用 PPI 协议与所有的 S7-200 CPU 通信。如果与 EM277 通信，则必须启用"PPI 高级协议"。

2. PPI 通信系统连接

在进行 PPI 通信之前，首先需要认知进行 PPI 通信的主要硬件，即网络连接器和通信连接电缆。

1) 网络连接器

网络连接器是一种能与 RS-485 兼容并与通信电缆相连的 9 针 D 型连接器。一般来说，使用比较广泛的是西门子网络连接器，其引脚分配表如表 3-36 所示。西门子网络连接器内置有终端电阻和偏置电阻，通过网络连接器上的开关切换终端电阻的接通或断开，以控制后续网络的信号传输。

表 3-36　网络连接器的引脚分配表

引脚序号	名　称	功　能　描　述
1	SHIELD	屏蔽或功能地
2	M24	24 V 辅助电源输出地线
3	RXD/TXD-P	接收/发送数据正端，RS-485 的 B 信号线
4	CNTR-P	方向控制信号正端
5	DGND	数据基准电位
6	VP	+5 V 供电电源，与 100 Ω 电阻串联
7	P24	+24 V 辅助电源输出的正端
8	RXD/TXD-N	接收/发送数据负端，RS-485 的 A 信号线
9	CNTR-N	方向控制信号负端

终端电阻是在线型网络两端(相距最远的两个通信端口上)的一对通信线上的并联电阻。根据传输线理论，终端电阻可以吸收网络上的反射波，有效地增强信号强度。两个终

端电阻并联后的值基本等于传输线在通信频率上的特性阻抗。偏置电阻确保电气情况复杂时 A、B 信号的相对关系，保证 "0"、"1" 信号的可靠性。一般来说，总线网络都要使用终端电阻和偏置电阻，但是当网络连接线非常短、进行临时或实验室测试时，可以不使用终端电阻和偏置电阻。

西门子网络连接器主要分为带编程口和不带编程口两种类型。图 3-87 所示为西门子网络连接器，它用于一般联网。带编程口的西门子网络连接器可以在联网的同时仍然提供一个编程连接端口，用于编写程序或者连接 HMI 设备等。

图 3-87 西门子网络连接器

2) 通信连接电缆

通信连接电缆有多种型号，其中使用比较广泛的是 PROFIBUS 电缆，如图 3-88 所示。该连接电缆是屏蔽双绞线，可以减少线间的电磁干扰，在屏蔽层内部有红色和绿色两根信号线，用于与网络连接器连接。PROFIBUS 电缆的最大长度取决于通信波特率和电缆的类型。

图 3-88 PROFIBUS 电缆

当进行 PPI 通信系统连接时，需先将标准的 PROFIBUS 电缆与网络连接器连接制作成网络连接线，具体过程如下：

(1) 利用电缆剥离器 FCS 将 PROFIBUS 电缆剥出一段长度的电缆皮，露出红色和绿色的线芯，暂不剥离线芯保护层，如图 3-89 所示。

图 3-89 剥离电缆

(2) 用螺丝刀打开网络连接器的电缆张力释放压块，然后掀开线芯连接的位置，如图 3-90 所示。

图 3-90　打开网络连接器

(3) 去除 PROFIBUS 电缆的红、绿线芯保护层，裸露出少许铜线。将线芯根据对应的颜色标记插入网络连接器的线芯锁中，并用力压下模块 ，使内部导体接触，如图 3-91 所示。需要注意的是，PROFIBUS 电缆被剥出的屏蔽层应与网络连接器屏蔽连接压片充分接触。

图 3-91　连接线芯

(4) 压下网络连接器的电缆张力释放压块，拧紧螺钉，消除外部拉力对内部连接的影响。

当进行多个网络连接器连接时，将 PROFIBUS 电缆一端线芯按颜色连接到首个网络连接器的"出"端，注意要接好屏蔽线并拧紧螺钉；将 PROFIBUS 电缆另一端线芯按颜色连接到第二个网络连接器的"进"端，依次连接后面的网络连接器。将需要连接的 N 个连接器($N<128$)形成一个网络，其连接示意图如图 3-92 所示。对多个网络连接器组成的通信网络，需要将首末两个网络连接器的终端电阻开关拨到"ON"处，中间网络连接器的终端电阻开关均需拨到"OFF"处。

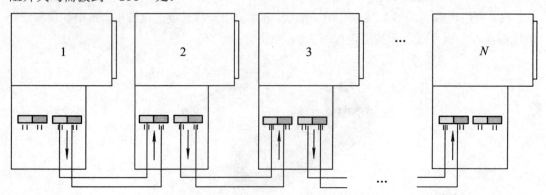

图 3-92　多个网络连接器的连接示意图

3. 网络读/写指令的格式

网络的读取(NETR)指令，通过指令的端口(POTR)根据表格(TBL)定义从远程设备收集数据，可从远程站最多读取 16 个字节信息。网络写入(NETW)指令通过指定的端口(PORT)根据表格(TBL)定义向远程设备写入数据，可向远程站最多写入 16 个字节信息。程序中可以有任意数目的 NETR/NETW 指令，但在任何时间最多只能有 8 条 NETR 和 NETW 指令被激活。例如，在特定的同一时间内可以有 4 条 NETR 和 4 条 NETW 指令(或者 2 条 NETR 和 6 条 NETW 指令)处于现用状态。网络读/写指令格式见表 3-37。

表 3-37　网络读/写指令格式

LAD	STL	说　明
NETR EN　ENO TBL PORT	NETR，TBL，PORT	网络读指令 TBL：参数表的起始地址 VB，数据类型为字节； PORT：端口号，取值为 0、1
NETR EN　ENO TBL PORT	NETW，TBL，，PORT	网络写指令 TBL：参数表的起始地址 VB，数据类型为字节； PORT：端口号，取值为 0、1

如果功能返回出错信息，则状态字中的 E 位置位。若要启动"网路读取/网络写入指令向导"，则选择"工具"→"指令向导"菜单命令，然后从"指令向导"对话框中选择"网络读取/网路写入"。

网路读/写指令具有相似的数据缓冲区，缓冲区以一个状态字开始，主站的数据缓冲区如图 3-93 所示。远程站的数据缓冲区如图 3-94 所示。

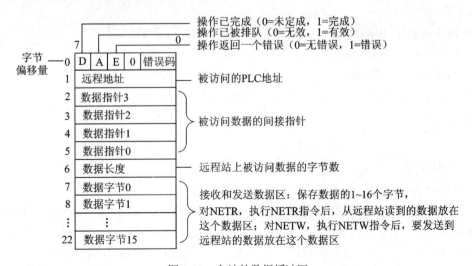

图 3-93　主站的数据缓冲区

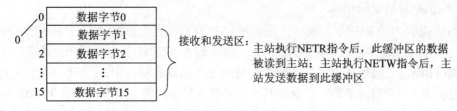

图 3-94　运程站的数据缓冲区

4. PPI 主站的定义

PLC 特殊寄存器的字节 SMB30(对 PORT0，端口 0)和 SMB130(对 PORT1，端口 1)可用来定义通信口。控制位的定义如图 3-95 所示。

图 3-95　控制位的定义

(1) 通信模式由控制字的最低两位"mm"决定。

① mm = 00：PPI 从站模式(默认为这个数值)。

② mm = 01：自由口模式。

③ mm = 10：PPI 主站模式。

所以，只要将 SMB30 或 SMB130 赋值为 2#10，即可将通信口设置为 PPI 主站模式。

(2) 控制位的"pp"是奇偶校验选择。

① pp = 00：无校验。　　　　　② pp = 01：偶校验。

③ pp = 10：无校验。　　　　　④ pp = 10：奇校验。

(3) 控制位的"d"是奇偶校验选择。

① d = 0：每个字符为 8 位。　　② d = 1：每个字符为 7 位。

(4) 控制位的"bbb"是波特率选择。

① bbb = 000：38400 b/s。　　　② bbb = 001：19200 b/s。

③ bbb = 010：96000 b/s。　　　④ bbb = 011：4800 b/s。

⑤ bbb = 100：2400 b/s。　　　⑥ bbb = 101：1200 b/s。

⑦ bbb = 110：600 b/s。　　　　⑧ bbb = 111：300 b/s。

四、任务实施

1. 控制要求

本任务要求进行两台 PLC 之间的 PPI 通信控制测试。

主站 2 号 PLC：在 2 号 PLC 作为主站发起启动信号后，主站 QB0 的奇偶数灯间隔 0.5s 交替闪烁。

从站 3 号 PLC：当主站奇偶数灯闪烁 5 次后，从站 PLC 的 QB0 偶数指示灯亮。

停止：从站发出停止信号，主、从站 PLC 停止输出。

2. 系统硬件组态

将制作完成的 PPI 通信电缆的网络连接器分别连接到 2 号 PLC 和 3 号 PLC 的端口 0 上，并将其用螺钉旋具锁紧，以各网络连接头不出现松动为宜，完成两台 PLC 进行 PPI 通信硬件上的连接。

PPI 网络的实现有两种形式：一种是直接调用 NETR/NETW 指令配置 PPI；另一种是利用指令向导来配置 PPI 网络。下面介绍通过指令向导配置 PPI 网络，实现对上述两台 PLC 的 PPI 通信控制。

配置主站 2 号 PLC。在 STEP-Micro/WIN 中新建一个项目，在命令菜单中选择"工具"→"指令向导"，在指令窗口中选择"NETR/NETW"，如图 3-96 所示。完成后单击"下一步"按钮。

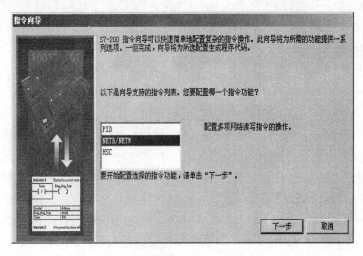

图 3-96 "指令向导"对话框

进入如图 3-97 所示的"NETR/NETW 指令向导"对话框，在"您希望配置多少项网络读/写操作？"中输入"2"，配置完成后单击"下一步"按钮。

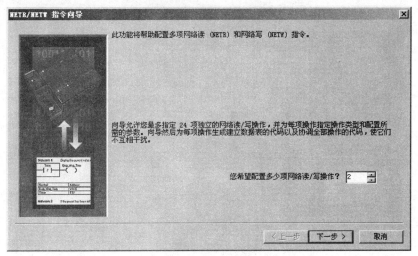

图 3-97 "NETR/NETW 指令向导"对话框

进入如图 3-98 所示的通信端口配置和子程序命名界面,在此选择 PLC 的端口"0"作为通信端口;也可以给子程序命名或使用默认的名称,完成后单击"下一步"按钮。

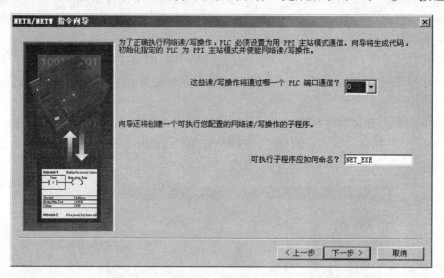

图 3-98　通信端口配置和子程序命名界面

进入如图 3-99 所示的网络读/写操作配置界面。在"1"处的"此项操作是 NETR 还是 NETW?"下拉列表中选择配置"NETW"操作,在"2"处写入远程 PLC 的数据长度为"1"字节,在"3"处的"远程 PLC 地址"选择"3",在"4"处设置本地 PLC 数据存储在"VB0"中,写入远程 PLC 的"VB0"中。

单击"下一项操作"按钮,进入如图 3-100 所示的网络读/写操作配置界面。在"1"处的"此项操作是 NETR 还是 NETW?"下拉列表中选择配置"NETR"操作,在"2"处写入从远程 PLC 读取的数据长度为"1"字节,在"3"处写入选择远程 PLC 地址为"3",在"4"处设置本地 PLC 数据存储在"VB1"中,从远程 PLC 的"VB1"中读取数据。设置完成后单击"下一步"按钮。

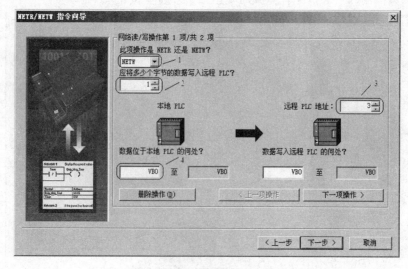

图 3-99　网络读/写操作配置界面(一)

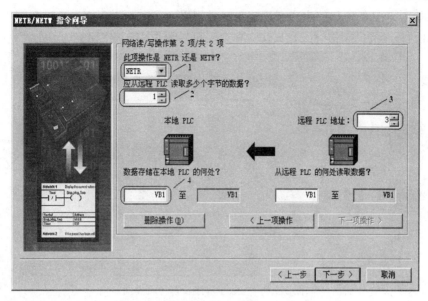

图 3-100　网络读/写操作配置界面(二)

如上配置实现的两台 PLC 之间的数据通信区如图 3-101 所示。

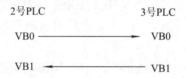

图 3-101　两台 PLC 之间的数据通信区

进入如图 3-102 所示的配置分配存储区界面。根据之前配置读/写的操作项，指定一个 V 存储区地址范围，或者直接使用向导建议一个合适且未使用的 V 存储区地址范围，完成后单击"下一步"按钮。

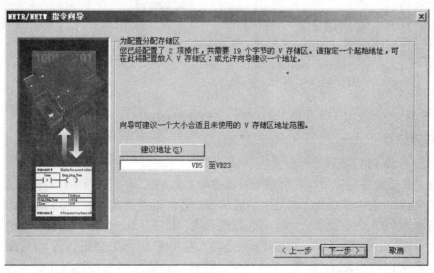

图 3-102　配置分配存储区界面

进入如图 3-103 所示的生成子程序及符号表界面。在此界面中，可以看到所选配置生成的项目组件——子程序"NET_EXE"和全局符号表"NET_SYMS"，单击"完成"按钮。

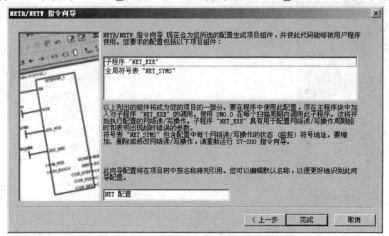

图 3-103　生成子程序及符号表界面

3. 子程序参数说明

在程序编辑器指令树的"调用子程序"中调用"NET_EXE(SBR1)"，出现如图 3-104 所示的"NET_EXE"子程序。在此对 NET_EXE 子程序各参数说明如下：

(1) 必须在主程序中使用 SM0.0，在每个周期内调用 NET_EXE 子程序，以保证其正常运行。

(2) Timeout(超时参数)：0 为无定时器；1～36767 为定时器数值，若通信超时，则报错误信息。

(3) Cycle(周期参数)：在每次所有网络操作完成时切换状态。

(4) Error(错误参数)：0 = 无错误；1 = 错误。

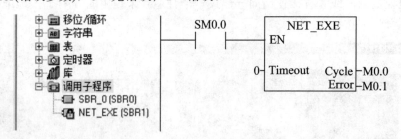

图 3-104　调用"NET_EXE(SBR1)"

4. 程序编写

1) 主、从站 PLC 通信地址设置

在网络通信配置完成后，在程序编辑器中对 2 号 PLC 设置通道端口。选择"系统块"→"通信端口"，在"系统块"对话框的通信端口界面设置"端口 0"的 PLC 地址为"2"，选择波特率为"9.6 kb/s"，其余的选项选择默认值，如图 3-105 所示。3 号 PLC 的通信端口设置方式与 2 号 PLC 的设置方式相同，只是将"端口 0"的 PLC 地址设为"3"(即 2 号 PLC 里配置的远程 PLC 地址)，如图 3-106 所示。注意，必须保证 PLC 地址正确，同时还要保证两台 PLC 的通信端口的波特率一致。

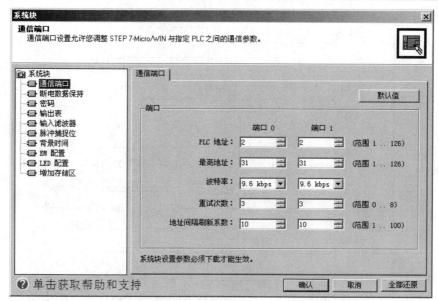

图 3-105　2 号 PLC 的通信端口参数设置

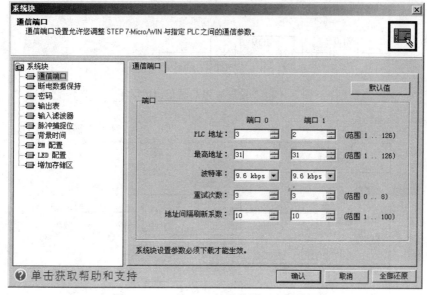

图 3-106　3 号 PLC 的通信端口参数设置

2) 程序设计

在两台 PLC 的通信参数设置完成后，分别在程序编辑器中按照之前的要求编写通信测试程序。由于 PPI 协议是一种主从通信协议，所以只需在主站中调用网络子程序，而从站中无需调用网络子程序。图 3-107 所示为 2 号主站 PLC 通信测试程序。在 2 号主站 PLC 通信测试程序中调用网络子程序；I0.4 为主站 PLC 启动信号，使程序运行，当主站 QB0 奇偶数灯闪 5 次后，V0.0 接通，作为启动信号发送给 3 号从站 PLC；V1.0 为主站 PLC 读取 3 号从站 PLC 反馈的通信信号。图 3-108 所示为 3 号从站 PLC 通信测试程序，接收到 2 号主站 PLC 发送的启动信号后，3 号从站 PLC 的 M0.0 自锁，驱动输出端 QB0 偶数灯亮。当 3 号从站 PLC 的 I0.4 发出停止信号后，则使从站程序停止，通过 V1.0 使主站程序也停止。

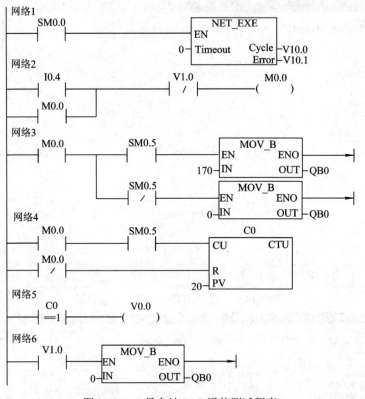

图 3-107　2 号主站 PLC 通信测试程序

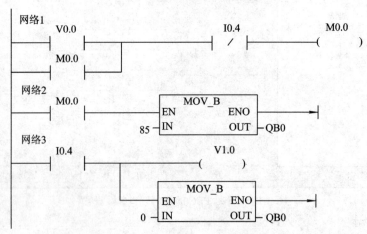

图 3-108　3 号从站 PLC 通信测试程序

在完成两台 PLC 通信测试程序的编写后，分别下载到 2 号主站 PLC 和 3 号从站 PLC 中进行通信调试。运行调试时，查看 2 号主站 PLC 控制程序的网络子程序是否正常工作，当 2 号主站 PLC 的 NET_EXE 中的"Error"中显示的值是"0"时，表示通信无错误，两 PLC 之间能正常进行 PPI 通信；如显示的是"1"，则通信有错误。一般将"Timeout"的值设置为 0，表示不使用定时器。

当 2 号主站 PLC 的 I0.4 接通，C0 计数到 6 次，V0.0 值为 1 时，查看 3 号从站 PLC 的 QB0 是否有偶数灯输出；当 3 号从站 PLC 的 I0.4 接通，V1.0 值为 1 时，查看 2 号、3 号

PLC 程序是否停止。

思考与复习

在两台 PLC 之间进行以下 PPI 通信控制测试：

(1) 主站 2 号 PLC：在 2 号 PLC 作为主站发起启动信号后，主站 QB0 的奇偶数灯亮。

(2) 从站 3 号 PLC：当主站奇偶数灯亮 5 s 后，从站 PLC 的 QB0 偶数指示灯间隔 0.5 s 闪亮。

(3) 停止：主、从站发出停止信号，主、从站 PLC 停止输出。

任务 7　使用 USS 协议对 MicroMaster 变频器进行通信调速

一、任务引入

USS 协议是 PROFIBUS 的一个子集，是专门为使用 USS 协议与变频器通信而设计的，从而使得控制 MicroMaster 变频器十分简便。通过 USS 指令，可以控制变频器和读/写变频器参数。如何使用 USS 协议实现 S7-200 PLC 与西门子 MM4 系列变频器之间的通信就是本节要完成的任务。

二、任务分析

通过本任务的学习，应实现以下知识目标：

(1) 掌握 USS 协议指令的使用方法。

(2) 掌握变频器地址的定义方法。

(3) 熟悉 S7-200 PLC 与西门子 MM4 系列变频器之间通信的实现过程。

三、相关知识

1. USS 协议

USS 协议是 PROFIBUS 的一个子集，它有各种长度，视所要满足的功能多少而定，且因所用设备类型而有所不同。STEP7-Micro/WIN 指令库包括了预组态的子程序和中断程序，它们专门为使用 USS 协议与变频器通信而设计，使得控制 MicroMaster 变频器十分简便。通过 USS 指令，可以控制变频器和读/写变频器参数。选择一个 USS 指令时，系统会自动增加一个或多个相关的子程序(USS1~USS7)。

2. 使用 USS 指令

为了在 S7-200PLC 程序中使用 USS 协议指令，应遵循下列步骤：

(1) 在程序中插入 USS_INIT 指令并且该指令只在一个循环周期内执行一次，可以用 USS_INIT 指令启动或改变 USS 通信参数。当插入 USS_INIT 指令时，若干个隐藏的子程序和中断服务程序会自动地加入到程序中。

(2) 组态驱动参数使之与程序中所用的波特率和站地址相匹配。

(3) 连接 S7-200PLC 和驱动之间的通信电缆。

确保像 S7-200PLC 这样的所有连接驱动的控制设备，通过一条短而粗的电缆连接到与驱动相同的接地点或星形点。

具有不同参考电位的设备相互连接时会在连接电缆中形成电流，这些电流会导致通信错误或设备损坏，故应确保所有通过通信电缆连接在一起的设备共享一个公共参考点，或者彼此隔离以避免产生电流。屏蔽层必须接到底盘地或 9 针接头的针 1,建议将 MicroMaster 驱动上的连接端 2——0V 接到外壳地上。

3. USS 协议指令

1) 初始化 USS_INIT 指令

USS_INIT 指令(端口 0)或 USS_INIT_P1(端口 1)用于启用和初始化，或禁用 MicroMaster 变频器通信。USS_INIT 指令必须无错误地执行，才能够执行其他的 USS 指令。指令完成后，在继续进行下一个指令之前，Done 位立即被置位。

当 EN 输入接通时，每一循环都执行该指令，在每一次通信状态改变时只执行一次 USS_INIT 指令，使用边沿检测指令脉冲触发 EN，要改变初始化参数，需执行一个新的 USS_INIT 指令。

通过 Mode 输入值可选择不同的通信协议，输入值为 1 时指定端口使用 USS 协议并启用该协议，输入值为 0 时指定端口 0 使用 PPT 并禁用 USS 协议。

Baud 可将波特率设置为 1200、2400、4800、9600、19 200、38 400、57 600 或 115 200,后两个数据只有 1.2 及以后版本才支持。

Active 用来指示激活哪个变频器，支持变频器地址为 0~31，所有标为 Active(激活)的变频器都会在后台被自动地轮询，防止变频器的串行链接超时，各状态间轮询的时间按表 3-38 所示计算。

表 3-38 通 信 时 间

波特率/(b/s)	对激活的驱动进行轮询的时间间隔(无参数访问指令激活)
1200	240 ms(最大) × 驱动的数量
2400	130 ms(最大) × 驱动的数量
4800	75 ms(最大) × 驱动的数量
9600	50 ms(最大) × 驱动的数量
19 200	35 ms(最大) × 驱动的数量
38 400	30 ms(最大) × 驱动的数量
57 600	25 ms(最大) × 驱动的数量
115 200	25 ms(最大) × 驱动的数量

当 USS_INIT 指令完成时，DONE(完成) 输出打开。"错误"输出字节包含执行指令的结果。USS_INIT 指令格式见表 3-39。

表 3-39　USS_INIT 指令格式

LAD	输入/输出	含　义	数 据 类 型
USS_INIT EN Mode Baud　Done Active　Error	EN	使能	BOOL
	Mode	模式	BYTE
	Baud	通信的波特率	DWORD
	Active	激活驱动器	DWORD
	Done	完成初始化	BOOL
	Error	错误代码	BYTE

USS_INIT 指令的参数如表 3-40 所示。

表 3-40　USS_INIT 指令的参数

输入/输出	数据类型	操　作　数
Mode	BYTE	VB、IB、QB、MB、SB、SMB、LB、AC、常数、*VD、*AC、*LD
Baud，Active	DWURD	VD、ID、QD、MD、SD、SMD、LD、常数、AC
Done	BOOL	I、Q、M、S、SM、T、C、V、L
Error	BYTE	VB、IB、QB、MB、SB、SMB、LB、AC、*VD、*AC、*LD

Error 输出字节中包含了该指令的执行结果。表 3-41 定义了该指令执行时可能引起的错误条件。

表 3-41　USS 执行错误代码

错误代码	描　述	错误代码	描　述
0	没有错误	14	提供的 DB-Ptr 地址不正确
1	驱动未响应	15	提供的参数号码不正确
2	来自驱动的响应中检测到校验和错误	16	所选协议无效
3	来自驱动的响应中检测到检验错误	17	USS 激活，不允许改变
4	由来自用户程序的干扰引起的错误	18	指定的波特率非法
5	尝试非法指令	19	没有通信，该驱动未激活
6	提供非法驱动地址	20	驱动响应的参数、数值不正确或包含错误代码
7	通信口未设为 USS 协议		
8	通信口正忙于处理某条指令	21	请求一个字类型的数值却返回一个双字类型值
9	驱动速度输入超限		
10	驱动响应的长度不正确	22	请求一个双字类型的数值，返回了一个字类型值
11	驱动响应的第一个字符不正确		
12	驱动响应的长度字符不被 USS 指令所支持		
13	错误的驱动响应		

2) 控制 USS_CTRL 指令

站点号地址具体计算如下:

D31	D30	D29	D28	…	D19	D18	D17	D16	…	D3	D2	D1	D0
0	0	0	0		0	1	0	0		0	0	0	0

D0～D31 代表 32 台变频器,要激活某一台变频器,就将该位置 1,上面的表格将地址为 18 号的变频器激活,其地址用十六进制数表示为 16#00040000,用十进制数表示为 2^{18} = 262144。若要将所有 32 台变频器都激活,则 Active 为 16#FFFFFFFF。

USS_CTRL 指令被用于控制 Active(激活)的变频器。USS_CTRL 指令将选择的命令放在通信缓冲区中,然后送至选中的变频器(Drive(驱动器)参数),条件是已在 USS_INIT 指令的 Active(激活)参数中选择该变频器。仅限于为每台变频器指定一条 USS_CTRL 指令。USS_CTRL 指令格式见表 3-42。

表 3-42　USS_CTRL 指令格式

LAD	输入/输出	含　义	数据类型
	EN	使能	BOOL
	RUN	模式	BOOL
	OFF2	允许驱动器滑行至停止	BOOL
	OFF3	命令驱动器迅速停止	BOOL
	F_ACK	故障确认	BOOL
	DIR	改变驱动器移动的方向	BOOL
USS_CTRL EN RUN OFF2　Resp_R OFF3　Error 　　Status F_ACK　Speed DIR　Run_EN Drive　D_Dir Type　Inhibit Speed_SP　Fault	Drive	驱动器的地址	BYTE
	Type	选择驱动器的类型	BYTE
	Speed_SP	驱动器速度	D WORD
	Resp_R	收到应答	BOOL
	Error	通信请求结果的错误字节	BYTE
	Speed	全速百分比	D WORD
	Status	驱动器返回的状态字原始数值	WORD
	D_Dir	表示驱动器的旋转方向	BOOL
	Run_EN	表示驱动器是运行(1)或停止(0)	BOOL
	Fault	表示故障位状态(0:无故障,1:故障)	BOOL
	Inhibit	驱动器上的禁止位状态	BOOL

USS_CTRL 指令的参数说明如表 3-43 所示。

表 3-43 USS_CTRL 指令的参数

输入/输出	数据类型	操 作 数
RUN、OFF2、OFF3、F_ACK、DIR	BOOL	I、Q、M、S、SM、T、C、V、L
Resp_R、Run_EN、D_Dir、Inhibit、Fault	BOOL	I、Q、M、S、SM、T、C、V、L
Drive、Type	BYTE	VB、IB、QB、MB、SB、SMB、LB、AC、常数、*VD、*AC、*LD
Error	BYTE	VB、IB、QB、MB、SB、SMB、LB、AC、*VD、*AC、*LD
Status	WORD	VW、T、C、IW、QW、SW、MW、SMW、LW、AC、AQW、*VD、*AC、*LD
Speed_SP	REAL	VD、ID、QD、MD、SD、SMD、LD、AC、常数、*VD、*AC、*LD
Speed	REAL	VD、ID、QD、MD、SD、SMD、LD、AC、常数

具体描述如下：

EN 位必须接触以启用 USS_CTRL 指令，该指令要始终保持启用。

RUN(RUN/STOP)指示驱动接通(1)或断开(0)，当 RUN 位接通时，MicroMaster 变频器接收命令，以指定的速度和方向运行，为使驱动运行，必须满足以下条件：

(1) 该变频器必须在 USS_INIT 中激活。

(2) OFF2 和 OFF3 必须设为 0。

(3) Fault 和 Inhibit 必须设为 0。

当 RUN 断开时，命令 MicroMaster 变频器斜坡减速直至电机停止。OFF2 位用来允许 MicroMaster 变频器斜坡减至停止，OFF3 位用来命令 MicroMaster 变频器快速停止。

Resp_R(响应收到)位用于应答来自变频器的响应，并轮询所有激活的变频器以获得最新的驱动状态信息。每次 S7-200 PLC 接受到来自变频器的响应时，Resp_R 位在一个循环周期内接通并且刷新一下各值。

F_ACK(故障应答)位用于应答驱动的故障，当 F_ACK 从 0 变为 1 时，驱动清除该故障(Fault)。

DIR(方向)位用于指示驱动应向哪个方向运动。

Drive(驱动地址)是 MicroMaster 变频器的地址，USS_CTRL 命令发送到该地址，有效地址为 0～31。

Type(驱动类型)用于选择驱动的类型。对于 3 系列的(或更早的)MicroMaster 变频器，类型为 0；对于 4 系列的 MicroMaster 变频器，类型为 1。

Speed_SP(速度设定值)用于指定驱动的速度，是满速度的百分比。Speed_SP 为负值时驱动反向旋转，范围为 −200.0%～200.0%。

Error 用于指示错误字节，包含最近一次向驱动发出的通信请求的执行结果。表 3-39

定义了该指令执行可能引起的错误条件。

Status 用于指示驱动返回的状态字的原始值。图 3-109 所示为 4 系列小变频标准状态字的状态位及主反馈。

Speed 用于指示驱动速度,是满速度的百分比,范围为 −200.0%～200.0%。

RUN_EN(RUN 启用)用于指示驱动是运行(1)还是停止(0)。

D_Dir 用于指示驱动转动的方向。

Inhibit 用于指示驱动禁止位的状态(0——未禁止,1——禁止),要清除 Inhibit,Fault(故障)位必须为零,而且 RUN、OFF2 和 OFF3 输入必须断开。

Fault 用于指示故障位的状态(0——无故障,1——有故障),驱动显示故障代码;要清除 Fault,必须排除故障并接通 F_ACK 位。

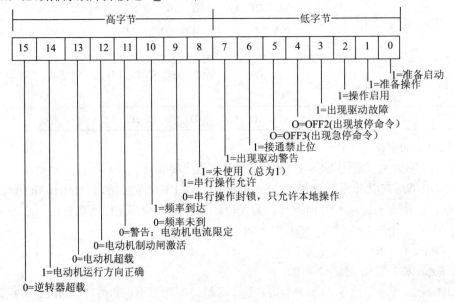

图 3-109 4 系列小变频标准状态字的状态位和主反馈

四、任务实施

1. 任务要求

用一台 CPU226CN 对变频器进行 USS 无极调速,电动机的技术参数如下:功率为 0.06 kW,额定转速为 1440 r/min,额定电压为 380 V,额定电流为 0.35 A,额定功率为 50 Hz。请制定解决方案。

2. 软硬件配置

(1) 1 套 STEP7-Micro/WIN V4.0(含指令库)。

(2) 1 台 MM440 变频器。

(3) 1 台 CPU226CN。

(4) 1 台电动机。

(5) 1 根编程电缆。

(6) 1 根屏蔽双绞线。

3. 系统接线图

将 PLC、变频器和电动机按照图 3-110 所示进行接线。

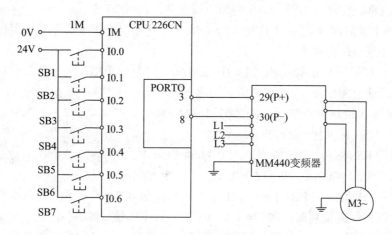

图 3-110 系统接线图

图 3-110 中，编程口 PORT0 的第 3 脚与变频器的 29 脚相连，编程口 PORT0 的第 8 脚与变频器的 30 脚相连，并不需要占用 PLC 的输出点。STEP7-Micro/WIN V SP5 以前的版本中，USS 通信只能用 PORT0 口，而 STEP7-Micro/WIN SP5(含)之后的版本中，则 USS 通信也可以用 PORT0 口和 PORT1 口，调用不同的通信口所使用的子程序也不同。

4. 系统 I/O 分配

系统 I/O 分配如表 3-44 所示。

表 3-44 系统 I/O 分配

元件	地址	注 释
SB1	I0.0	驱动变频器运行
SB2	I0.1	按停车时间停止变频器运行
SB3	I0.2	立即停止变频器
SB4	I0.3	清除故障信息
SB5	I0.4	变频器输出负频率
SB6	I0.5	加频率
SB7	I0.6	减频率

5. 设置变频器的参数

(1) 将变频器恢复出厂设置(可选)：P0010 = 30P0970 = 1。

(2) 启用对所有参数的读/写访问(专家模式)：P0003 = 3。

(3) 检查驱动电动机设置：P0304 = 电动机额定电压(V)，P0305 = 电动机额定电流(A)，P0307 = 额定功率(W)，P0310 = 电动机额定频率(Hz)，P0311 = 电动机额定速度(RPM)。

这些设置因使用的电机不同而不同，要设置参数 P304、P305、P307、P310 和 P311，必须先将参数 P010 设为 1(快速调试模式)，当完成参数设置后，再将参数 P010 设为 0。参数 P304、P305、P307、P310 和 P311 只能在快速调试模式下修改。

(4) 设置本地/远程控制模式：P0700 = 5。

(5) 在 COM 链接中设置到 USS 的频率设定值：P1000 = 5。

(6) 斜坡上升时间(可选)：P1120 = 0～650.00。这是一个以 s 为单位的时间，在这个时间内，电机加速至最高频率。

(7) 斜坡下降时间(可选)：P1121 = 0～650.00。这是一个以 s 为单位的时间，在这个时间内，电机减速至完全停止。

(8) 设置串行链接参考频率：P2000 = 1～650 Hz。

(9) 设置 USS 标准化：P2009 = 0。

(10) 设置 RS-485 串口波特率：P2010 Index 0 = 4(2400 b/s)、5(4800 b/s)、6(9600 b/s)、7(19 200 b/s)、8(38 400 b/s)、9(57 600 b/s)、12(115 200 b/s)。

(11) 输入从站地址：P2011 = 0～31。每个驱动(最多 31)都可通过总线操作。

(12) 设置串行链接超时：P2014 = 0～65 535 ms(0 = 超时禁用)。这是到来的两个数据报文之间最大的间隔时间，该特性可用来在通信失败时关断变频器。当收到一个有效数据报文之后，计时启动，如果在指定时间内未收到下一个数据报文，则变频器关断并显示故障代码 F0070，该值设为零即关断该控制。使用表 3-36 计算对驱动状态轮询时间。

(13) 从 RAM 向 EEPROM 传送数据：P0971 = 1(启动传送)，将参数设置的改变存入 EEPROM。

根据上述说明，依次在变频器中设定表 3-45 所示的参数。

表 3-45　变频器参数

序号	变频器参数	出厂值	设定值	功 能 说 明
1	P0304	230	380	电动机的额定电压(380 V)
2	P0305	3.25	0.35	电动机的额定电流(0.35 A)
3	P0307	0.75	0.06	电动机的额定功率(60 W)
4	P0310	50.00	50.00	电动机的额定频率(50 Hz)
5	P0311	0	1440	电动机的额定转速(1430 r/min)
6	P0700	2	5	选择命令源(COM 链路的 USS 设置)
7	P1000	2	5	频率源(COM 链路的 USS 设置)
8	P1110	1	0	允许变频器输出负频率
9	P2009	0	0	设置 USS 标准化
10	P2010	6	6	USS 波特率(6～9600 b/s)
11	P2011	0	18	站点的地址

P2011 设定值为 18，与程序中的地址一致，正确设置变频器的参数是 USS 通信成功的前提。此外，若要选用 USS 通信的指令，只需在图 3-111 所示的指令库中双击对应的指令即可。

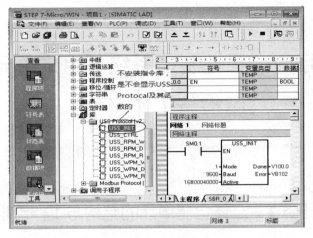

图 3-111 USS 指令库

6. 编写程序

设置变频器从站地址为 18 号地址，则在 USS_INIT 中变频器的驱动地址可设为十六进制数 16#40000，也可以设为十进制数 $2^{18} = 262144$，二者皆可。程序设计如图 3-112 所示。

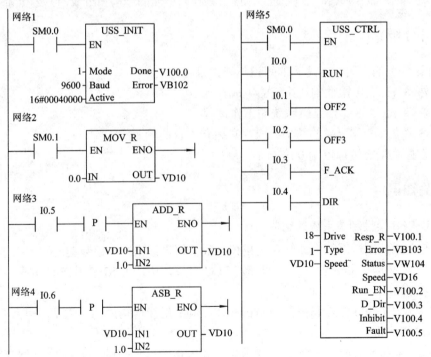

图 3-112 程序

思考与复习

将任务实施中的实例实际执行一遍，并更改变频器的地址为 #5，其他不变。

项目四　柔性制造系统各组成单元的结构与工作流程

任务 1　立体仓储单元的结构与工作流程

一、任务引入

　　YL-268 柔性制造系统由浙江亚龙科技有限公司设计生产。通过本任务的学习，将使读者了解和熟悉该系统的组成和工作原理，掌握出料仓储单元的结构和组成，以及控制编程方法。

二、任务分析

　　通过该任务的学习，应达到的知识与能力目标：

　　(1) 熟悉 YL-268 柔性制造系统的组成。

　　(2) 熟悉 YL-268 柔性制造系统的工作过程。

　　(3) 熟悉立体仓储单元的结构组成，掌握立体仓储单元的工作流程。

　　(4) 掌握小车的运行控制方法。

三、相关知识

1. YL-268 柔性制造系统的组成

　　YL-268 柔性制造系统由浙江亚龙科技有限公司设计生产。该装置的控制由 14 台 PLC 控制的单元组成，其中主站由一台 S7-300 PLC 组成，从站由 S7-200 PLC 组成，其组成框图如图 4-1 所示。

　　主站是由 S7-300 PLC 和西门子 WinCC flexible 触摸屏构成的双主站，用来控制 12 个从站的启动和停止。

　　从站 3、4 和 5 对应立体仓库 1、2 和 3，立体仓库 1、2 为入料仓库，立体仓库 3 为出料仓库。

　　从站 6 为立体仓库搬运单元，主要工作是将工件从立体仓库 3 中取出放置在传送带上的托盘内，或者是将加工完成的成品工件或废件放入到立体仓库 1、2 中。

　　从站 7、8 和 11 为输送站，主要控制传送带的运行。

　　从站 9 为 5 轴搬运机器人单元。主要工作是将金属工件搬运到铣床上进行加工，或者是将塑料工件搬运到钻床上进行加工；最后再将加工好的工件搬运到传送带上的托盘中。

从站 10 为加工金属工件的铣床,及加工塑料工件的钻床。

从站 14 为机器人搬运单元和工件比较单元,机器人将传送带上加工过的工件夹紧,放到视觉比较口中,将加工过的工件与电脑中存储的标准工件进行比较,当工件的相似率达到或超过设定值(如相似率到达 85%)时,即判断工件合格;小于设定值,即判断工件不合格。

从站 13 为热处理单元,主要是对比对合格的金属工件进行加热处理,然后再进行冷却处理。

从站 12 为装配单元,主要是对比对合格的塑料工件进行装配,装配是按工件颜色进行装配的,即白色小圆柱体与白色工件装配,蓝色小圆柱体与蓝色工件装配。

YL-268站号分配示意图

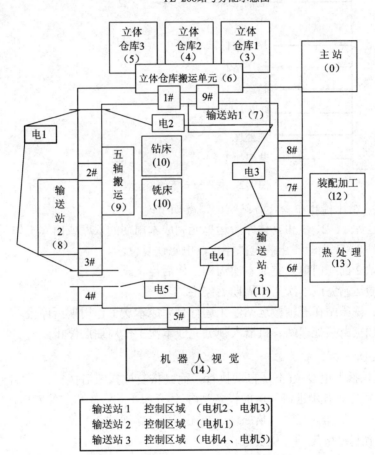

图 4-1　YL-268 柔性制造系统组成

2. YL-268 柔性制造系统的工作原理

1) 系统启动

系统运行包括单机、联机模式。单机、联机模式的切换只在停止状态有效。单机模式下,启动、停止、复位、急停命令均来自本地按钮盒;联机模式下,除急停命令外,其他命令只能来自主站按钮盒。

设备单元处于就绪状态才可以启动。就绪状态是指各步进、伺服在原点位置、各汽缸处于初始状态、急停没有动作、没有运行、没有执行复位、没有故障等。

系统启动前，须清除各工位上的托盘或工件。

2) 系统停止

单机模式下，如果给出停止命令，则必须完成本次周期工作后停止运行。联机模式下，从站的停止顺序按图 4-2 所示来实现。停止顺序由主站控制实现。从站只要接收到主站发已送过来的停止命令，完成本次工作周期后即可停止。

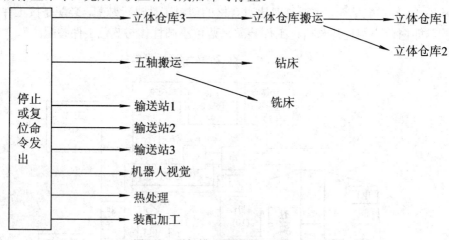

图 4-2 联机模式下的停止顺序

联机情况，给出停止命令，各站响应情况如下：

(1) 立体仓库 1、2、3 和立体库搬运单元完成本周期的入库或出库工作后停止。

(2) 输送站 1、3 立即停止，电机停止，电磁铁复位。

(3) 输送站 2 的龙门单元完成本次周期工作后停止。

(4) 五轴搬运站完成本次工作周期后停止。

(5) 钻床、铣床站在五轴搬运站停止运行且完成本次工作周期后停止。

(6) 装配加工、热处理站、机器人视觉完成本次工作周期后停止。

3) 系统复位

系统复位包括上电复位(不是自动执行，而是按复位按钮后执行)、急停动作复位，其他情况不允许复位。有步进或伺服的设备站(立体仓库 1、2、3 和立体库搬运单元、五轴搬运、钻床、铣床、机器人视觉、热处理、装配加工、输送站 2 等站)以及输送站 1 上电后必须手动复位。输送站 3 无须上电复位。

联机模式下，从站的复位顺序按图 4-2 来实现，复位顺序由主站控制实现。从站只要接受到主站放送过来的复位命令，就立即执行复位流程。

4) 急停复位

在复位或运行时急停动作，各从站步进、伺服、变频器立即停止，汽缸保持动作状态，电磁铁复位。急停按钮复位后，须按复位按钮执行复位操作，复位完成后才可以启动。各站的复位流程如下：

(1) 按位置按钮前先取下手爪夹紧的工件，以及工作平台上的工件或托盘。

(2) 按复位按钮，执行复位，使各机构回到初始状态。具体工作自己定义。

四、任务实施

1. 仓储单元的组成及结构

仓储单元由配电箱、堆垛机、高架立体库体、立体库台架等组成，如图 4-3 所示。

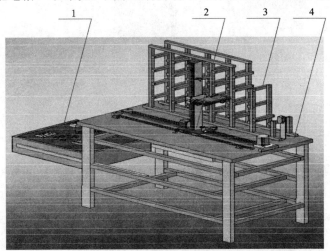

1—配电箱；2—堆垛机；3—高架立体库体；4—立体库台架

图 4-3　仓储单元组成

配电箱上的按钮、指示灯名称和地址分配如表 4-1 所示。

表 4-1　配电箱按钮、指示灯名称和地址分配表

序　号	地　址	设 备 名 称	数　量
1	I2.0	复位按钮	1
2	I1.7	停止按钮	1
3	I1.6	启动按钮	1
4	I2.1	联机转换开关	1
5	Q0.3	电源指示灯	1
6	Q1.2	运行指示灯	1
7	Q1.3	报警指示灯	1

堆垛机由 X 轴行走引动器、Z 轴升降引动器、Y 轴提升平台托板伸缩机构组成，其结构如图 4-4 所示，图中 1、2 和 3 的含义如表 4-2 所示。

表 4-2　堆垛机中 1、2 和 3 所表达的含义

序　号	编　码	设 备 名 称	数　量
1	Y2-1	堆垛机 X 轴方向引动器	1
2	Y2-2	堆垛机 Z 轴方向引动器	1
3	Y2-3	堆垛机 Y 轴方向提升平台托板伸缩机构	1

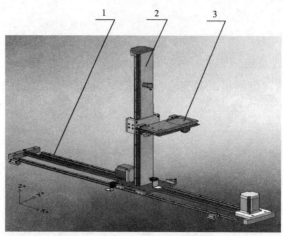

图 4-4　堆垛机结构图

堆垛机 *X*、*Z* 轴的驱动步进电动机和 *X*、*Y*、*Z* 轴的行程开关如图 4-5 所示，图中各标号的含义如表 4-3 所示。

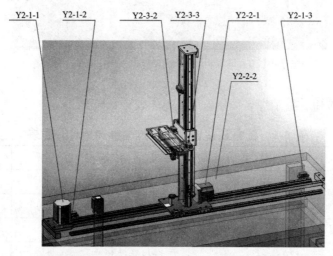

图 4-5　*X* 轴、*Z* 轴驱动电动机及 *X*、*Y*、*Z* 轴限位开关

表 4-3　图 4-5 中各标号所表达的含义

编　码	设　备　名　称	数　量	地　址
Y2-1-1	*X* 轴引动器驱动步进电动机	1	Q0.0
	X 轴步进电动机方向控制信号		Q0.2
Y2-1-2	*X* 轴引动器右端限位行程开关	1	I0.2
Y2-1-3	*X* 轴引动器左端限位行程开关	1	I0.3
Y2-2-1	*Z* 轴引动器驱动步进电动机	1	Q0.1
	Z 轴步进电动机方向控制信号		Q0.3
Y-2-2-2	*Z* 轴驱动步进电动机制动	1	Q0.6
Y2-3-2	*Y* 轴堆垛机后端限位行程开关	1	I0.7
Y2-3-3	*Y* 轴堆垛机前端限位行程开关	1	I0.6

堆垛机启动运行时，要回到原点位置，定位堆垛机原点位置是由 X 轴上的 Y2-1-4 引动器复位光电传感器和 Z 轴的 Y2-2-4 引动器复位光电传感器完成。其位置如图 4-6、图 4-7 所示，图中各标号的含义如表 4-4 所示。

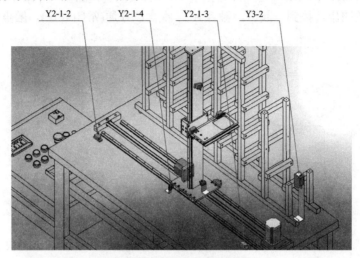

图 4-6　X 轴复位光电传感器

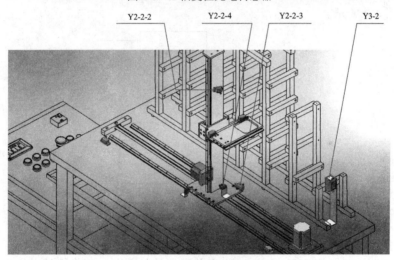

图 4-7　Z 轴复位光电传感器

表 4-4　图 4-6、图 4-7 中各标号所表达的含义

编　码	设　备　名　称	数　量	地　址
Y2-1-4	X 轴引动器复位光电传感器	1	I0.0
Y3-2	工件周转位工件检测传感器	1	I1.1
	工件周转位料盘检测传感器	1	I1.0
Y2-2-2	Z 轴引动器上端限位行程开关	1	I0.4
Y2-2-3	Z 轴引动器下端限位行程开关	1	I0.5
Y2-2-4	Z 轴引动器复位光电传感器	1	I0.1

2. 仓储单元传感器的结构和工作原理

1) 限位行程开关的结构和工作原理

图 4-8 为 X 轴、Z 轴限位行程开关正常工作时的结构原理图，当引动器滑块上的撞块没有和行程开关的压片撞到一起时，触点 A 与触点 C 导通(常闭触点)，触点 A 与触点 B 断开(常开触点)。

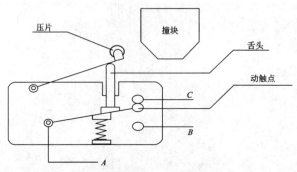

图 4-8　限位行程开关的结构

当引动器滑块由于运行到终端而撞到行程开关压片时，由于引动器滑块上的撞块作用，行程开关上的压片下移，使舌头下移，最终触点 A 与触点 B 导通，触点 A 与触点 C 断开。动作原理如图 4-9 所示。

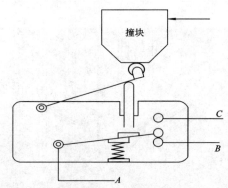

图 4-9　限位行程开关动作时的结构

2) 光电传感器的工作原理

图 4-10 为日本欧姆龙 EE-SX674A 光电传感器的外观图。其作用是定位 X 轴、Z 轴引动器原点位置，当它们到达此处时便发出输出信号，同时发光二极管亮红灯。

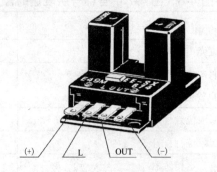

图 4-10　欧姆龙 EE-SX674A 光电传感器外观图

图 4-11 为光电传感器原理图，在端子的正负极上加 DC24V 电源，当被测物体在光电传感器两极之间时，遮挡住光线，光电传感器的输出端子 OUT 便发出开关量信号。其动作原理如图 4-12 所示。

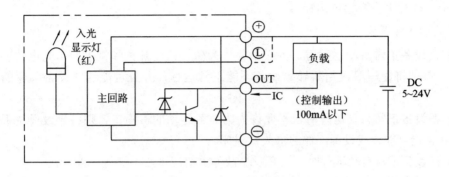

图 4-11　光电传感器原理图

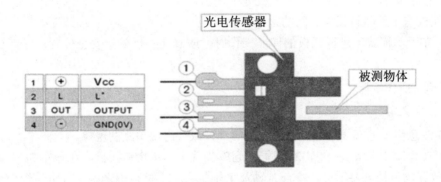

图 4-12　光电传感器动作原理

3. 仓储单元的工作流程

系统复位后，将旋钮置于单机位置，可以在单机模式下运行。运行单机模式前，应确保机械手搬运单元的行车位置处于安全位置，即立体仓库单元小车行走不会与立体仓库搬运单元发生碰撞。

在单机模式下，系统默认立体仓库单元小车行走不会与立体仓库搬运单元运动产生安全冲突。根据整个柔性生产系统的设定，可将某个立体仓库单元设定为出料或进料仓库(当前设定立体仓库单元 1 为出料仓库，单元 2、3 为入料仓库)。

1) 入料仓库工作流程

入料仓库复位后 PLC 默认为空仓，进入单机模式后将自动循环入料。先自动将默认空盘放置于转运仓位，通过转运仓位的光电传感器检测确认默认空盘上无料。如检测默认空盘上有料，修改仓库信息后自动将料盘返回原仓位，进行下一个空仓位入料；如检测确认默认空盘上无料，则等待人工置料，当检测空盘上被置有料时，自动将托盘置于原仓位并修改仓库信息，进行下一个空仓位入料。

2) 出料仓库工作流程

出料仓库复位后 PLC 默认为满仓，进入单机模式后将自动循序出料到转运仓位，如遇空盘，修改仓库信息后循序搜索有托盘。若检测到转运仓位的料被取走，则自动将空盘返回原仓位，进行下一个仓位出料。

3) 运行注意事项

(1) 在设备正常自动运行时，务必不要人为碰触微动开关和将手伸入光电传感器感应范围内，否则将使程序误判断导致设备不能正常运行，并且可能造成设备部件的永久性损坏。

(2) 在设备正常自动运行时，不允许人为碰触运动的机构，否则将导致设备不能正常运行，并且也可能造成设备部件的永久性损坏。

(3) 在设备正常自动运行时，没有发生故障的情况下，不要按急停按钮。

(4) 在设备运行不正常且即将或已经发生碰撞等直接影响到设备或人身安全的情况下，应立即按下急停开关以免故障扩大。

(5) 在手动模式下，提升平台托板处于伸出位置，进行提升平台的升降操作时，需特别注意托板与上下物料托盘之间的距离。

(6) 在手动模式下进行托板的伸缩操作时，应确保托板处于安全位置，才能进行伸出操作。

4. 单机操作步骤

1) 上电之前

(1) 注意整个电气线路可能存在多余的部件致使出现短路的现象。

(2) 在仓库 1(入库)、仓库 2(入库)的仓库位置上放置物料托盘，在仓库 3(出库)的仓库位置上放置物料托盘及物料。检查 X 轴及 Y 轴是否在限位范围之内，气压是否合适，没问题后才可以上电。

2) 上电后第一步

(1) 观察红色指示灯(电源指示灯)有没有亮，以确认系统有没有电。

(2) 急停按钮是否在旋开位置，在单机测试时单机/联机按钮是否打到单机位置或中间位置。

(3) 在出入库位置上是否有托盘，有则将其取下。

(4) 满足(1)、(2)、(3)三点后，当绿色指示灯以 2 Hz 的频率闪烁时可以按下复位按钮。

3) 系统复位

在按下复位按钮或有复位信号后有以下两点动作：

(1) 伸出汽缸在缩回位置，如果没有缩回则执行缩回操作。

(2) 汽缸缩回后 X 轴、Y 轴执行回零操作；绿色指示灯以 0.5 Hz 的频率闪烁。

复位完成后要满足以上两点，绿色指示灯灭，红色指示灯常亮。在复位动作中如果出现异常情况则可以按急停按钮进行立刻停止，在急停按钮按下或有急停信号的情况下绿色指示灯熄灭，黄色指示灯亮。在急停旋开后黄色指示灯熄灭，绿色指示灯以 1 Hz 的频率闪烁，这时可以再次按下复位按钮进行复位动作。

4) 系统的运行与停止

在复位完成后，系统处于等待状态。

单机状态：如果系统准备就绪，则绿色指示灯熄灭；反之则绿色指示灯以 1 Hz 的频率闪烁。待系统就绪后，按下启动按钮，系统启动：

(1) X 轴、Y 轴电机启动，托盘到达 1# 仓库位。

(2) 汽缸伸出，Y 轴电机启动上升取料盘，汽缸缩回。

(3) X 轴、Y 轴电机启动，托盘到达出入库位置。

(4) 汽缸伸出，Y 轴电机启动下降放料盘，汽缸缩回。

(5) 将料盘上的物料取走(出库)，在 PLC 得到取料信号后，如果没有检测到托盘的信号则直接回到零点。

(6) 汽缸伸出，Y 轴电机启动上升取托盘，汽缸缩回。

(7) X 轴、Y 轴电机启动，托盘回到 1# 仓库位。

(8) 汽缸伸出，Y 轴电机启动下降放料盘，汽缸缩回。

(9) 回到零点。

回到零点后再执行 #2，#3，#4，…，#16 仓库位，执行完 16 个仓库位后，仓库位数据清零，从 1# 仓库位开始继续执行。按下停止按钮，则系统在一个周期执行完成后停止，同时仓库位数据清零。

5. 联机操作步骤

在联机状态下三个仓库的动作如下。

1) 从站 3，立体仓库 1(入料)

系统就绪后绿色指示灯灭，主站按下启动按钮，系统启动，并执行以下步骤：

(1) 仓库进入等待状态，等待主站信号。

(2) 接收物料信号，进行库位选择：金属(#1，#2，…，#8 仓库位)；废料(#9，#10，…，#16 仓库位)。接收到托盘出库信号，立体仓库开始动作。

(3) X 轴、Y 轴电机启动，托盘到达 1# 仓库位或 9# 仓库位(金属或废料)。

(4) 汽缸伸出，Y 轴电机启动上升取料盘，汽缸缩回。

(5) X 轴、Y 轴电机启动，托盘到达出入库位置。

(6) 汽缸伸出，Y 轴电机启动下降放料盘，汽缸缩回。

(7) 向托盘上放物料，在 PLC 得到物料信号后，等待入库信号，在接收到入库信号后进入下一步；如果没有检测到托盘的信号则直接进入步骤(3)，取下一个库位的托盘。

(8) 汽缸伸出，Y 轴电机启动上升取料盘，汽缸缩回。

(9) X 轴、Y 轴电机启动，托盘到达 1# 仓库位或 9# 仓库位(金属或废料)。

(10) 汽缸伸出，Y 轴电机启动下降放料盘，汽缸缩回。

(11) 回到零点，进入步骤(1)并等待。

两种物料其中一种执行完 8 个库位之后，若继续接收到该种物料的入库请求，则系统报警，整机停止。按下停止按钮，则系统在一个周期执行完成后停止，同时仓库位数据清零。其运行流程如图 4-13 所示。

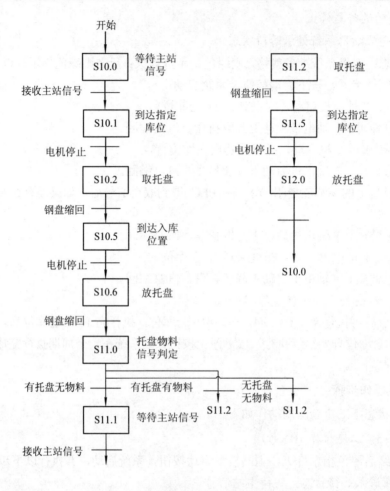

图 4-13　立体仓库 1(从站 3)运行流程图

2) 从站 4，立体仓库 2(入料)

系统就绪后绿色指示灯灭，主站按下启动按钮，系统启动，并执行以下步骤：

(1) 仓库进入等待状态，等待主站信号。

(2) 接收物料信号，进行库位选择：白料(#1，#2，…，#8 仓库位)；蓝料(#9，#10，…，#16 仓库位)。接收到托盘出库信号，立体仓库开始动作。

(3) X 轴、Y 轴电机启动，到达 1#位仓库或 9#位仓库(白料或蓝料)。

(4) 汽缸伸出，Y 轴电机启动上升取料盘，汽缸缩回。

(5) X 轴、Y 轴电机启动，托盘到达出入库位置。

(6) 汽缸伸出，Y 轴电机启动下降放料盘，汽缸缩回。

(7) 如果没有检测到托盘的信号则直接进入步骤(3)，取下一个库位的托盘；如果检测到托盘信号则 X 轴电机启动，使取料钢盘回到安全位置。

(8) 向料盘上放物料，在 PLC 得到物料信号后，等待入库信号，在接收到入库信号后 X 轴电机启动，使取料钢盘到达出入库位置。

(9) 汽缸伸出，Y 轴电机启动上升取料盘，汽缸缩回。

(10) X 轴、Y 轴电机启动，托盘到达 1# 位仓库或 9# 位仓库(白料或蓝料)。

(11) 汽缸伸出，Y 轴电机启动下降放料盘，汽缸缩回。

(12) 回到零点，进入步骤(1)并等待。

两种物料其中一种执行完 8 个库位之后，若继续接收到该种物料的入库请求，则系统报警，整机停止。按下停止按钮，则系统在一个周期执行完成后停止，同时仓库位数据清零。其运行流程如图 4-13 所示。

3) 从站 5，立体仓库 3(出料)

系统就绪后绿色指示灯灭，主站按下启动按钮，系统启动，并执行以下步骤：

(1) 仓库进入等待状态，等待主站信号，接收到出库信号后，立体仓库开始动作。

(2) X 轴、Y 轴电机启动，托盘到达 1# 位仓库。

(3) 汽缸伸出，Y 轴电机启动上升取料盘，汽缸缩回。

(4) X 轴、Y 轴电机启动，料盘到达出入库位置。

(5) 汽缸伸出，Y 轴电机启动下降放料盘，汽缸缩回。

(6) 将托盘上的物料取走，在 PLC 得到取料信号后，延时 3 s 进入下一步；如果没有检测到托盘的信号则直接进入步骤(2)，取下一个库位的物料。

(7) 汽缸伸出，Y 轴电机启动上升取料盘，汽缸缩回。

(8) X 轴、Y 轴电机启动，托盘回到 1# 位仓库。

(9) 汽缸伸出，Y 轴电机启动下降放料盘，汽缸缩回。

(10) 回到零点。

回到零点后再执行仓库位 #2，#3，#4，…，#16，执行完 16 个仓库位后，仓库位数据清零，从 1# 位仓库开始继续执行。按下停止按钮，则系统在一个周期执行完成后停止，同时仓库位数据清零。其运行流程如图 4-13 所示。

6. 控制与保护

1) 系统急停处理

在机械运行的过程中如果出现故障，可以随时按下急停按钮进行紧急停止动作。在按下急停按钮后绿色指示灯熄灭，黄色指示灯亮。在旋开急停按钮后系统保持原来的位置不变，绿色指示灯以 1 Hz 的频率闪烁。排除故障后，可以按下复位按钮进行复位动作。

2) X、Z 轴的控制及保护

PLC 两路 PTO 脉冲输出(Q0.0，Q0.1)及方向信号(Q0.2，Q0.3)分别通过两个步进驱动器来驱动 X 轴与 Z 轴步进电动机，以实现小车 X 轴前后定位及小车 Z 轴提升平台上下定位。两个槽型光耦分别提供 X 轴与 Z 轴的原点位置信号。在 X 轴及 Z 轴两端分别安装两个串联的微动开关，作为 X 轴及 Z 轴的限位保护。一旦发生越位，微动开关常闭接点断开，则继电器线圈失电，直接断开驱动器电源，同时继电器常开接点断开，输出限位信号至 PLC，由 PLC 停止 PTO 脉冲输出。小车的 X 轴在程序内设定为必须确认 Y 轴提升平台托板处于缩回位置才能移动。

3) X、Z 轴的坐标零点设定及复位

出料仓库单元 X、Z 轴采用步进电动机开环控制。在实际应用中，步进电动机开环控制要实现定位控制，通常由光电传感器信号给定一个坐标零点，以此为基础通过控制 PTO

脉冲数来进行位置控制。

在系统上电及故障恢复后,一般须对系统进行复位,重新找回定位控制坐标零点。必要时,为了消除可能的步进电动机开环控制的失步误差,应在程序正常运行过程中进行坐标零点校正。

坐标零点位置设定须考虑工作流程、程序及安全等因素,且在系统进行复位时找零。

思考与复习

1. 写出立体仓库 3(从站 5)的单机工作过程。
2. 尝试使用 MAP 库指令编程 X 轴的定位控制。

任务 2　仓库搬运站单元的结构与工作流程

一、任务引入

三轴龙门式搬运机器人由三个部分组成,即三轴龙门式机器人机构、机器人支架和控制箱。控制箱主要控制三轴龙门式搬运机器人的驱动电动机及气动阀等四个电气驱动,实现器件的龙门搬运。控制箱有相应的指示灯,以指示整机的运行状态。通过本任务的学习,使学生熟悉并掌握三轴龙门式搬运机器人的结构和工作流程。

二、任务分析

通过该任务的学习,应实现以下知识目标:
(1) 对整体控制系统有基本的了解。
(2) 认识三轴引动器、限位行程开关、光电传感器、驱动步进电动机的位置、安装、型号规格和作用。
(3) 熟悉三轴引动器、限位行程开关、光电传感器、驱动步进电动机的基本原理。

三、相关知识

1. 三轴引动器的作用

由三轴引动器组成的一台搬运机器人,其主要作用是将立体仓库出收货平台上的工件搬运到输送线上的工件托盘内,或将输送线上工件托盘内的成品搬运到立体仓库出收货平台上。

2. 三轴引动器的工作原理

三轴是指 X、Y、Z 三个方向各设置一台引动器来满足搬运过程中的位置要求,三轴引动器的结构如图 4-14 所示,各标注说明如表 4-5 所示。

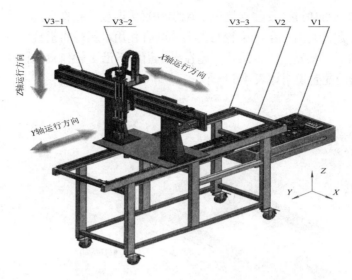

图 4-14 三轴引动器结构图

表 4-5 三轴引动器结构图标注说明

标注号	设备名称	说明
V1	三轴搬运机械人配电箱	用于对三轴机器人进行自动化控制并与其他单元进行通信，该配电箱采用抽屉式装配在支架的后端，便于操作
V2	三轴搬运机械人支架总成	在支架的顶部装配有 Y 轴引动器，同时配电箱也安装在支架的后端。支架的四条腿都装配带有刹车装置万向轮，便于移动和定位
V3-1	X 轴引动器总成	采用齿轮齿条传动和步进电机驱动
V3-2	Z 轴引动器总成	采用滚珠丝杆传动和步进电机驱动
V3-3	Y 轴引动器总成	采用同步带传动和步进电机驱动

(1) X 轴引动器的功能。X 轴引动器的功能是将抓取机械手(以下简称机械手)从立体仓库一侧运行到输送线(A)一侧，或将机械手从输送线(A)一侧运行到立体仓库一侧。

(2) Y 轴引动器的功能。由于设置了三台立体仓库(源料库、成品库、废品库)，其出收货平台与 Y 轴垂直摆放。输送线(A)上有两个工件托盘停放点，并沿 Y 轴摆放。Y 轴引动器的功能是驱动机械手沿 Y 轴作直线定位运行，从而使机械手能够准确地到达规定的位置进行抓取或释放操作。

(3) Z 轴引动器的功能。Z 轴引动器上安装了工件抓取机械手，用于抓紧工件(或释放工件)。Z 轴引动器是垂直安装的，其作用是：使机械手及工件能够在垂直方向上下移动，从而使工件在垂直方向上脱离托盘或进入托盘，即完成对工件的提起或放下两个动作的操作。

综合以上三点，X、Y 轴引动器用于机械手在水平方向上的精确定位，Z 轴引动器则完成对工件提起或放下的操作。气动机械手爪完成对工件抓紧或释放的操作。

3. 亚龙三轴龙门式搬运机器人的机构

1) Y 轴引动器械机构说明

如图 4-15 所示，Y 轴引动器安装在步进电机输出轴上的齿轮与固定在支架上的齿条相啮合，而步进电动机通过其安装支架与 Y 轴引动器大溜板连接在一起，当齿轮跟随步进电动机的输出轴一起旋转时，由于齿轮与齿条的啮合作用，齿轮将沿旋转方向作直线移动，并使步进电动机、支架及大溜板跟其一起在导轨引导下沿 Y 轴作直线移动。

Y 轴引动器的配置说明如表 4-6 所示。

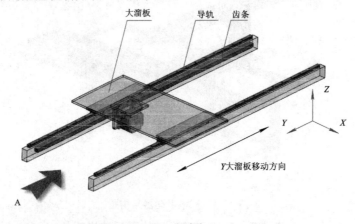

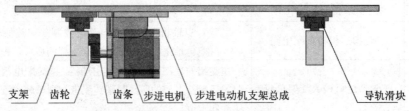

图 4-15　Y 轴引动器械机构

表 4-6　Y 轴引动器配置说明

序号	设备及构件名称	型号	说　明
1	步进电动机	Kinco 2S86Q-0308 驱动：2M860	驱动 Y 轴引动器上的大溜板在滑轨的引导下沿 Y 轴作直线往复运动
2	齿轮齿条	V3-3-06-221B	通过齿轮齿条的啮合，将步进电动机输出的圆周运动变成直线运动
3	滚珠滑轨总成	SBG15-FL-2-K2-430-N	滑轨总长：1450 mm； 滑轨总成安装总高度：24 mm； 动负载：850 kgf； 引导大溜板沿 Y 轴作直线运动，并将大溜板上承受的负载传送给支架 V2
4	步进电动机支架总成	120 mm×120 mm×117 mm	该支架上安装步进电动机，并与大溜板连接，当电机轴旋转时，将产生直线引动力传递给大溜板，使大溜板在滑轨的引导下，带着步进电动机、电机支架、齿轮一起作直线运动

2) X 轴引动器机构说明

通过图 4-16 和表 4-7 可知，X 轴引动器采用步进电动机进行驱动，同步轮驱动同步带进行传动，开口型直线滑轨作为移动引导，组成了一个沿 X 轴方向进行往复移动的引动器。

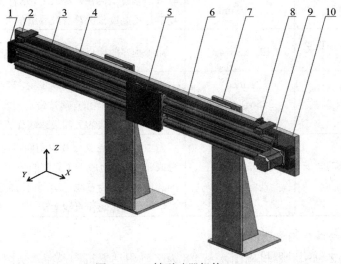

图 4-16 X 轴引动器机构

X 轴引动器机构的标注说明如表 4-7 所示。

表 4-7 X 轴引动器机构标注说明

标注号	设备及构件名称	型 号	说 明
1	从动同步轮总成	22-3m-6BF (从动同步轮型号)	由从动同步轮支架及从动同步轮组成，与主动同步轮总成、同步带组成一个完整的传动机构，将步进电动机的圆周运动变为直线运动，并传递给 X 轴引动器上的大溜板，使其跟随作直线运动
2	行程开关	KW7-2	在 X 轴引动器的两端各设置一个行程开关，防止大溜板在运动中撞到引动器两端的同步轮支架上，而造成引动器的损坏
3	开口型直线滑轨总成	LMG-C16	滑轨引导安装在滑块上的大溜板沿 X 轴方向作直线运动，并将大溜板上传递过来的载荷传递给 Y 轴引动器上
4	引动器底座	1200 mm × 20 mm × 160 mm	由两块长 1200 mm 铝型材(80×20)组成，其作用是做整个引动器的基座，并与引动器专用支架连接在一起
5	X 轴引动器大溜板	140 mm × 10 mm × 150 mm	该板安装在两根滑轨的四个滑块上，在大溜板正面垂直安装 Z 轴引动器，当大溜板引沿 X 轴方向运动时，也带动 Z 轴引动器沿 X 轴方向运动
6	同步带	3m-6	同步带的节距为 3 mm，宽度为 6 mm。同步带与两个同步轮配合，将步进电动机的圆周运动变成直线运动

标注号	设备及构件名称	型　号	说　　明
7	X 轴引动器支撑架	140 mm × 216 mm × 616 mm	配置两个支撑架,将 X 轴引动器按一定的高度沿 X 轴方向垂直安装在支撑架上,这样使安装其上的 Z 轴引动器运动高度范围符合尺寸链的要求
8	槽型光电传感器	EE-SS674A	用于程序的原点复位
9	步进电动机	Kinco 2S56Q-02976 驱动:2M530	该电机输出轴上安装同步轮,当电机输出轴作圆周运动时,通过同步轮的转动,带动同步带往复直线运动,使与同步带连接的大溜板跟随作直线往复运动
10	主动脉动同步轮总成	22-3m-6AF (主动同步轮型号)	由主动同步轮支架及主动同步轮组成,与从动同步轮总成、同步带组成一个完整的传动机构,将步进电动机的圆周运动变为直线运动,并传递给 X 轴引动器上的大溜板,使其跟随作直线运动

3) Z 轴引动器机构说明

图 4-17 为 Z 轴引动器机构图,表 4-8 为 Z 轴引动器机构说明。从图 4-17 可知,Z 轴引动器由步进电动机驱动,滚珠丝杆传动,光杆导轨引导,形成一套引动器,并上装气动机械手指,完成对工件抓紧提升、放下、释放等操作。

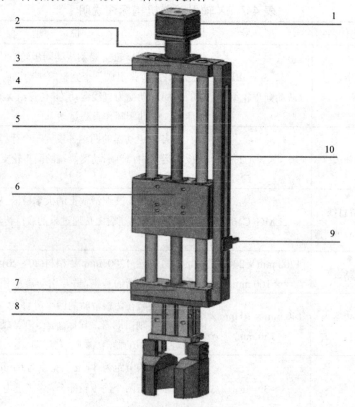

图 4-17　Z 轴引动器机构

Z轴引动器机构标注说明如表4-8所示。

表4-8 Z轴引动器机构标注说明

标注号	设备及构件名称	型号	说 明
1	步进电动机	Kinco 2S42Q-02940 驱动：2M412	该电机输出轴通过柔性连轴器与滚珠丝的一端连接，当步进电动机输出轴旋转时，将带动滚珠丝一起旋转，使装配在丝杆上的丝母沿丝杆轴线(Z轴方向)作直线运动，并带动安装在丝母上的滑块一起作直线运动，如果滑块被固定，则导轨和丝杆就沿Z轴作直线运动
2	步进电动机支撑架	35 mm × 35 mm × 40 mm	步进电动机安装在其上部，其下部与引动器导杆及丝杆上支撑块的上部装配在一起
3、7	引动器导杆及丝杆上、下支撑块总成	90 mm × 35 mm× 20 mm	上、下支撑块将两根光杆导轨、一套滚珠丝杆按技术要求牢固地装配在一起，形成一个完整的传动机构
4	光杆导轨	Φ12 × 354- Φ8 × 20-18 mm	配套二根光杆导轨，两端安装在上、下支撑块上，中间与引动器滑块通过直线轴承装配，当滑块在丝母的作用下移动时，导轨将引导滑块作稳定的直线运动
5	滚珠丝杆及丝母	FNW1204-402	其作用是将通过滚珠丝杆与丝母的关联运动，将电机传递来的圆周运动转变为精确的直线运动
6	引动器滑块	90 mm × 90 mm × 35 mm	滑块与丝母之间为紧配合，并用卡簧将丝母卡在滑块的安装孔内，滑块会紧跟丝母运动。滑块与导轨之间采用直线轴承装配，这样在滑块运动时，导轨会引导滑块作稳定的直线运动。 本引动器中，滑块是被固定在Y轴引动器上的大溜板，这样当丝杆作圆周运动时，丝杆、导轨及上、下支撑块作垂直的直线运动，从而带动安装在下支撑块上的机械手爪一起作垂直运动
8	气动手指总成		用于对工件的抓紧和释放
9	原点复位传感器感应器	35 mm × 20 mm × 3 mm	当该感应器通过槽型光电传感器的U形槽内时，会阻挡槽内光束，传感器会立刻发出一个电平来通知主控机滑块的位置，而这个位置点是滑块移动的起点。不管滑块是向上移支，还是向下移动，都是以此点为起点来计算距离的
10	原点复位传感器感应器支撑架	393 mm × 20 mm × 12 mm	用于方便地将感应器安装到指定的位置上。它被安装在上、下支撑块上，并跟随引动器的上下而移动

滚珠丝杆(FNW1404-402)技术参数如表4-9所示。

表4-9 滚珠丝杆(FNW1404-402)技术参数

丝杆总长度/mm	丝杆有效长度/mm	导程/mm	丝母结构	丝杆累积误差/mm
402	354	4	无法兰	±0.025

4) 步进驱动器

Z 轴采用 Kinco 2M412 步进驱动器，其特点如下：

(1) 供电电压最大可达直流 40 V。

(2) 采用双极性恒流驱动方式，最大驱动电流可达每相 1.2 A，可驱动电流小于 1.2 A 的任何两相双极型混合式步进电机。

(3) 对于电机的驱动输出相电流可通过 DIP 开关调整，以配合不同规格的电机。

(4) 具有 DIP 开关可设定电机静态锁紧状态下的自动半流功能，可以大大降低电机的发热。

(5) 采用专用驱动控制芯片，具有最高可达 256/200 的细分功能，细分可以通过 DIP 开关设定，能提供最好的运行平稳性能。

(6) 控制信号的输入电路采用光耦器件进行隔离，从而降低了外部噪声的干扰。

X 轴采用 Kinco 2M530 步进驱动器，其供电电压为直流 24～48 V，输出相电流为 1.2～3.5 A。Y 轴采用 Kinco 2M860 步进驱动器，其供电电压为直流 24～80 V，输出相电流为 2.5～6.0 A。

Z 轴采用 Kinco 2M412 步进驱动器，其外形和典型接线图如图 4-18 所示。

 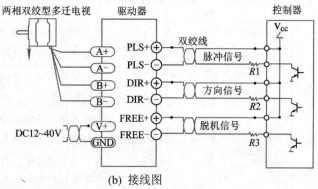

(a) 外形图   (b) 接线图

图 4-18 Kinco 2M412 步进驱动器外形和典型接线图

Kinco 2M412 步进驱动器规格参数如表 4-10 所示。

表4-10 Kinco 2M412 步进驱动器规格参数

名　称	注　释
供电电压	直流 12～40 V
输出相电流	0.2～1.2 A
控制信号输入电流	6～16 mA
冷却方式	自然风冷
使用环境要求	避免金属粉尘、油雾或腐蚀性气体
使用环境温度	−10～+45℃
使用环境湿度	<85%，非冷凝
重量	0.13 kg

在图 4-18 所示驱动器的顶部有一个红色的八位 DIP 功能设定开关,可以用来设定驱动器的工作方式和工作参数,但在更改拨码开关的设定之前一定要断开电源。DIP 开关的正视图如图 4-19 所示。

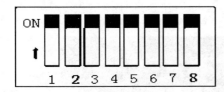

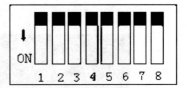

(a) Kinco 2M412　　　　　　　(b) Kinco 2M530、Kinco 2M860

图 4-19　DIP 开关正视图

DIP 开关功能说明如表 4-11 所示。

表 4-11　DIP 开关功能

开关序号	ON 功能	OFF 功能
DIP1~DIP4	细分设置用	细分设置用
DIP5	静态电流半流	静态电流全流
DIP6~DIP8	输出电流设置用	输出电流设置用

细分设定				
DIP4	DIP3	DIP2	DIP1 为 ON(细分)	DIP1 为 OFF(细分)
ON	ON	ON	禁止使用	2
ON	ON	OFF	4	4
ON	OFF	ON	8	5
ON	OFF	OFF	16	10
OFF	ON	ON	32	25
OFF	ON	OFF	64	50
OFF	OFF	ON	128	100
OFF	OFF	OFF	256	200

输出相电流设定					
DIP6	DIP7	DIP8	输出电流峰值		
			Kinco 2M412	Kinco 2M530	Kinco 2M860
ON	ON	ON	1.2A	1.2A	2.5A
ON	ON	OFF	1.0A	1.5A	3.0A
ON	OFF	ON	0.9A	1.8A	3.5A
ON	OFF	OFF	0.8A	2.0A	4.0A
OFF	ON	ON	0.65A	2.5A	4.5A
OFF	ON	OFF	0.5A	2.8A	5.0A
OFF	OFF	ON	0.35A	3.0A	5.5A
OFF	OFF	OFF	0.2A	3.5A	6.0A

4. 亚龙三轴龙门式搬运机器人控制箱

亚龙三轴龙门式搬运机器人控制箱平面图如图 4-20、图 4-21 所示，各标注说明如表 4-12 所示。

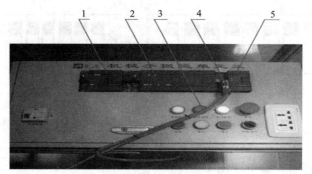

图 4-20　亚龙三轴龙门式搬运机器人控制箱平面图 1

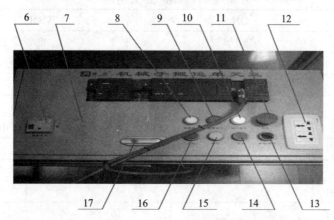

图 4-21　三轴龙门式搬运机器人控制箱平面图 2

表 4-12　图 4-20 和图 4-21 中的标注说明

标注号	电气及部件名称	规格型号	说　明
1	可编程控制器	S7-222 DC/DC/DC	作为主控机脉冲输出数补充，三轴引动器都是由步进电动机驱动，需要主机有三路脉冲输出，但 S7-226 只有两路，故增加一台 S7-222，以满足控制要求
2	可编程控制器	S7-226 DC/DC/DC	为三轴搬运机器人的主控机，对机器人进行自动化控制，完成工件源料、成品及废品的搬运工作
3	DP 电缆	6XV1830 OEH10	在各单元之间传递总线通信数据
4	DP 电缆接头	6ES7972-OBB41-0XAO	将 DP 电缆与 PLC 通信口按技术要求连接在一起
5	PROFIBUS-DP 功能摸块	S7-EM277	通过 DP 电缆向其他单元发送数据或接收其他单元发送过来的数据

续表

标注号	电气及部件名称	规格型号	说　明
6	漏电开关	DZ247LE-32C16	电源总开关及防漏电保护装置
7、17	配电箱体	656 mm × 326 mm × 140 mm	按技术要求将控制电气集合在一起，便于人们的各种电气操作。箱体项部有一个单向门，并配有带锁的门把手
8	电源指示灯(红色)	AD17-22	该灯亮，表明装置的输入端已有电
9	报警指示灯(棕色)	AD17-22	主控机对三轴直线引动器限位保护行程开关(六个)进行监控，当其中一个行程开关动作保护时，该指示灯亮，需停机检查，防止引动器滑块与支架相撞
10	运行指示灯(绿色)	AD17-22	当按下配电箱上的启动按钮后，如果装置正常运行，则该指示灯亮
11	急停开关(红色)	LA68B-ES542	当正在运行的装置出现紧急情况时，按下此按钮，装置会立刻停止运行，以保护设备或人员
12	三孔两插电源插座	118B-51B	提供两路 220VAC 电源，以方便外接设备的使用
13	选择开关(黑色)	LA42X29-20/W	即单机/联机运行选择。装置不与其他单元通信，而独立地运行为单机运行。装置与其他单元通信，配合完成复杂的操作为联机运行。单机运行多为调试设备时使用；联机运行则为整个生产线的正常运行，或局部生产线的正常运行
14	停止按钮(绿色)	L42P-10	当按下此按钮后，该装置将立刻停止运行，无论是单机运行还是联机运行
15	复位按钮(绿色)	L42P-10	用于程序复位
16	启动按钮(绿色)	L42P-10	用于装置的正常启动
17	钥匙孔		用于装置的开启

四、任务实施

1. 控制要求

本任务要求控制 X 轴、Y 轴的单轴运动。

2. 任务要求和目的

(1) 遵守实验室规则，注意人身安全和设备安全。

(2) 熟悉控制配电箱的配置。

(3) 预习和掌握各运行程序。

(4) 通过实验，掌握三轴龙门式搬运机器人的单轴运动原理和控制方法。

3. 任务实施

1) 控制配电箱的配置

根据本系统对三轴龙门式搬运机构的定位精度要求，采用步进电动机开环控制。搬运机纵向行走机构采用两相步进电动机 2S86Q-3080，配套驱动器 2M860。

机械手横向移动采用两相步进电动机 2S56Q-2976，配套驱动器 2M530。机械手垂直升降采用两相步进电动机 2S42Q-2940，配套驱动器 2M412。

电气主控制器选用西门子 PLC CPU226 DC/DC/DC。CPU226 DC/DC/DC 提供 Q0.0 和 Q0.1 两路脉冲输出，以驱动横向与纵向步进电动机实现机械手的平面双轴定位。外加 CPU222 DC/DC/DC 提供 Q0.0 一路脉冲输出，以驱动 Z 轴步进电动机实现机械手的垂直升降定位。

接近开关 TL-M2ME1 提供搬运机构纵向行走的零坐标位置信号，两个槽型光耦分别提供机械手横向移动及垂直升降的零坐标位置信号，在搬运机构纵向行走和机械手横向移动及机械手垂直升降导轨两端分别各安装两个串联的微动开关，作为搬运机构纵向行走及机械手横向移动的越位保护。一旦发生越位，微动开关常闭接点断开，则继电器线圈失电而直接断开驱动器电源，同时继电器常开接点断开，输出一个负逻辑的越位信号至 PLC，由 PLC 停止 PTO 脉冲输出。

选用 PLC 扩展模块 EM277 作为 PROFIBUS DP 网络的 DP 从站。在控制配电箱设置必要的电源指示、运行指示及故障指示灯，以及用于故障急停的急停开关、用于手动复位的复位按钮和启动停止等必要的操作按钮。

2) X 轴运行程序

程序设计使用 STEP 7-Micro/WIN 软件向导生成的 PTO 脉冲控制子程序，控制 X 轴行走，运行一小段距离。具体步骤如下：

(1) 打开 STEP 7-Micro/WIN 软件，新建一个项目。点击工具菜单中的位控向导项，弹出"位置控制向导"窗口，如图 4-22 所示，选择"配置 S7-200 PLC 内置 PTO/PWM 操作"，点击"下一步"按钮。

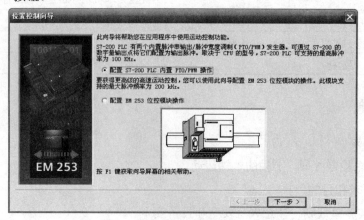

图 4-22 选择 PTO/PWM 操作

(2) 如图 4-23 所示，选择"Q0.0"，点击"下一步"按钮。

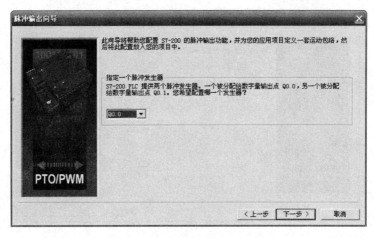

图 4-23　选择脉冲输出点

(3) 如图 4-24 所示，选择"线性脉冲串输出(PTO)"，点击"下一步"按钮。

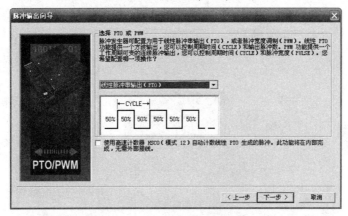

图 4-24　选择线性脉冲串输出

(4) 如图 4-25 所示，MAX_SPEED 设定为"5000"脉冲/s，MIN_PEED 设定为"500"脉冲/s，SS_SPEED 设定为"500"脉冲/s，点击"下一步"按钮。

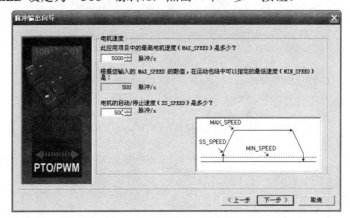

图 4-25　电机速度设定

(5) 加减速时间设定。如图 4-26 所示，加减速时间为默认值，点击"下一步"按钮。

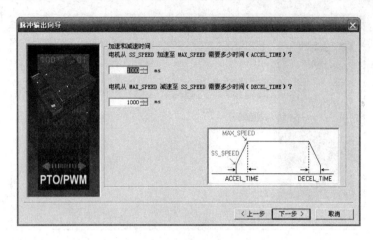

图 4-26　加减速时间设定

(6) 定义包络。如图 4-27 所示，增加一个新运动包络，点击"是(Y)"按钮。

图 4-27　定义包络

(7) 运动包络定义。如图 4-28 所示，目标速度设定为"3000"脉冲/s，结束位置为"6400"脉冲，再点击"绘制包络"按钮，然后点击"确认"按钮。

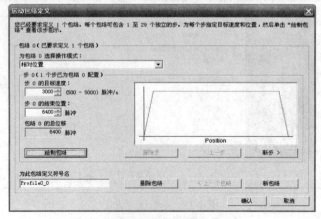

图 4-28　运动包络定义

（8）配置子程序存储区地址。如图4-29所示，选择默认地址，点击"下一步"按钮。

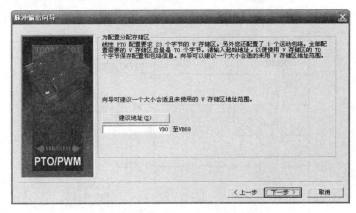

图4-29 配置子程序存储区地址

（9）生成子程序。如图4-30所示，点击"完成"按钮。

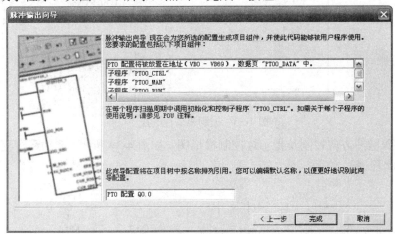

图4-30 生成子程序

（10）现在软件已经自动生成 PTO 脉冲控制子程序：PTO0_CTRL、PTO0_RUN、PTO0_MAN 子程序及 PTO0_DATA 数据块。数据块如图4-31所示，子程序如图4-32所示。

图4-31 向导生成的数据块

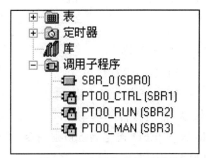

图4-32 向导生成的子程序

(11) 程序设计。在主程序中调用控制子程序 PTO0_CTRL 及运行包络子程序 PTO0_RUN，如图 4-33 所示。PTO0_CTRL 子程序一直使能，PTO0_RUN 子程序由单机/联机开关使能。

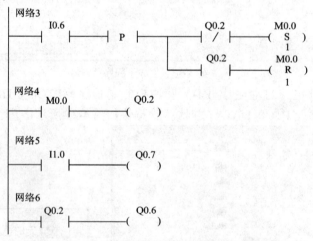

图 4-33　控制和运行子程序

(12) 输入脉冲方向控制及指示灯控制梯形图，如图 4-34 所示。X 轴运行程序至此编写完成，保存此程序。

图 4-34　输入脉冲方向控制及指示灯控制程序

3) Y 轴运行程序

新建一个项目，用 STEP 7-Micro/WIN 软件位置控制向导生成 PTO 脉冲控制子程序，与 X 轴运行程序基本相同。脉冲输出点选择 Q0.1，MAX_SPEED 设定为 5000 脉冲/s，MIN_SPEED 设定为 500 脉冲/s，SS_SPEED 设定为 500 脉冲/s，脉冲方向控制输出点改为 Q0.3。

4) Z轴运行程序

Z轴运行程序也与X轴运行程序基本相同，只不过Z轴PTO脉冲由PLC CPU222的Q0.0输出，Q0.2作为方向控制输出点。Z轴PTO脉冲控制子程序的各输入参数通过PLC CPU226的输出(I/O通信)实现。

(1) 新建一个PLC CPU222项目，用STEP 7-Micro/WIN软件位置控制向导生成PTO脉冲控制子程序。与X轴运行程序基本相同，脉冲输出点选择Q0.0，MAX_SPEED设定为5000脉冲/s，MIN_SPEED设定为500脉冲/s，SS_SPEED设定为500脉冲/s，脉冲方向控制输出点改为Q0.2。PLC CPU222脉冲控制程序如图4-35所示。

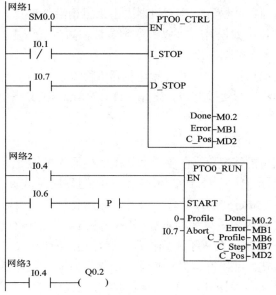

图4-35 CPU224脉冲控制程序

(2) 新建一个PLC CPU226项目。PLC CPU226脉冲控制程序如图4-36所示。

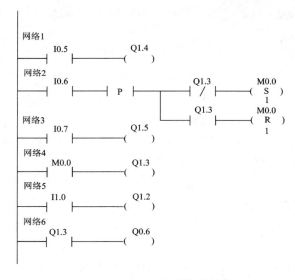

图4-36 CPU226脉冲控制程序

4. 运行调试

1) *X* 轴的控制和运行

X 轴的控制和运行步骤如下：

(1) 在控制箱断电的情况下，慢慢手动将搬运机器人手爪机构推至 *X* 轴(横向)中间位置。

(2) 运行 STEP 7-Micro/WIN 软件，打开 *X* 轴运行程序。用通信线将 PC 与 PLC226 建立通信，清除 PLC226 内容。编译后下载程序，将 PLC 置于运行模式。

(3) 将单机/联机转换开关置于正确位置，绿灯亮。PTO0_RUN 子程序已经使能。

(4) 按下启动按钮，并松开，搬运机器人手爪机构沿 *X* 轴行走一段距离停止。

(5) 按下复位按钮，并松开，可以观察到黄灯由灭到亮或由亮到灭，说明脉冲方向控制已经改变。

(6) 再次按下启动按钮，并松开。搬运机器人沿 *X* 轴反方向行走一段距离停止。

(7) *Y* 轴的控制和运行实验完成，退出 STEP 7-Micro/WIN 软件，断开电源。

2) *Y* 轴的控制和运行

Y 轴的控制和运行步骤如下：

(1) 在控制箱断电的情况下，慢慢手动将搬运机器人机构推至 *Y* 轴(行走)中间位置，并保证三个立体仓库单元的小车处于安全位置，不致阻碍搬运机器人机构的行走。

(2) 运行 STEP 7-Micro/WIN 软件，打开 *Y* 轴运行程序。用通信线将 PC 与 PLC226 建立通信，清除 PLC226 内容。编译后下载程序，将 PLC 置于运行模式。

(3) 将单机/联机转换开关置于正确位置，绿灯亮。PTO0_RUN 子程序已经使能。

(4) 按下启动按钮，并松开，搬运机器人沿 *Y* 轴行走一段距离停止。

(5) 按下复位按钮，并松开，可以观察到黄灯由灭到亮或由亮到灭，说明脉冲方向控制已经改变。

(6) 再次按下启动按钮，并松开，龙门式搬运机器人沿 *Y* 轴反方向行走一段距离停止。

(7) *Y* 轴的控制和运行实验完成，退出 STEP 7-Micro/WIN 软件，断开电源。

3) *Z* 轴的控制和运行

Z 轴的控制和运行步骤如下：

(1) 在控制箱断电的情况下，慢慢手动将搬运机器人手爪机构推至 *Z* 轴(垂直)中间位置。

(2) 运行 STEP 7-Micro/WIN 软件，打开 *Z* 轴 PLC224 运行程序。用通信线将 PC 与 PLC224 建立通信，清除 PLC222 内容。编译后下载程序，将 PLC 置于运行模式。

(3) 打开 *Z* 轴 PLC226 运行程序。用通信线将 PC 与 PLC226 建立通信，清除 PLC226 内容。编译后下载程序，将 PLC 置于运行模式。

(4) 将单机/联机转换开关置于正确位置，绿灯亮。PTO0_RUN 子程序已经使能。

(5) 按下启动按钮，并松开，搬运机器人手爪机构沿 *Z* 轴垂直升降一段距离停止。

(6) 按下复位按钮，并松开，可以观察到黄灯由灭到亮或由亮到灭，说明脉冲方向控制已经改变。

(7) 再次按下启动按钮，并松开，搬运机器人沿 *Z* 轴垂直反方向升降一段距离停止。

(8) *Z* 轴的控制和运行实验完成，退出 STEP 7-Micro/WIN 软件，断开电源。

5. 控制与保护

1) 上电之前

(1) 注意整个电气线路可能存在多余的部件致使出现短路的现象。

(2) 在放料台上是否有物料存在，Z 轴、X 轴、Y 轴是否在工作范围以内，气压是否合适，确认没问题后可以上电。

2) 上电后第一步

(1) 观察红色指示灯有没有亮，确认系统有没有电。

(2) 急停按钮是否在旋开位置，在单机测试时，单机/联机按钮是否打到单机位置。

(3) 满足(1)、(2)两点后，黄色指示灯没有亮起，绿色指示灯以 2 Hz 的频率闪烁时可以按下复位按钮。

3) 系统复位

系统在按下复位按钮或有复位信号后有以下动作：

(1) Z 轴、X 轴、Y 轴顺序回零。

(2) 夹紧汽缸在松开位；绿色指示灯以 0.5 Hz 的频率闪烁。

(3) 复位完成后要满足以上两点，绿色指示灯和黄色指示灯熄灭，红色指示灯常亮。

(4) 在复位动作中如果出现异常情况可以按急停按钮进行立刻停止，在急停按钮按下或有急停信号的情况下绿色指示灯熄灭，黄色指示灯亮。在急停按钮旋开后黄色指示灯熄灭，绿色指示灯以 1 Hz 的频率闪烁，这时可以再次按下复位按钮进行复位。

4) 系统的运行与停止

在复位完成后，系统处于等待状态。

(1) 单机状态：如果系统就绪则绿色指示灯熄灭；反之，绿色指示灯以 1 Hz 的频率闪烁。待系统就绪后，按下启动按钮，Y 轴移动到库3；再按下启动按钮，手爪到库3去夹取物料；再按下启动按钮，手爪将物料放到运输站1信号位上的运料小车上；最后再按下启动按钮，Z 轴、X 轴、Y 轴顺序回零，本周期结束。

(2) 联机状态：如果系统就绪则绿色指示灯熄灭；反之，绿色指示灯以 0.5 Hz 的频率闪烁。如果收到出库信号，则系统动作同单机状态；当收到入库信号时，X 轴上升一定位置，然后 Y 轴移动到库2，接着手爪将放置在运输站9信号位运料小车上的物料夹取，如果是好料则移动到库2等待位，坏料和金属料则移动到库1等待位；当收到入库信号时，将物料放至相应库位的托盘上；如果入的是库1，则 Z 轴、X 轴、Y 轴顺序回零，并且在 X 轴回零完成的同时发送一个信号给库1使其入库；如果入的是库2，则 Z 轴、X 轴顺序回零，并且在 X 轴回零完成的同时发送一个信号给库2使其入库，待库2入库完成信号发过来后，Y 轴才能回零。如果在这个过程中没有停止信号，则循环运作；如果有停止信号，则本周期结束后停止运行。

5) 系统急停处理

在机械运行的过程中如果出现故障，则可以随时按下急停按钮进行一个紧急停止动作。在按下急停按钮后绿色指示灯熄灭，黄色指示灯亮。在旋开急停按钮后，系统保持原来的位置不变，绿色指示灯以 1 Hz 的频率闪烁。待排除故障后可以按下复位按钮进行复位。

思考与复习

1. 设置 Kinco 2M412 步进电动机驱动器的输出电流为 4.5 A，细分为 100。
2. 熟悉本单元的操作过程。

任务 3　五轴搬运站机器人的结构与工作流程

一、任务引入

五轴搬运站机器人的主要工作是将要进行加工的工件在传送带上夹紧，并将金属工件搬运到铣床上进行加工，或者是将塑料工件搬运到钻床上进行加工，最后再将加工好的工件搬运到传送带上的托盘中。通过实训，使学生熟悉并掌握五轴搬运站机器人的结构和工作流程。

二、任务分析

通过该任务的学习，应实现以下知识目标：
(1) 对整体的控制系统有基本的了解。
(2) 通过实训熟悉工业机器人各个轴动作、限位行程开关、光电传感器、驱动步进电动机的基本原理、规格型号、安装位置和作用。

三、相关知识

1. 五轴搬运站机器人

五轴搬运站机器人的机械手主要功能是将传送带上的工件搬运到加工机床上进行加工，等加工完成后再将加工机床上的工件搬运回传送带上。

五轴搬运站机器人具有五个轴，对应五个运动方向，其中 J1、J2 为伸缩轴和上下运动轴(由步进电动机控制)；J3 为旋转轴(0°～220°)，J4 轴为前后移动轴，J3、J4 由直流电机控制；J5 轴为左右移动轴，由步进电动机控制。其结构如图 4-37 所示。

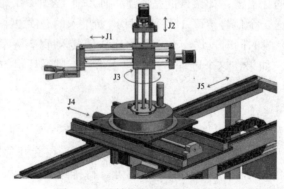

图 4-37　五轴搬运站机器人轴数图

2. 五轴搬运站机器人的结构

如图 4-38 所示，P1-1 为 J1 轴直线执行器；P1-2 为 J2 轴直线执行器；P1-3 为 J3 轴旋转执行器；P2-1 为 J4 轴直线执行器；P2-2 为 J5 轴直线执行器。

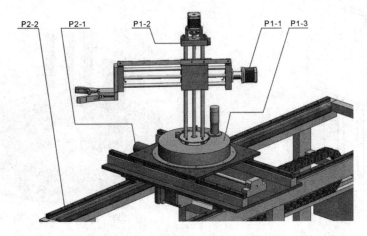

图 4-38 五轴搬运站机器人的结构

(1) J1 轴直线执行器。如图 4-39 所示，P1-1-1 为步进电机；P1-1-2 为左限位行程开关，P1-1-3 为电缆支架，P1-1-4 为固定块，P1-1-5 为滚珠丝杠，P1-1-6 为光杆导轨，P1-1-7 为右限位行程开关，P1-1-8 为气动手指。

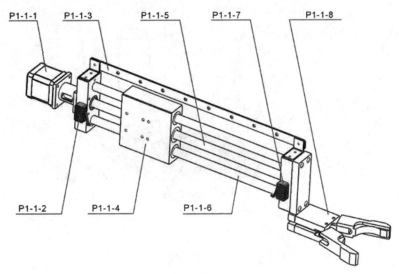

图 4-39 J1 轴直线执行器的结构

(2) J2 轴直线执行器。如图 4-40 所示，P1-2-1 为步进电机；P1-2-2 为上限位行程开关，P1-2-3 为行程开关撞块，P1-2-4 为直线执行器滑块，P1-2-5 为光杆导轨，P1-2-6 为滚珠丝杠。

(3) J3 轴旋转执行器。如图 4-41 所示，P1-3-1 为直流减速电机，P1-3-2 为旋转码盘，P1-3-3 为旋转执行器底座，P1-3-4 为读码光电传感器，P1-3-5 为执行器逆时针旋转限位行程开关，P1-3-6 为执行器顺时针旋转限位行程开关。

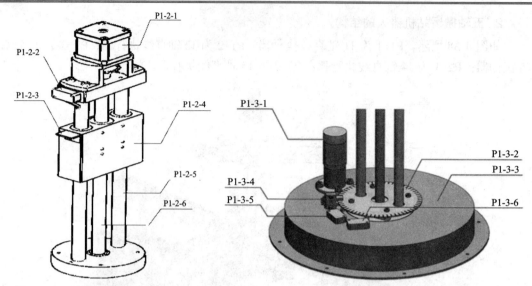

图 4-40　J2 轴直线执行器的结构　　　　图 4-41　J3 轴直线执行器的结构

　　J3 轴旋转执行器的传动剖面图如图 4-42 所示，P1-3-8 为平面轴承；P1-3-9 为从动齿轮支撑架；P1-3-10 为从动齿轮，齿轮的模数 $M=1.5$，齿数 $Z=80$；P1-3-11 为从动齿轮，采用轴向轴承；P1-3-12 为主动齿轮，$M=1.5$，$Z=32$；P1-2-7 为 J2 轴直线执行器下固定座；P1-2-8 为 J2 轴直线执行器下固定座轴向轴承。

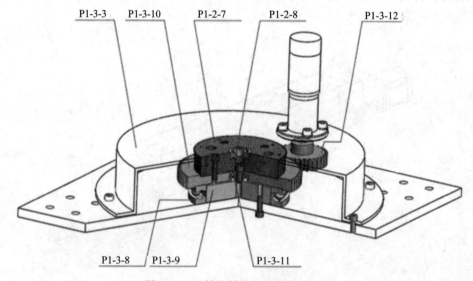

图 4-42　J3 轴旋转执行器传动剖面图

　　(4) J4 轴直线执行器。如图 4-43 所示，P2-1-1 为 J4 轴直线执行器滑板，P2-1-2 为 J4 轴直线执行器左限位行程开关，P2-1-3 为限位行程开关撞块，P2-1-4 为 J4 轴直线执行器滑板连接块，P2-1-5 为 J4 轴直线执行器右限位行程开关，P2-1-6 为传动滚珠丝杠螺母，P2-1-7 为传动滚珠丝杠，P2-1-8 为直流电机支架，P2-1-9 为直流电机，P2-1-10 为直线导轨。

　　(5) J5 轴直线执行器。如图 4-44 所示，P2-1 为 J5 轴直线执行器。

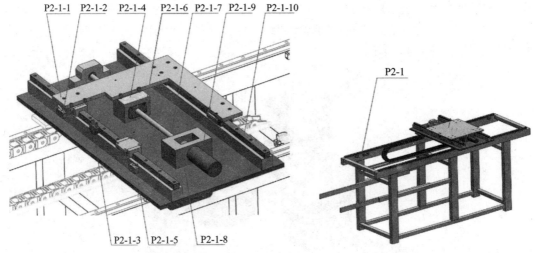

P2-1-1 P2-1-2 P2-1-4 P2-1-6 P2-1-7 P2-1-9 P2-1-10

P2-1-3 P2-1-5 P2-1-8

P2-1

图 4-43 J4 轴直线执行器　　　　　　　　图 4-44 双轴驱动支架

五轴搬运站机器人的电控箱(P3)如图 4-45 所示。图中 P3-1 为 PLC CPU224；P3-2 为 DP 总线通信功能模块 EM277；P3-3 为 PLC CPU226；P3-4 为电源指示灯(红色)；P3-5 为报警指示灯(橙色)；P3-6 为运行指示灯(绿色)；P3-7 为单机/联机选择开关(黑色)；P3-8 急停开关(红色)；P3-9 为漏电开关；P3-10 为按钮(绿色)左移 J5 轴；P3-11 为按钮(绿色)右移 J5 轴；P3-12 为按钮(绿色)提升 J2 轴；P3-13 为按钮(绿色)下降 J2 轴；P3-14 为按钮(绿色)伸出 J1 轴；P3-15 为按钮(绿色)缩回 J1 轴；P3-16 为三孔两插电源插座；P3-17 为配电箱体。

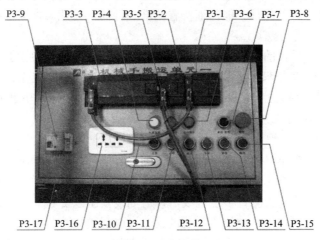

P3-9　　P3-3 P3-4 P3-5 P3-2　　P3-1 P3-6 P3-7 P3-8

P3-17　P3-16　P3-10 P3-11　　P3-12　　P3-13 P3-14 P3-15

图 4-45 电控箱

2. 光电旋转编码器

驱动步进电动机时，需要计算旋转角度，就必须用到光电旋转编码器，下面对其进行介绍。

1) 光电旋转编码器的分类

按照工作原理，光电旋转编码器可分为增量式和绝对式两类。

增量式光电旋转编码器是将位移转换成周期性的电信号，再把这个电信号转变成计数脉冲,用脉冲的个数表示位移的大小。绝对式光电旋转编码器的每一个位置对应一个确定的数字码,因此它的示值只与测量的起始和终止位置有关,而与测量的中间过程无关。光电旋转编码器如图 4-46 所示。

图 4-46　光电旋转编码器

(1) 增量式光电旋转编码器(下面简称为增量式编码器)。该编码器转动时输出脉冲,通过计数设备来知道其位置,当编码器不动或停电时,依靠计数设备的内部记忆来记住位置。这样,当停电后,编码器不能有任何的移动,当来电工作时,编码器输出脉冲过程中也不能有干扰而丢失脉冲,不然,计数设备记忆的零点就会偏移,而且这种偏移的量是无法获知的,只有错误的结果出现后才能知道。

解决的方法是增加参考点,编码器每经过参考点,将参考位置修正后存入计数设备的记忆位置中。在参考点以前是不能保证位置的准确性的。为此,在工业控制中每次操作先找参考点,开机找零等方法。

比如,打印机扫描仪的定位就利用了增量式编码器的原理,每次开机,我们都能听到设备发出噼哩啪啦的声音,这是在找参考零点,找到后才能开始工作。

这样的方法对有些工控项目比较麻烦,甚至不允许开机找零(开机后就要知道准确位置),于是就推出了绝对式光电旋转编码器。

(2) 绝对式光电旋转编码器(下面简称为绝对式编码器)。因其具有每一个位置绝对唯一、抗干扰、无需掉电记忆等优点,故该编码器已被越来越广泛地应用于各种工业系统的角度、长度测量和定位控制中。

绝对式编码器光码盘上有许多道刻线,每道刻线依次以 2 线、4 线、8 线、16 线⋯⋯编排,这样,在编码器的每一个位置,通过读取每道刻线的通、暗,获得一组 $2^0 \sim 2^{n-1}$ 的唯一的二进制编码(格雷码),这就称为 n 位绝对编码器。这样的编码器是由码盘的机械位置决定的,它不受停电、干扰的影响。

绝对式编码器由机械位置决定的每个位置的唯一性,它无需记忆,无需找参考点,而且不用一直计数,什么时候需要知道位置,什么时候就去读取它的位置。这样,编码器的抗干扰特性、数据的可靠性大大提高了。

由于绝对式编码器在定位方面明显地优于增量式编码器,已经越来越多地应用于工控定位中。绝对式编码器精度高,输出位数较多,但如果仍采用并行输出,则其每一位输出信号必须确保连接很好，而且对于较复杂工况还需进行隔离，连接电缆芯数较多，由此带来诸多不便，可靠性也会降低，因此，绝对式编码器在多位数输出时，一般均选用串行输出或总线型输出。德国生产的绝对式编码器串行输出最常用的是 SSI(同步串行输出)。

2) 工作原理

光电旋转编码器装有一个中心有轴的光电码盘，其上有环形通、暗的刻线，可由光电发射和接收器件读取并获得四组正弦波信号 A、B、C、D，每组正弦波相位之间相差 90°(一个周期的相位差为 360°)，若将 C、D 两相反向，再叠加在 A、B 两相上，便可增强其稳定信号。此外，轴每旋转一周将输出一个 Z 相脉冲，代表零位参考位。

由于 A、B 两相相差 90°，因而可通过比较 A 相在前还是 B 相在前来判别编码器是正转还是反转，并且通过零位脉冲可获得编码器的零位参考位。

编码器码盘的材料有玻璃、金属、塑料。玻璃码盘是在玻璃上沉积很薄的刻线，其热稳定性好，精度高；金属码盘直接刻线，不易碎，但由于金属有一定的厚度，精度受到限制，其热稳定性就要比玻璃的差一个数量级；塑料码盘是经济型的，其成本低，但精度、热稳定性、寿命均要差一些。

分辨率：编码器以每旋转 360° 提供多少的通或暗刻线称为分辨率，也称解析分度或直接称多少线，一般在每转分度 5～10000 线。

3) 信号输出

光电旋转编码器的信号输出有正弦波(电流或电压)、方波(TTL、HTL)、集电极开路(PNP、NPN)、推拉式等多种形式，其中 TTL 为长线差分驱动(对称表示为 A、$A-$；B、$B-$；Z、$Z-$)，HTL 也称推拉式或推挽式输出。编码器的信号接收设备接口应与编码器对应。

编码器的脉冲信号一般连接计数器、PLC、计算机，PLC 和计算机连接的模块有低速模块与高速模块之分，开关频率有低有高。

单相连接，用于单方向计数，单方向测速。

A、B 两相连接，用于正反向计数、判断正反向和测速。

A、B、Z 三相连接，用于带参考位修正的位置测量。

A、$A-$，B、$B-$，Z、$Z-$ 连接，由于带有对称负信号的连接，在后续的差分输入电路中，将共模噪声抑制，只取有用的差模信号，因此其抗干扰能力强，可传输较远的距离。

对于 TTL 的带有对称负信号输出的编码器，信号传输距离可达 150 m。

旋转编码器由精密器件构成，故当受到较大的冲击时，可能会损坏内部功能，使用上应充分注意。

4) 注意事项

(1) 安装。

编码器轴与机器的连接，应使用柔性连接器。在轴上安装连接器时，不要硬压入。即使使用连接器，因安装不良，也有可能给轴施加比允许负荷还大的负荷，或造成拨芯现象。

轴承寿命与使用条件有关，且受轴承荷重的影响特别大。如承受比规定荷重小的负荷，则可大大延长轴承寿命。

不要将光电旋转编码器进行拆解，否则将有损防油和防滴性能。防滴型产品不宜长期浸在水、油中，表面有水、油时应擦拭干净。

(2) 振动。

光电旋转编码器上的振动往往会引起误脉冲的发生。因此，应对设置场所、安装场所加以注意。编码器每转发生的脉冲数越多，旋转槽圆盘的槽孔间隔越窄，越易受到振动的影响；在低速旋转或停止时，加在轴或本体上的振动也会使旋转槽圆盘抖动，可能会造成误脉冲。

(3) 配线和连接。

错误的配线可能会损坏编码器的内部回路，故在配线时应充分注意以下几点：

① 配线应在电源 OFF 状态下进行，电源接通时，若输出线接触电源，则有时会损坏输出回路。

② 配线时应充分注意电源的极性等。

③ 若和高压线、动力线并行配线，则有时会受到感应造成误动作成损坏，所以要分离开另行配线。

④ 延长电线时，应在 10 m 以下。由于电线的分布容量，波形的上升、下降时间会较长，因此出现问题时，采用施密特回路等对波形进行整形。

⑤ 为了避免感应噪声等，要尽量用最短距离配线。

⑥ 电线延长时，因导体电阻及线间电容的影响，波形的上升、下降时间加长，容易产生信号间的干扰(串音)，因此应用电阻小、线间电容低的电线(双绞线、屏蔽线)。

对于 HTL 的带有对称负信号输出的编码器，信号传输距离可达 300 m。

四、任务实施

(一) 工业机械手装置的竖轴与横轴控制

1. 任务要求和目的

(1) 了解步进电机、步进驱动器和光电旋转编码器的结构与工作原理。

(2) 熟悉工业机械手装置竖轴与横轴的工作情况及操作流程。

(3) 根据工业机械手装置竖轴与横轴的控制要求及输入、输出接口定义进行程序编制。

(4) 根据工业机械手装置竖轴与横轴的控制要求完成程序调试。

2. 任务实施

1) 控制原理

根据系统对三轴搬运机器人的定位精度要求，采用步进电机开环控制。搬运机器人的 J5 轴左右移动机构采用两相步进电机 2S86Q-3080，配套驱动器 2M860 进行驱动；J3 轴手臂旋转和 J4 轴机械手平移均由直流电机控制。

三轴搬运机器人的电气主控制器选用西门子 PLC CPU226 DC/DC/DC，可提供 Q0.0、Q0.1 两路脉冲输出，以驱动伸缩与上下步进电机实现机械手平面双轴定位。外加 CPU224 DC/DC/DC 可提供 Q0.0 一路脉冲输出，以驱动 J5 轴步进电机实现机械手左右移动。

三轴搬运机器人选用接近开关 TL-M2ME1，用于提供搬运机器人纵向行走的零坐标位置信号，在搬运机器人的 J1 轴和 J2 轴由微动开关作为机电同步信号(即初始点)，J3 轴由槽型光电开关和光电编码盘构成光电旋转编码器，用于反馈旋转角度，同时 J3 直线执行器的底部左右设有微动开关作为旋转极限保护，J4 轴机械手平台前后移动由两个微动开关进行位置控制。

三轴搬运机器人选用 PLC 扩展模块 EM277 作为 PROFIBUS DP 网络的 DP 从站。在控制配电箱上应设置必要的电源指示、运行指示及故障指示灯，以及用于故障急停的急停开关、用于手动复位的复位按钮和启动、停止等必要的操作按钮。

2）工业机械手装置竖轴 J2 与横轴 J1 控制程序编写

工业机械手竖轴和横轴由滚珠丝杠传递步进电机驱动。横轴 J1 的前后伸缩采用两相步进电机 2S42Q-2940，配套驱动器 2M412。纵轴 J2 的垂直升降采用两相步进电机 2S42Q-2940，配套驱动器 2M412。

（1）J1、J2 轴控制 I/O 分配如表 4-13 所示。

表 4-13　J1、J2 轴控制 I/O 分配

输　入	注　释	输　出	注　释
I0.0	JOG+ J1	Q0.0	J1 脉冲
I0.1	JOG–J1	Q0.1	J2 脉冲
I0.2	JOG+ J2	Q0.2	J1 方向
I0.3	JOG–J2	Q0.3	J2 方向
I0.4	J1 前限		
I0.5	J1 后限		
I0.6	J2 上限		
I0.7	急停		

（2）程序编写。

打开 STEP 7–Micro/WIN 软件，新建一个项目。点击工具菜单中的位控向导项，弹出脉冲输出向导窗口，其向导设置过程与项目 3 任务 2 的设置过程相同，参数设置也相同，最后自动生成 PTO 脉冲控制子程序 PTO0_CTRL、PTO0_RUN、PTO0_MAN 及 PTO0_DATA 数据块。

在主程序中调用 PTO0_CTRL 子程序及 PTO0_RUN 子程序，如图 4-47 所示。

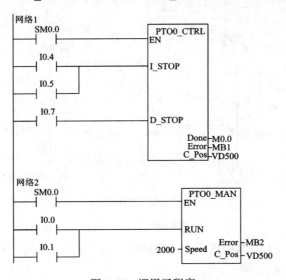

图 4-47　调用子程序

PTO0_CTRL 子程序一直使能，PTO0_RUN 子程序由单机/联机开关使能。

输入 Q0.2 脉冲方向控制及指示灯控制梯形图，如图 4-48 所示。

网络3

I0.0   Q0.2
├──┤ ├──( )

图 4-48　输入 Q0.2

J1 轴的运行程序至此编写完成，保存此程序。J2 轴的运行程序与 J1 轴的基本相同，只需改变一下/IO 口即可。

(3) J2 轴运行程序。

新建一个项目，用 STEP 7-Micro/WIN 软件位置控制向导生成 PTO 脉冲控制子程序，同 X 轴运行程序基本相同。脉冲输出点选择 Q0.1，MAX-SPEED 设定为 5000 脉冲/s，MIN-SPEED 设定为 500 脉冲/s，SS-SPEED 设定为 500 脉冲/s，脉冲方向控制输出点改为 Q0.3。

(二) 工业机械手装置的转盘与手爪控制

1. 任务要求和目的

(1) 了解气动装置、两位五通电磁阀、电磁开关和光电传感器的结构与工作原理。

(2) 熟悉工业机械手装置转盘与手爪的工作情况及操作流程。

(3) 完成工业机械手装置转盘与手爪单机控制程序编写。

2. 任务实施

1) 汽缸动作原理

双向二位五通电磁阀具有保持功能。如图 4-49 所示，当 S2 线圈得电后，内部阀片向 S2 线圈方向移动并保持在 S2 位置，气路为图中 S1 处所示的汽缸缩回。

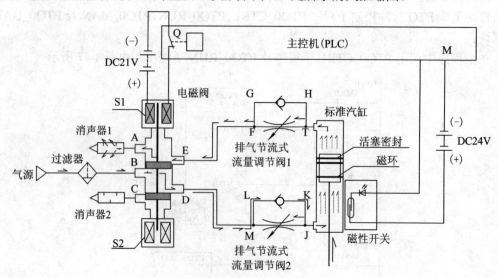

图 4-49　汽缸缩回

如图 4-50 所示，S1 线圈得电后，内部阀片向 S1 线圈方向移动并保持在 S1 位置，气路为图中 S1 处所示的汽缸伸出。

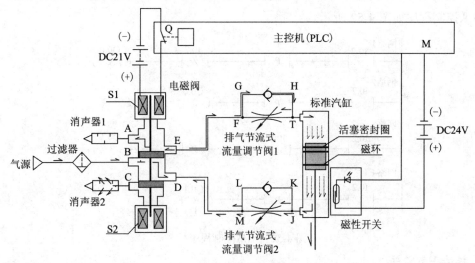

图 4-50　汽缸伸出

当磁性物质接近传感器时，传感器便会动作，并输出传感器信号。若在汽缸的活塞(或活塞杆)上安装磁性物质，在汽缸缸筒外的两端位置各安装一个磁感应式接近开关，则可以用这两个传感器分别标识汽缸运动的两个极限位置。当汽缸的活塞杆运动到其中一端时，那一端的磁感应式接近开关就动作并发出电信号。在 PLC 的自动控制中，可以利用该信号判断推料及顶料缸的运动状态或所处的位置，以确定工件是否被推出或汽缸是否返回。在磁性开关上设置有 LED 显示用于显示其信号状态，供调试时使用。磁性开关动作时，输出信号"1"，LED 亮；磁性开关不动作时，输出信号"0"，LED 不亮，如图 4-51 所示。

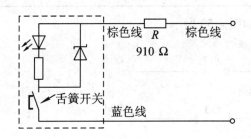

图 4-51　磁性开关原理图

2) 手爪控制

(1) 通过电磁阀门上的手动开关，可以对手爪夹紧和放松进行强制控制。

(2) 通过程序控制手爪动作。手爪程序 I/O 分配如表 4-14 所示。

表 4-14　手爪程序 I/O 分配

输入	说明	输出	说明
I0.0	手爪夹紧	Q0.0	夹紧线圈
I0.1	手爪放松	Q0.1	放松线圈
I0.2	手爪夹紧检测		

手爪控制程序如图 4-52 所示。

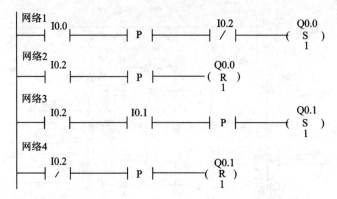

图 4-52　手爪控制程序

3) 机械手臂旋转

机械手臂旋转程序 I/O 分配如表 4-15 所示。

表 4-15　机械手臂旋转程序 I/O 分配

输入	说　明	输出	说　明
I0.0	计数	Q0.0	电机正转
I0.1	复位	Q0.1	电机反转
I0.2	电机正转		
I0.3	电机反转		

机械手臂旋转程序如图 4-53 所示。

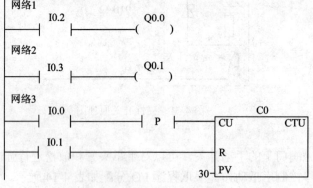

图 4-53　机械手臂旋转程序

3. 运行调试

(1) 观察手爪是打开还是关闭，以及 PLC 输出输入点指示灯及电磁阀状态指示灯的状态，运行程序。

(2) 通过 STEP 7-Micro/WIN 状态表观察编码器反馈的脉冲数，在状态表里查看 C0 的值，如图 4-54 所示。

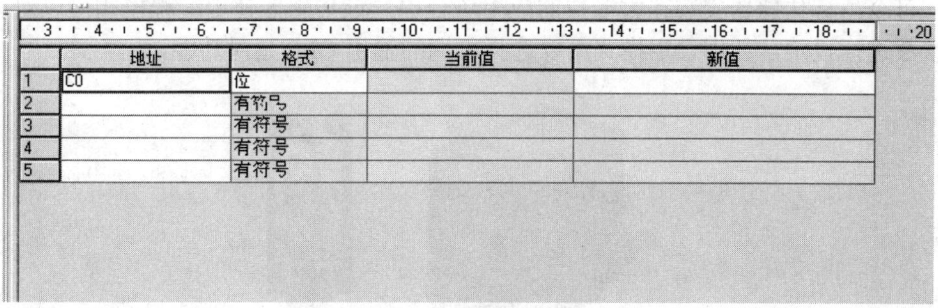

	地址	格式	当前值	新值
1	C0	位		
2		有符号		
3		有符号		
4		有符号		
5		有符号		

图 4-54 在状态表里查看 C0 的值

思考与复习

在了解和熟悉五轴工业机械手的组成结构和工作原理后，测量出整个系统的 I/O 分配地址，并尝试编写整个控制程序。

任务 4 输送单元的结构与工作流程

一、任务引入

YL-268 柔性制造系统一共有 3 个从站，用来负责工件的输送，分别是输送站 7、输送站 8 和输送站 11。它们的任务主要是输送工件，根据要求改变传输带的速度；其次是使用各种传感器判断工件属性，根据属性要求将工件传送到不同位置。本实训的目的是熟悉并掌握输送单元的结构和工作流程，掌握各种传感器的工作原理。

二、任务分析

(1) 熟悉输送单元 1 的基本组成。

(2) 认识色标传感器，电感式接近传感器，行程开关，光电传感器，直流减速电机，安全保护光栅和气动电磁阀的位置、安装、型号规格和作用。

(3) 熟悉色标传感器、电感式接近传感器、行程开关、光电传感器、直流减速电机、安全保护光栅和气动电磁阀的基本原理。

三、相关知识

1. 色标传感器

1) 色标传感器的工作原理

QC50 是一种外形小巧、使用方便的颜色识别传感器，如图 4-55 所示。其光源是带有红、绿、蓝(R、G、B)三种颜色滤光镜的白色光源，可检测 1 种、2 种或 3 种颜色。小巧的

外形，可令色标传感器安装在大多数的应用场合中。该传感器使用编程模式可以对颜色的
检测参数进行设定，使用设定模式可以选择可调的输出 OFF 延时功能。

图 4-55　QC50 色标传感器

QC50 色标传感器具有三个固态输出通道，可分别进行颜色检测或颜色＋浓度检测的
设定(见下面检测方式的说明)。QC50 色标传感器有两个按键——Set 和 Select、四位 LCD
显示、一个输出指示灯和三个输出状态指示灯(每一个对应一输出通道)，编程和观察输出
状态都非常方便。

2) 传感器的设定

(1) 输出：QC50 色标传感器的三个通道可分别对应三个颜色进行设定。当设定的颜色
被检测到后，黄色的输出指示灯(OUT)和相应的绿色通道状态指示灯变亮，相应的输出导通。

(2) 检测方式：QC50 色标传感器的有两种检测方式，即颜色检测(4 位数字显示 C)或
颜色＋浓度检测(4 位数字显示 C_I)。颜色检测方式只检测颜色是否正确，这在区分色彩差
异较大的颜色时是非常有用的(如区分红色、黑色或绿色)。颜色＋浓度检测方式可以提高
传感器的检测能力，能进行灰度的检测，因此它不但能区分不同的颜色，而且能区分同一
种颜色浓度深浅的不同(如能区分浅蓝、中度蓝和深蓝)。

(3) 误差等级：此色标传感器在使用时可设定 10 个等级的误差范围(0～9)。在检测一
种颜色时，设定的数字越大，误差范围就越大，可接受的颜色浓度变化的范围也就越大。
如果选择等级 9(4 位数字显示 L9)，那么它所允许的被测条件变化的范围就比低等级的要宽。
如果选择等级 0(4 位数字显示 L0)，那么传感器就能进行更加精确的检测，它所允许的被测
条件变化的范围就非常窄。

3) 传感器接线

QC50 色标传感器的接线如图 4-56 所示。

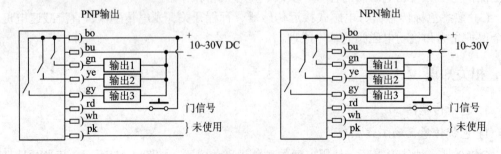

图 4-56　QC50 色标传感器的接线

4) 传感器编程

编程就是对传感器的每个输出设定所检测的颜色。传感器编程的流程如表4-16所示。重复表中的步骤，可对每个输出通道进行设定。

表4-16 传感器编程步骤

顺序	步骤	LED 显示
颜色传感器初始状态	使传感器感知被测颜色，典型检测距离为 20 mm(0.8")	输出指示灯：熄灭 输出状态指示灯：全部熄灭 4 位数字显示：run (无 OFF 延时) rund (有 OFF 延时)
选择通道	按住 Set 按键并保持 2 s 以上，默认选择通道 1(Set1)，重复单击 Select 按键，以选择合适的输出通道，单击 Set 按键存储设置	输出指示灯：熄灭 输出状态指示灯：全部熄灭 4 位数字显示： Set1 (通道 1) Set2 (通道 2) Set3 (通道 3)
检测方式	单击 Select 按键进行选择：颜色或颜色＋浓度(默认模式为颜色检测模式)，单击 Set 按键存储设置	输出指示灯：熄灭 输出状态指示灯：全部熄灭 4 位数字显示：C (颜色模式) C_I (颜色＋浓度模式)
	传感器储存对颜色的设定	输出指示灯：亮(如果设定信息被存储) 输出状态指示灯：选定的输出通道指示灯亮 4 位数字显示：updt (闪烁 2 s)
误差等级	重复单击 Select 按键，选择合适的误差等级，共计 10 个等级，单击 Set 按键保存设置	输出指示灯：亮 输出状态指示灯： 选定的输出通道指示灯亮 4 位数字显示： Tol0 (颜色识别范围最窄) Tol1 (等级 1) Tol9 (颜色识别范围最宽)

注：传感器有一个 12 s 的时间限制。如果在设定过程中有 12 s 未进行任何设定，则传感器自动返回运行状态。

2. 电感式接近传感器

电感式接近传感器是利用电涡流效应制造的传感器。电涡流效应是指，当金属物体处于一个交变的磁场中时，在金属内部会产生交变的电涡流，该涡流又会反作用于产生它的磁场。如果这个交变的磁场是由一个电感线圈产生的，则这个电感线圈中的电流就会发生变化，用于平衡涡流产生的磁场。

利用这一原理，以高频振荡器(LC 振荡器)中的电感线圈作为检测元件，当被测金属物体接近电感线圈时，将产生涡流效应并引起振荡器振幅或频率的变化，由传感器的信号调理电路(包括检波、放大、整形、输出等电路)将该变化转换成开关量输出，从而达到检测目的。

电感式接近传感器的工作原理如图 4-57 所示。

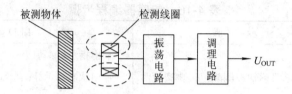

图 4-57　电感式接近传感器的工作原理

3. 直流减速电机

直流减速电机用于驱动材质检测单元转盘的正转、反转。当工件到位后，电机正转，开始进行检测，同时槽型光电传感器检测电机旋转角度，当到达设定角度后，表示检测完成，电机开始反转回初始位置，同时记录检测信息。材质检测单元转盘如图 4-58 所示。

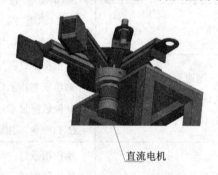

直流电机

图 4-58　材质检测单元转盘

4. 安全保护光栅

安全保护光栅主要是在高架龙门式搬运机器人机构(简称龙门)搬运时，为保护人身安全而设置的保护传感器。当有行人通过时，触发安全光栅，龙门立刻停止动作，回到初始点。保护光栅的安装位置如图 4-59 所示。

N1—高架龙门式搬运机器人机构；
N2—安全保护光栅1；
N3—安全保护光栅2；

图 4-59　安全保护光栅的安装位置

如图 4-60 所示，安全保护光栅由发射区和接收区组成。发射区发射信号和接收区收到的信号相对应，如接收区接收步到发射区发出的信号，就输出信号给控制单元，说明这个区域里有东西存在不安全。

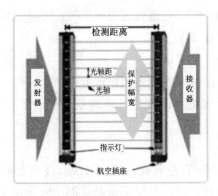

图 4-60　安全保护光栅的工作原理

5. 气动电磁阀

气动电磁阀的型号为 SY5120，用来驱动传送带上的阻挡汽缸，具有放行工件的功能。当满足放行条件时，气动电磁阀得电，通过气路驱动汽缸动作以放行工件。图 4-61 为气动电磁阀外形图。

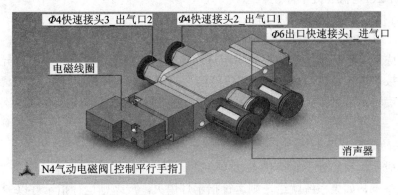

图 4-61　气动电磁阀外形图

所谓"位"，是指为了改变气体方向，阀芯相对于阀体所具有的不同工作位置。"通"是指换向阀与系统相连的通口，有几个通口即为几通。图 4-62 中，只有两个工作位置，具有供气口 P、工作口 A 和排气口 R，故为二位三通阀。

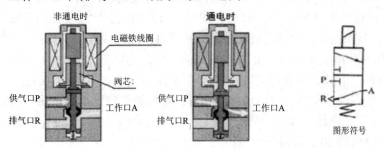

图 4-62　二位三通阀

气动电磁阀带有手动换向和加锁旋钮，以及锁定(LOCK)和开启(PUSH)2 个位置。用小螺丝刀把加锁钮旋到 LOCK 位置时，手控开关向下凹进去，不能进行手控操作。只有在 PUSH 位置，才可用工具按下手控开关，相当于输入信号为"1"，等同于该侧的电磁信号为"1"；常态时，手控开关的信号为"0"。在进行设备调试时，可以使用手控开关对阀进行控制。

6. 传输带 1 的操作(从站 11)

1) 上电前

(1) 排除整个电气线路出现短路现象的可能性。

(2) 检查放料台上是否有物料，各种传感器是否在正常工作以内，气压是否合适，确认没问题后才可以上电。

2) 上电后

(1) 观察电源指示灯(红色)有没有亮，确认系统有没有上电。

(2) 检查急停是否在旋开位置，在单机或联机测试时确定单机/联机按钮的位置。

满足上述条件后上电，运行指示灯(绿色)以 2 s 的频率闪烁时表示请求复位。

3) 系统复位

按下复位按钮或有复位信号后：

(1) 材质检测旋转盘向左转直到碰到限位开关。

(2) 电机 2、电机 3 处于停止状态。

(3) 运行指示灯以 1 s 的频率闪烁。

(4) 1#、7#、8#、9# 等信号位不存在物料盘。

复位完成后，运行指示灯和报警指示灯均熄灭。在复位动作中如果出现异常情况，可以按下急停按钮进行紧急钮止，急停或急停信号的情况下运行指示灯熄灭，报警指示灯亮。在急停按钮旋转上来后报警指示灯熄灭，运行指示灯以 2 s 的频率闪烁，须再次复位才能正常工作。

4) 系统的运行与停止

复位完成后，系统处于等待状态。

单机状态下，如果系统就绪，则运行指示灯熄灭，反之则运行指示灯以 2 s 的频率闪烁。待系统就绪后，按下启动按钮，电机 2 和电机 3 以 35 Hz 的频率启动。

(1) 当一个空托盘放在 1# 和 9# 信号位之间时，它将随传输带到 1# 号信号位(出库位)。1#信号位的托盘检测 I0.0 得电，电机 2 停止。此时 1# 信号位的物料未检测到 I0.1。托盘被阻挡电磁铁阻挡在 1# 信号位，再把料放在托盘上，直至物料检测到 I0.1 后，材质检测旋转盘 Y2 得电。在经过 I1.0 的 4 个下降沿脉冲时，材质检测旋转盘复位向左旋转，碰到限位后，I1.1 闭合，检测结束。检测通过一个色标传感器(用来分辨白色塑料和蓝色塑料)和一个电感传感器(用来分辨金属料和非金属料)来实现。检测完成后，Q0.0 的 1# 信号位阻挡电磁铁得电释放物料，电机 2 重新启动，料盘被带出 1# 区。再过 4s 后 Q0.0 的 1# 信号位阻挡电磁铁失电，电磁铁再次弹起阻挡后面的物料，物料被带到传输带 2 的控制区。

(2) 当一个空托盘放在 8# 和 9#信号位之间时，它将随传输带到 9# 信号位(入库位)。9#信号位的托盘检测到 I0.2 后得电，电机 2 停止。此时 9# 信号位的物料未检测到 I0.3，1s 后释放阻挡电磁铁，电机 2 重新启动来到 1# 信号位，继续上述(1)中的动作。当托盘上有料时，会被 9# 信号位的阻挡电磁铁阻挡在 9# 信号位，因为这个信号位为入库信号，若入库位有物料则等待入库而不再重新动作，1# 信号位为出库位。人工拿掉物料，1s 后释放阻挡电磁铁，电机 2 重新启动来到 1# 信号位，继续上述(1)中的动作。

(3) 当一个空托盘放在 7# 和 8# 信号位之间时，它将随传输带到 8# 信号位(小料检测位)。8# 信号位的托盘检测到 I2.2 后得电，电机 3 停止；8# 信号位的物料未检测到 I2.3 则未得电，料盘被卡在 8# 信号位。

情况一：当料盘上装有金属或者废料时，小料检测 I1.2、I1.3 均未得电，单机又没有相应的金属或废料信号，再释放阻挡电磁铁，2 s 后系统报错，电机 2 和电机 3 均停止。若要重新开始，则按下复位按钮后再按启动按钮，然后托盘被带到 9# 信号位继续上述(2)中的动作。

情况二：当托盘上装有装配完成的塑料物料时，若是白色小料则检测到 I1.3 得电，若是蓝色小料则检测到 I1.2 得电。说明这是好料，电磁铁放行，电机 3 重新启动，托盘被带到 9# 信号位继续上述(2)中的动作。

(4) 当一个空托盘放在 7# 信号位之前时，它将随传输带到 7# 信号位(装配位)。7# 信号位的托盘检测到 I2.4 后得电，电机 3 停止；7# 信号位的物料检测 I2.5 没得电，托盘被卡在 7# 信号位。当托盘中放上物料 1 s 后，因为不是联机状态，所以电磁铁放行，电机 3 重新启动，托盘到 8# 信号位继续上述(3)中的动作。

5) 系统急停处理

在机械运行的过程中如果出现故障，可以随时按下急停按钮执行一个紧急停止动作。在按下急停按钮后，运行指示灯熄灭，报警指示灯亮。在旋开急停按钮后，系统保持原来的位置不变，运行指示灯以 2 s 的频率闪烁。在排除故障后可以按下复位按钮执行复位动作。

7. 传输带 2 的操作(从站 7)

1) 上电前

(1) 排除整个电气线路出现短路现象的可能性。

(2) 检查龙门 X、Y 轴位置是否在正常位置，放料台上是否有物料存在，各种传感器是否在正常工作以内，气压是否合适，确认没问题后才可以上电。

2) 上电后

(1) 观察电源指示灯(红色)有没有亮，以确认系统是否上电。

(2) 检查急停按钮是否在旋开位置，在单机或联机测试时确定单机/联机按钮的位置。

满足上述条件后上电，若运行指示灯(绿色)以 2 s 的频率闪烁，则表示请求复位。

3) 系统复位

按下复位按钮或有复位信号后：

(1) 龙门 X、Y 轴回零点，若手爪中夹有物料则会把物料先送到 4# 安全区，龙门 X、Y 轴再回零。

(2) 电机 1 处于停止状态。

(3) 运行指示灯以 1s 的频率闪烁。

(4) 2#、3# 等信号位不存在物料盘。

复位完成后，运行指示灯和报警指示灯均熄灭。在复位动作中如果出现异常情况可以按下急停按钮进行紧急停止，急停或急停信号的情况下运行指示灯熄灭，报警指示灯亮。在急停按钮旋转上来后报警指示灯熄灭，运行指示灯以 2 s 的频率闪烁，须再次复位才能正常工作。

4) 系统的运行与停止

复位完成后，系统处于等待状态。

单机状态下，如果系统就绪，则运行指示灯熄灭；反之则运行指示灯以 2 s 的频率闪烁。待系统就绪后，按下启动按钮，电机 1 以 30 Hz 的频率启动。

(1) 当一个空托盘放在 2# 信号位之前时，它将随传输带到 2# 信号位(五轴搬运位)。2# 信号位的托盘检测到 I1.1 后得电，电机 1 停止。此时 2# 信号位的物料未检测到 I1.2，托盘被阻挡电磁铁阻挡在 2# 信号位。当把料放在托盘上时，物料检测到 I1.2，等待物料被取走，当物料加工完成，再次被放到托盘上后，物料检测到 I1.2，电磁铁放行，电机 1 重新启动，托盘被带到 3# 信号位。开始(2)中的动作。

(2) 当一个托盘放在 2# 和 3# 信号位之间时，它将随传输带到 3# 信号位(龙门位)。3# 信号位的托盘检测到 I1.0 后得电，电机 1 停止，并启动龙门夹住整个托盘，将其从 3# 信号位夹到 4# 信号位进入传输带 3 控制区，待确认安全后龙门回零。在此过程中，若碰到安全保护光栅，则 I0.7 闭合，系统停止动作并报警。若想继续动作，则需按下复位按钮。

5) 系统急停处理

在机械运行的过程中如果出现故障，可以随时按下急停按钮执行一个紧急停止动作。在按下急停后运行指示灯熄灭，报警指示灯亮。在旋开急停按钮后，系统保持原来的位置不变，运行指示灯以 2 s 的频率闪烁。在排除故障后可以按下复位按钮执行复位动作。

8. 传输带 3 的操作

1) 上电前

(1) 排除整个电气线路出现短路现象的可能性。

(2) 检查放料台上是否有物料，各种传感器是否在正常工作以内，气压是否合适，确认没问题后才可以上电。

2) 上电后

(1) 观察电源指示灯(红色)有没有亮，以确认系统是否上电。

(2) 检查急停按钮是否在旋开位置，在单机或联机测试时确定单机/联机按钮的位置。

满足上述条件后上电，若运行指示灯(绿色)以 2 s 的频率闪烁，则表示请求复位。

3) 系统复位

复位按钮或有复位信号后：

(1) 电机 4、电机 5 处于停止状态。

(2) 运行指示灯以 1 s 的频率闪烁。

(3) 4#、5#、6# 等信号位不存在物料盘。

复位完成后，运行指示灯和报警指示灯均熄灭。在复位动作中如果出现异常情况可以按下急停按钮进行紧急停止，急停或急停信号的情况下运行指示灯熄灭，报警指示灯亮。在急停按钮旋转上来后报警指示灯熄灭，运行指示灯以 2 s 的频率闪烁，须再次复位才能正常工作。

4) 系统的运行与停止

复位完成后，系统处于等待状态。

单机状态下，如果系统就绪，则运行指示灯熄灭，反之则运行指示灯以 2 s 的频率闪烁。待系统就绪后，按下启动按钮，电机 2 和电机 3 以 30 Hz 的频率启动。

(1) 当一个空托盘放在 4# 信号位之前时，它将随传输带到 5# 信号位(机器人视觉位)。5#信号位的托盘检测到 I0.2 后得电，电机 5 停止。此时 5# 信号位的物料未检测到 I0.3，托盘被阻挡电磁铁阻挡在 5# 信号位。当把料放在托盘上时，物料检测到 I0.3 得电，物料被机器人取走放到视觉比对口进行比对，当比对结束后，物料被机器人再次取走放回托盘，物料检测到 I0.3 再次得电后，电磁铁放行，电机 5 重新启动，托盘被带到 6# 信号位，开始(2)中的动作。

(2) 当一个空托盘放在 5# 和 6# 信号位之间时，它将随传输带到 6# 信号位(热处理位)。6#信号位的托盘检测到 I0.4 后得电，电机 4 停止，6# 信号位的物料检测 I0.5 未得电，托盘被卡在 6#号位。当料盘中放上物料 1 s 后，因为不是联机状态，所以电磁铁放行，电机 4 重新启动，物料被带来到传输带 1 的控制区。

5) 急停处理

在机械运行的过程中如果出现故障，可以随时按下急停按钮执行一个紧急停止动作。在按下急停按钮后，运行指示灯熄灭，报警指示灯亮。在旋开急停按钮后，系统保持原来的位置不变，运行指示灯以 2 s 的频率闪烁。在排除故障后可以按下复位按钮执行复位动作。

9. 传输带 1、2 和 3 的联机操作

(1) 空托盘放置在 1# 信号位，发出请求出库信号 V1005.2(I109.2)，仓库搬运站配合仓库 3 把物料送到空托盘上。

(2) 当物料被夹到料盘上并收到出库完成信号 V1000.6(Q108.6)后，材质检测旋转盘启动检测。当检测出物料的材质后再把信号发回主站，由主站储存并处理。

(3) 托盘随着传输带被带到 2# 信号位，发出请求五轴搬运启动信号 V1002.7(I112.7)并读取主站中的信号，托盘上的物料按金属和非金属由五轴搬运分别搬运到钻床和铣床。

(4) 五轴搬运配合钻床或铣床完成加工后将物料夹回 2# 信号位的空托盘，并发出加工搬运完成信号 V1000.4(Q112.4)。

(5) 收到这个加工搬运完成信号后，电磁铁吸合，托盘被放行。

(6) 托盘随着传输带被带到 3# 信号位，料盘检测到 X15 后得电，电机 1 停止，并启动龙门把托盘夹到 4# 信号位。如果传输带 3 的电机 5 正在运行，就会给传输带 2 发送一个电机运行的信号 V1000.6(Q112.6)；同时传输带 2 也发出请求电机 5 停止命令 V1003.0(I113.0)。

(7) 当 4# 信号位有托盘存在时，会给传输带 2 的龙门发送一个手爪禁止右行的信号 V1000.5(Q112.5)，使龙门停止动作并等待。

(8) 正常状态下，龙门把托盘夹到 4# 信号位后回零，之后发出请求电机 5 启动的信号 V1003.1(I113.1)。

(9) 托盘随着传输带来到 5# 信号位，托盘检测到 I0.2 后得电，电机 5 停止，并向机器人视觉站发出检测请求信号 V1003.0(I121.0)。机器人配合视觉检测站检测出物料是否合格，再向主站发送信息，由主站储存并处理这些信息。同时，主站给传输带 3 发送一个检测完成信号 V1000.6(Q120.6)。

(10) 收到检测完成信号后，电磁铁吸合，托盘随着传输带来到 6# 信号位，托盘检测到 I0.4 后得电，电机 4 停止，并从主站读取先前储存的数据，即物料是正常金属、正常塑料还是废品。

正常金属：传输带 3 发出请求热处理信号 V1003.1(I121.1)，热处理完成后发回完成信号 V1000.7(Q120.7)。完成信号的传输与接收后进入流程(11)。

正常塑料：电磁铁吸合，托盘放行，进入流程(11)。

废品：电磁铁吸合，托盘放行，进入流程(11)。

(11) 电磁铁吸合，托盘随着传输带来到 7#信号位。托盘检测到 I2.4 后得电，电机 4 停止，并从主站读取先前储存的数据，即物料是正常金属、正常塑料还是废品。

正常塑料：传输带 1 发出请求装配信号 V1006.2(I110.2)，装配完成后发回完成信号 V1001.3(Q109.3)。完成信号的传输与接收后进入流程(12)。

正常金属：电磁铁吸合，托盘放行，进入流程(12)。

废品：电磁铁吸合，托盘放行，进入流程(12)。

(12) 电磁铁吸合，托盘随着传输带来到 8# 信号位。托盘检测到 I2.2 后得电，电机 3 停止，并从主站读取先前储存的数据，即物料是正常金属、正常塑料还是废品。

正常塑料：颜色传感器检测装配好的小料并给主站发送白色小料信号 V1001.1(Q109.1) 或蓝色小料信号 V1001.2(Q109.2)，由主站储存并处理这些信息。完成信号的传输与接收后进入流程(13)。

正常金属：电磁铁吸合，托盘放行，进入流程(13)。

废品：电磁铁吸合，托盘放行，进入流程(13)。

(13) 如果检测失败，则传输带 1 发出一个检测失败及请求停机的命令，整机就会停止，按复位按钮则继续运行；检测成功则电磁铁吸合，托盘放行，随着传输带来到 9# 信号位。当托盘检测到 I0.2 后得电，电机 2 停止。此时，传输带 1 发出请求入库信号 V1005.1(I109.1)，仓库搬运站随即配合仓库 1 或仓库 2 继续入库。

(14) 待托盘上的物料被取走后 I0.3 失电，电磁铁吸合，托盘放行，随着传输带来到 1# 信号位，重新开始进入流程(1)。

注：括号中的信号为主站信号。

四、任务实施

(一) 工件材质及颜色检测单元实验

1. 任务要求和目的

(1) 熟悉工件材质及颜色检测单元控制装置。

(2) 掌握工件材质及颜色检测单元控制装置的原理和控制方法。

2. 任务实施

1) 工件材质及颜色检测单元

(1) 工件材质及颜色检测单元的主要作用是检测从立体仓库输出的工件的材质及颜色，工件的材质分为金属和非金属(塑料)两种，用于不同的加工方式；颜色分蓝色和白色两种，用于不同的装配。

(2) 金属工件送入三轴钻床进行加工，非金属元件送入三轴铣床进行加工。

(3) 装配单元根据该单元检测的颜色进行选择装配。

(4) 当大工件被搬运到传输带上的托盘上时，配套的色标传感器和电感传感器在直流电动机的驱动下，轮流对工件进行检测。

(5) 检测数据通过数据线被传送到配电箱输送单元上的 PLC 控制内，再通过 DP 总线传送到相应的控制器内。

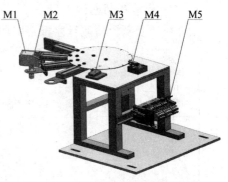

图 4-63　工件材质及颜色检测单元

图 4-63 为工件材质及颜色检测单元，其标注说明如表 4-17 所示。

表 4-17　工件材质及颜色检测单元标注说明

编码	设备名称	规格型号	品牌	单位	数量	备　注
M1	色标传感器	QC50A3P6XDWQ	帮那	台	1	对工件的颜色进行检测
M2	电感式接近传感器	NI4-M12-AN6X	SIKC	只	1	检测工件是否是金属
M3	行程开关			只	1	转盘逆时针旋转限位
M4	光电传感器			只	1	转盘旋转复位
M5	接线排	YL-221B-M	亚龙	套	1	

2) 工件材质及颜色检测单元控制拓扑图

工件材质及颜色检测单元控制拓扑图如图 4-64 所示。

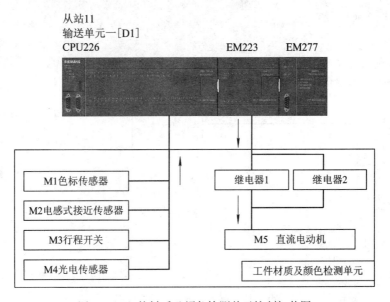

图 4-64　工件材质及颜色检测单元控制拓扑图

3) 工件材质及颜色检测程序

工件材质及颜色检测程序梯形图如图 4-65 所示。

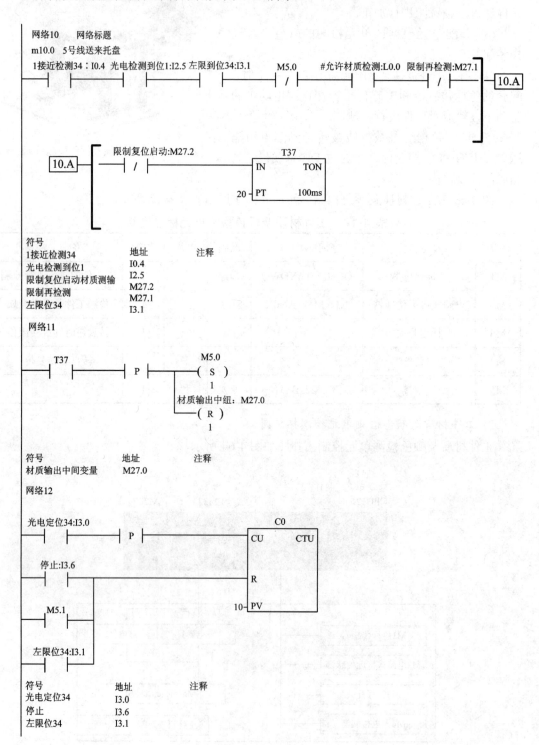

网络13

```
    M5.0        C0          M5.2
─────┤ ├──────┤≤=I├────────( )
                 2
```

网络14

```
     C0                    T38
─────┤≥=I├──────┬──────IN      TON
       3        │
                │        15─PT    100ms
                │
                │   材质输出中组：M27.0
                └──┤P├────────( S )
                                1
```

符号　　　　　　地址　　　注释
材质输出中间变量　M27.0

网络15

```
    T38         C0          M5.3
─────┤ ├──────┤≤I├─────────( )
                 3
```

网络16

```
     C0                    T39
─────┤==I├───────────IN      TON
       4
                     15─PT    100ms
```

网络17

```
    M5.1     驱动材质检测：Q1.2
─────┤ ├───────────( )
```

符号　　　　　　　　地址　注释
驱动材质检测电机反转3　Q1.2
4

网络18

```
    M5.2     驱动材质检测：Q1.3
─────┤ ├───────────( )

    M5.3
─────┤ ├──┘
```

符号　　　　　　　　　地址　　　注释
驱动材质检测电机正转3　I1.3
4

网络19

```
     C0         M6.0
─────┤==I├──────( S )
       4          1
```

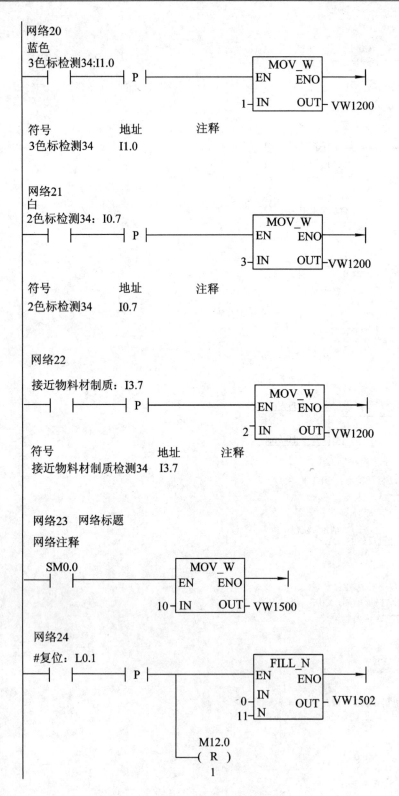

网络20
蓝色
3色标检测34:I1.0
```
      ┤ ├    ┤P├      ┌─MOV_W─┐
                      EN    ENO
                   1─ IN    OUT ─VW1200
                      └───────┘
```

符号	地址	注释
3色标检测34	I1.0	

网络21
白
2色标检测34：I0.7
```
      ┤ ├    ┤P├      ┌─MOV_W─┐
                      EN    ENO
                   3─ IN    OUT ─VW1200
                      └───────┘
```

符号	地址	注释
2色标检测34	I0.7	

网络22

接近物料材制质：I3.7
```
   ┤ ├    ┤ ├    ┤P├      ┌─MOV_W─┐
                          EN    ENO
                       2─ IN    OUT ─VW1200
                          └───────┘
```

符号	地址	注释
接近物料材制质检测34	I3.7	

网络23 网络标题

网络注释

SM0.0
```
   ┤ ├          ┌─MOV_W─┐
               EN    ENO
            10─ IN    OUT ─VW1500
               └───────┘
```

网络24
#复位：L0.1
```
   ┤ ├    ┤P├──┬──┌─FILL_N─┐
              │  EN    ENO
              │  IN
              │ 0─ IN    OUT ─VW1502
              │11─ N
              │  └────────┘
              │
              M12.0
              ─( R )
                1
```

网络25

左限位34：I3.1
```
    ┤ ├    ┤P├                    ┌─────────────┐
                                  │  AD_T_TBL   │
                                  │EN        ENO│───►
                                  │             │
                          VW1200─┤DATA         │
                          VW1500─┤TBL          │
                                  └─────────────┘
```

符号	地址	注释
左限位34	I3.1	

网络26

#取颜色信号：L0.2
```
    ┤ ├    ┤/├          ┌──────────────┐              M12.1
                        │    FIFO      │              ( S )
                        │EN         ENO│─────────────   1
                        │              │
                VW1500─┤TBL       DATA│─VW1250
                        └──────────────┘
```

网络27
```
  VW1502      M12.0      #无颜色存储:L1.0
  ┤==1├──┬──┤/├───────────(  )
    0    │
         │    M12.0
         └──┤P├───────────( S )
                            1
```

网络28
```
  VW1250  #无颜色存储:L1.0  M12.1      #蓝色：L0.4
  ┤==1├──┤/├────────┤ ├────────(  )
    1
```

网络29
```
  VW1250  #无颜色存储:L1.0  M12.1      #铝：L0.5
  ┤==1├──┤/├────────┤ ├────────(  )
    2
```

网络30
```
  VW1250  #无颜色存储:L1.0  M12.1      #白色：L0.6
  ┤==1├──┤/├────────┤ ├────────(  )
    3
```

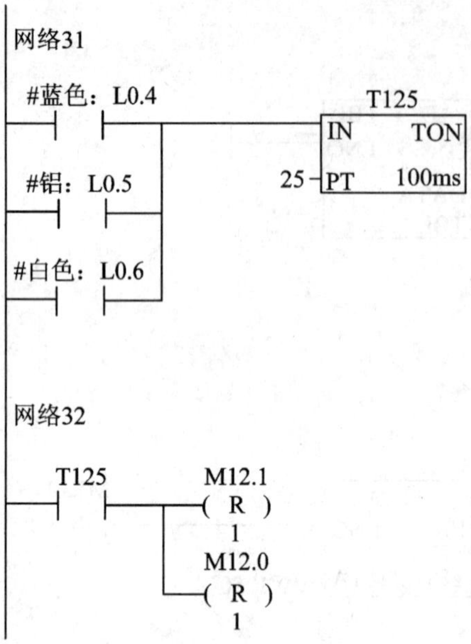

网络31

```
  #蓝色: L0.4                    T125
  ──┤ ├──┬──────────────[ IN      TON ]
          │                25─┤PT    100ms
  #铝: L0.5 │
  ──┤ ├──┤
          │
  #白色: L0.6 │
  ──┤ ├──┘
```

网络32

```
    T125      M12.1
  ──┤ ├──┤ ├──┬──( R )
                │     1
                │   M12.0
                └──( R )
                      1
```

图 4-65　工件材质及颜色检测程序

(二) 输送单元一联机实验

1. 任务要求和目的

(1) 掌握输送单元的组成和控制原理。

(2) 熟悉输送单元的控制程序。

(3) 掌握输送单元的控制方法。

2. 任务实施

1) 输送单元的组成和原理

从图 4-66 可以看出，输送单元由以下几部分构成：

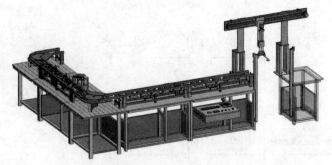

图 4-66　输送单元

(1) 直线输送机构。

(2) 90°转弯输送机构。

(3) 工件材质及颜色检测单元。

(4) 高架龙门搬运机器人单元。

2) 高架龙门搬运机器人单元的组成结构

工件材质及颜色检测单元前面已经介绍，这里不再赘述。图 4-67 为高架龙门搬运机器人单元的 X 轴引动器结构图，图 4-68 为高架龙门搬运机器人单元的 Z 轴引动器结构图。

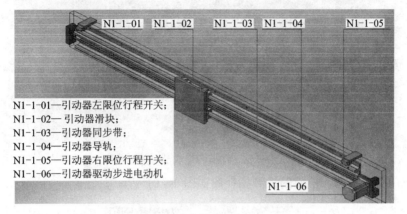

N1-1-01—引动器左限位行程开关；
N1-1-02—引动器滑块；
N1-1-03—引动器同步带；
N1-1-04—引动器导轨；
N1-1-05—引动器右限位行程开关；
N1-1-06—引动器驱动步进电动机

图 4-67　X 轴引动器结构图

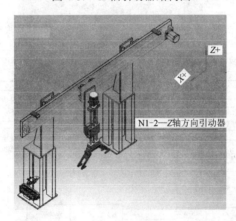

图 4-68　Z 轴引动器结构图

Z 轴引动器各组成部分的名称分别如图 4-69 和图 4-70 所示。

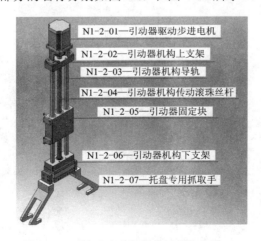

N1-2-01—引动器驱动步进电机
N1-2-02—引动器机构上支架
N1-2-03—引动器机构导轨
N1-2-04—引动器机构传动滚珠丝杆
N1-2-05—引动器固定块
N1-2-06—引动器机构下支架
N1-2-07—托盘专用抓取手

图 4-69　Z 轴引动器各组成部分的名称(一)

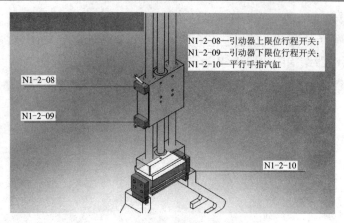

N1-2-08—引动器上限位行程开关；
N1-2-09—引动器下限位行程开关；
N1-2-10—平行手指汽缸

图 4-70　Z 轴引动器各组成部分的名称(二)

高架龙门搬运机器人单元的控制拓扑图如图 4-71 所示。

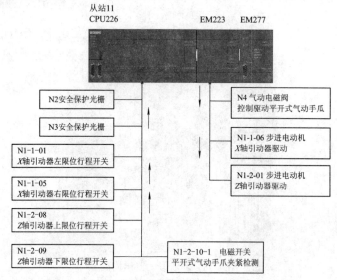

图 4-71　高架龙门搬运机器人单元的控制拓扑图

3) 直线输送机构 A

直线输送机构 A 的结构如图 4-72 和图 4-73 所示。

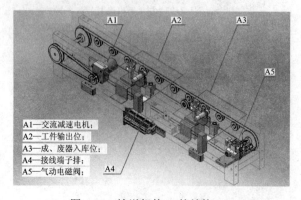

A1—交流减速电机；
A2—工件输出位；
A3—成、废器入库位；
A4—接线端子排；
A5—气动电磁阀；

图 4-72　输送机构 A 的结构(一)

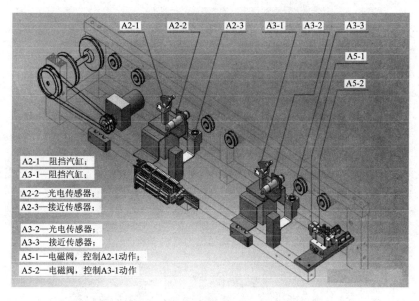

A2-1—阻挡汽缸；
A3-1—阻挡汽缸；

A2-2—光电传感器；
A2-3—接近传感器；

A3-2—光电传感器；
A3-3—接近传感器；
A5-1—电磁阀，控制A2-1动作；
A5-2—电磁阀，控制A3-1动作

图 4-73　输送机构 A 的结构(二)

直线输送机构 A 的控制拓扑图如图 4-74 所示。

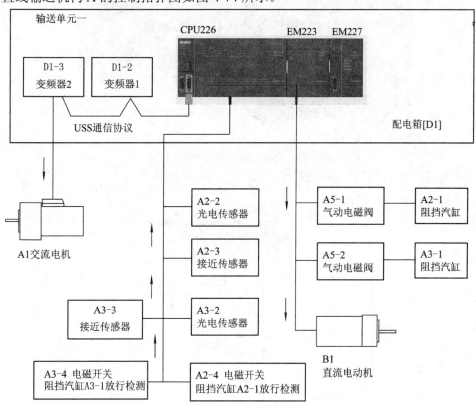

图 4-74　直线输送机构 A 的控制拓扑图

4) 直线输送机构 C

直线输送机构 C 的结构如图 4-75 和图 4-76 所示。

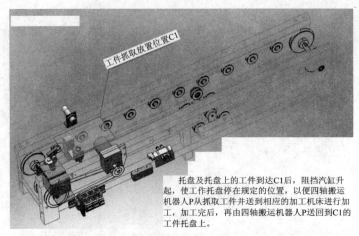

托盘及托盘上的工件到达C1后，阻挡汽缸升起，使工作托盘停在规定的位置，以便四轴搬运机器人P从中抓取工件并送到相应的加工机床进行加工，加工完后，再由四轴搬运机器人P送回到C1的工件托盘上。

图 4-75　直线输送机构 C 的结构(一)

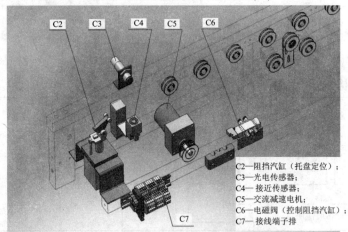

C2—阻挡汽缸（托盘定位）；
C3—光电传感器；
C4—接近传感器；
C5—交流减速电机；
C6—电磁阀（控制阻挡汽缸）；
C7—接线端子排

图 4-76　直线输送机构 C 的结构(二)

直线输送机构 C 的控制拓扑图如图 4-77 所示。

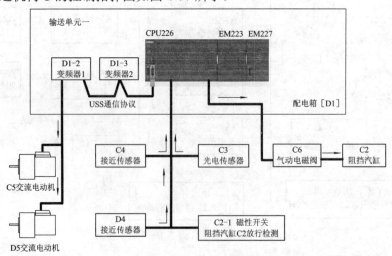

图 4-77　直线输送机构 C 的控制拓扑图

注：该电控拓扑图为直线输送机构 C 和 D 的控制部分。

5) 直线输送机构 D

直线输送机构 D 的结构如图 4-78 和图 4-79 所示。

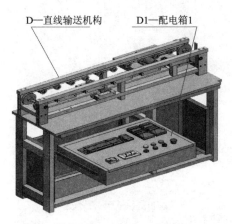

图 4-78 直线输送机构 D 的结构图(一)

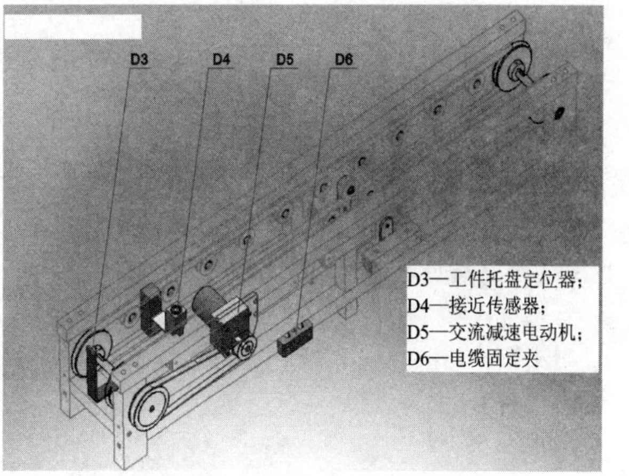

图 4-79 直线输送机构 D 的结构图(二)

6) 直线输送机构 E

直线输送机构 E 的结构如图 4-80 所示。

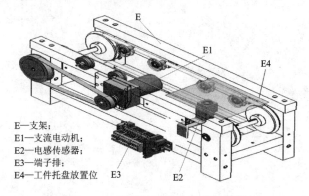

图 4-80 直线输送机构 E 的结构图

7) 输送单元的联动控制程序

输送单元一步进(4)，联机 1 (SBR24)

子程序注释

网络 1

　网络标题

　传送带复位不成功输出信号

　LDN 2 光电托盘到位检测：I2.2

　AN 光电到位检测 2：I2.4

　AN 光电检测到位 1：I2.5

　AN 5 托到位光电检测：I3.2

　A 左限位 34：I3.1

　= 有物料不允许启动：V4004.0

网络 2

    LD 龙门复位完成：M11.0

    = s 复位完成：V4004.7

网络 3

    LD 2 接近检测 34：I0.5

    O M17.0

    O 5 驱动转盘电磁阀：Q1.4

    O 变频器 2：M22.1

    ON 5 转盘复位：I3.4

    = # 入库位有物：L0.3

网络 4

    LSCR S25.0

网络 5

    LD # 带 2 启动 1 带：L0.2

    AN 2 接近检测 34：I0.5

    S M17.0, 1

网络 6

    LD M17.0

    AN 2 接近检测 34：I0.5

    AN T180

    S M16.0, 1

网络 7

    LD M17.0

    AN 2 接近检测 34：I0.5

    TON T180, 120

网络 8

    LD T180

    A 5 转盘复位：I3.4

    LPS

    R M16.0, 1

    AN 5 转盘到位：I3.3

    S 5 驱动转盘电磁阀：Q1.4, 1

    LPP

    R M17.0, 1

网络 9

    LD 5 转盘到位：I3.3

    EU

    S M16.1, 1

    S 变二 1：M23.0, 1

    1 / 5

输送单元一步进(4)，联机 1 (SBR24)

网络 10

　LD 2 接近检测 34：I0.5

　R 变二 1：M23.0, 1

　R M16.0, 3

　R 5 驱动转盘电磁阀：Q1.4, 1

　R # 启动转脚：L1.2, 1

　R # 启动中间变量：L1.1, 1

　R 二号变频启动：M3.0, 1

网络 11

　LD 2 接近检测 34：I0.5

　A 光电到位检测 2：I2.4

　SCRT S25.1

网络 12

　SCRE

网络 13

　LSCR S25.1

网络 14

　LD 光电到位检测 2：I2.4

　= # 读取成品废品：L0.4

网络 15

　LDN 光电到位检测 2：I2.4

　TON T181, 10

网络 16

　LD T181

　SCRT S25.0

网络 17

　SCRE

网络 18

　2 号工位置

　LSCR S25.3

网络 19

　无料

　LDN 1 接近检测 34：I0.4

　A 2 接近检测 34：I0.5

　AN 光电到位检测 2：I2.4

　S 变二 2：M23.1, 1

　S q71：M25.0, 1

网络 20

　LD 1 接近检测 34：I0.4

R 变二 2：M23.1, 1

R q71：M25.0, 1

网络 21

LDN 光电检测到位 1：I2.5

A 1 接近检测 34：I0.4

TON T182, 10

2 / 5

输送单元一步进(4), 联机 1 (SBR24)

网络 22

LD T182

= # 没料发信号给搬运站：L0.5

网络 23

LD 1 接近检测 34：I0.4

A 光电检测到位 1：I2.5

AN 2 接近托盘到位检测：I0.3

R q71：M25.0, 1

R 变频器 2：M22.1, 1

SCRT S25.4

网络 24

SCRE

网络 25

有料

LSCR S25.4

网络 26

LDN 2 光电托盘到位检测：I2.2

AN 2 接近托盘到位检测：I0.3

TON T184, 10

网络 27

LD 1 接近检测 34：I0.4

A 光电检测到位 1：I2.5

AN # 材质检测完成：L0.1

A T184

= # 允许材质检测：L0.6

网络 28

LD # 材质检测完成：L0.1

AN 2 光电托盘到位检测：I2.2

AN 2 接近托盘到位检测：I0.3

S 1 驱动阻挡电磁阀 34：Q1.0, 1

S 变二 3：M23.2, 1

S 驱动转角电机 34：Q1.1, 1

S 变一 1：M24.0, 1

网络 29

　　LD 2 光电托盘到位检测：I2.2

　　A 2 接近托盘到位检测：I0.3

　　R 1 驱动阻挡电磁阀 34：Q1.0, 1

　　R 变二 3：M23.2, 1

　　R 驱动转角电机 34：Q1.1, 1

　　R 变一 1：M24.0, 1

　　SCRT S25.3

网络 30

　　SCRE

网络 31

　　3 号工位

　　LSCR S26.0

　　3 / 5

　　输送单元一步进(4)，联机 1 (SBR24)

网络 32

　　没料

　　LD 1 龙门 Y 上限：I1.4

　　AD= VD800, 1

　　AN 1 托盘到位接近：I0.2

　　A 2 接近托盘到位检测：I0.3

　　AN 2 光电托盘到位检测：I2.2

　　AN 2 阻挡汽缸到位检测：I2.3

　　S 变一 2：M24.1, 1

　　S q61：M26.0, 1

网络 33

　　LD 1 托盘到位接近：I0.2

　　TON T187, 5

网络 34

　　LD T187

　　R 变一 2：M24.1, 1

　　R q61：M26.0, 1

网络 35

　　LD 2 光电托盘到位检测：I2.2

　　AN 变一 2：M24.1

　　SCRT S26.1

网络 36

　　SCRE

网络 37

有料

LSCR S26.1

网络 38

LD 2 接近托盘到位检测：I0.3

A 2 光电托盘到位检测：I2.2

AN 1 托盘到位接近：I0.2

A 龙门在安全位置：V4004.2

=# 启动 2 号搬运机：L0.7

网络 39

LD # 等待加工完成：L0.0

AN 1 托盘到位接近：I0.2

A 1 龙门 Y 上限：I1.4

AD= VD800, 1

S q62：M26.1, 1

S 变一 3：M24.2, 1

网络 40

LD 2 阻挡汽缸到位检测：I2.3

TON T183, 15

网络 41

LD T183

=# 复位搬运机二信号：L1.0

4 / 5

输送单元一步进(4), 联机 1 (SBR24)

网络 42

LD 1 手爪夹紧检测：I2.0

A 1 龙门 Y 上限：I1.4

O T186

R q62：M26.1, 1

R 变一 3：M24.2, 1

网络 43

LD 1 托盘到位接近：I0.2

TON T186, 8

网络 44

LD 1 手爪夹紧检测：I2.0

A 1 龙门 Y 上限：I1.4

SCRT S26.0

网络 45

SCRE

思考与复习

1. 在了解和熟悉输送单元的组成结构和工作原理后，测量出该系统的 I/O 分配地址，并尝试编写其中一个输送单元的控制程序。

2. 将输送单元的联动控制程序转换为梯形图。

任务 5　FANUC 六关节机器人单元的结构与工作流程

一、任务引入

在 YL-268 柔性制造系统中，FANUC 六关节机器人作为从站 14 共有 6 个活动轴，主要作用是将传输带上的工件取下放于视觉检测位置处，待比较结束后再将工件夹取放回到传输带上，整个过程都由 FANUC 六关节机器人完成。本实训的任务是使学生熟悉并掌握 FANUC 六关节机器人单元的结构和工作流程，并学会使用 FANUC 六关节机器人。

二、任务分析

(1) 了解 FANUC 六关节机器人的基本结构

(2) 熟悉各个关节名称及部件功能。

三、相关知识

1. 机器人关节的结构

图 4-81 所示为六关节搬运机器人总图，从图中我们可以了解六关节搬运机器人的组成。

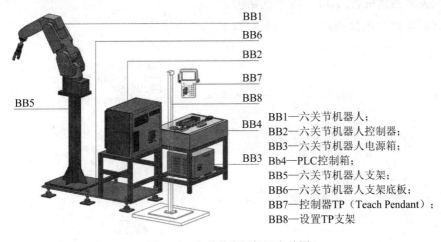

BB1—六关节机器人；
BB2—六关节机器人控制器；
BB3—六关节机器人电源箱；
Bb4—PLC控制箱；
BB5—六关节机器人支架；
BB6—六关节机器人支架底板；
BB7—控制器TP（Teach Pendant）；
BB8—设置TP支架

图 4-81　六关节搬运机器人总图

2. 六关节搬运机器人 J5、J6 轴的结构

如图 4-82 和图 4-83 所示，六关节搬运机器人有 6 个活动关节 J1、J2、J3、J4、J5 和 J6，每个关节的活动角度在图中已标注清楚。J5 轴带动安装有机器人手爪的关节作上下、旋转运动。J6 轴带动机器人手爪作 720° 旋转。

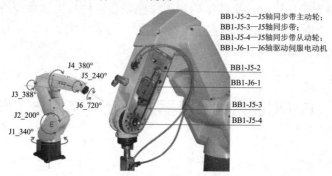

图 4-82　J5 轴传动示意图

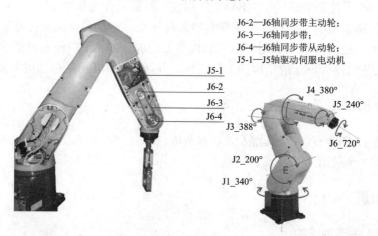

图 4-83　J6 轴传动示意图

3. 六关节搬运机器人 J3、J4 轴的结构

图 4-84 为 J3 轴的结构图，图 4-85 为 J4 轴的结构图。

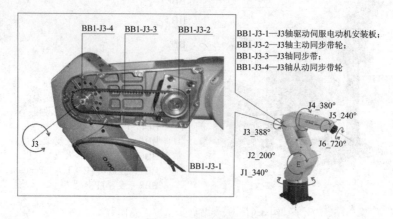

图 4-84　J3 轴的结构

BB1-J4-1—J4轴驱动伺服电动机

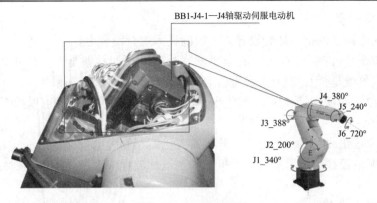

图 4-85 J4 轴的结构

4．J1～J6 轴的旋转角度

J1～J6 轴的旋转角度如表 4-18 所示。

表 4-18 J1～J6 轴的旋转角度

关节轴	说 明
J1	机器人底部关节，电机功率最大，带减速机，0°～340°
J2	机器人第二关节，电机带减速机，0°～340°
J3	机器人第三关节，电机带减速机 0°～370°
J4	机器人第四关机，旋转轴电机带减速机 0°～380°
J5	机器人第五关机，电机不带减速机 0°～240°
J6	机器人第六关机，电机不带减速机 0°～720°

5．六关节机器人开机步骤

六关节机器人的输入电压采用三相 200 V 电压(变压器三相 380 V 变三相 200 V)。其总控配电箱如图 4-86 所示。

B01 B02 B03 B04 B05 B06

B01—开关电源24V输出；
B02—接线端子；
B03—S7-200-226CN；
B04—机器人IO通信1；
B05—通信模块EM277；
B06—机器人IO通信1

图 4-86 总控配电箱

1) 上电之前

(1) 检查整个电气线路是否存在多余的部件，避免出现短路的现象。

(2) 查看机器人与视觉比对设备跟 PLC 相关的连接线是否接好，机器人与视觉的电源及其他连接线是否插好，气压是否合适，确认没问题后就可以上电。

2) 上电后第一步

(1) 观察配电箱红色指示灯有没有亮，以确认系统有没有电。

(2) 急停按钮是否在旋开位置，在单机测试时单机/联机按钮是否打到单机位置。

(3) 是否上气或是否有物料(正确为已上气、无物料)。

满足(1)、(2)、(3)三点且配电箱绿色指示灯以 2 Hz 的频率闪烁时可以按下复位按钮。

3) 系统复位

在按下复位按钮或有复位信号后，若机器人已就绪则配电箱绿色指示灯灭，否则等待机器人就绪后配电箱绿色指示灯灭。若机器人在运行过程中报警后停止，则将机器人重新上电进行复位。

4) 系统的运行与停止

在复位完成后，系统处于等待状态。

一旦系统就绪，配电箱绿色指示灯就会熄灭；反之，绿色指示灯以 1 Hz 的频率闪烁。待系统就绪后，按下启动按钮，系统即可启动。

单机操作机器人将物料从传输带上夹取并送到视觉检测口进行物料比对的过程如下：

(1) 等待信号。

(2) 按下启动按钮(单机)，等待主站信号(联机)。

(3) 机器人启动向传输带移动夹料，将物料搬运到视觉检测位置，等待视觉检测。

(4) 视觉接收到机器人搬运到位的信号后，视觉传感器开始进行检测，检测完毕后，等待机器人来夹料。

(5) 机器人从视觉检测位置夹料，将其搬运到传输带上。

(6) 机器人返回初始位置，发送执行完成信号。

5) 系统急停处理

在机器人运行的过程中如果出现故障，可以随时按下急停按钮进行一个紧急停止动作。在按下急停按钮后绿色指示灯熄灭，黄色指示灯亮。在旋开急停按钮后，系统保持原来的位置不变，绿色指示灯以 1 Hz 的频率闪烁。排除故障后，可以按下复位按钮进行复位。

四、任务实施

1. 任务要求和目的

(1) 了解 FANUC 六关节机器人遥控操作。

(2) 熟悉手动机器人各个关节的手动运行。

2. 任务实施

1) 熟悉机器人遥控操作

机器人遥控操作装置的作用主要如下：

(1) 点动机器人。

(2) 编写机器人程序。

(3) 试运行程序。

(4) 控制机器人自动运行。

(5) 查阅机器人的状态(I/O 设置，位置，焊接电流)。

2) 机器人控制器操作面板(O/P)机能

机器人控制器操作面板如图 4-87 所示，图中各标注说明如表 4-19 所示。

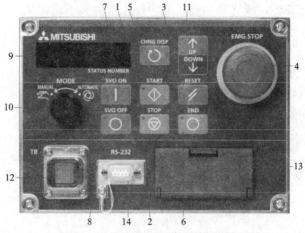

图 4-87 机器人控制器操作面板

表 4-19 机器人控制器操作面板标注说明

标号	名 称	说 明
1	START 开始按钮	执行程序使机器人动作，且程序将连续运转
2	STOP 停止按钮	立刻使机器人停止，但伺服不会关闭
3	RESET 复位按钮	解除报警，解除程序中断状态并设定程序
4	EMG.STOP 紧急停止按钮	将机器人紧急停止(SERVO OFF)
5	CHNG DISP 显示切换按钮	将显示面板的内容按「OVERRIDE 」→「行号码」→「程序号码」→「使用者情报」→「制造商情报」的顺序切换
6	END 结束按钮	将执行中的程序停止在最终行或 END
7	SVO.ON 按钮	接通伺服电源(SERVO ON)
8	SVO. OFF 按钮	切断伺服电源(SERVO OFF)
9	显示面板	显示异警号码、程序号码、 OVERRIDE 值 (%)等信息
10	MODE 切换开关 AUTOMATIC MANUAL	切换机器人的操作权。可由操作面板或外部机器来进行操作，而无法由教导盒操作。操作面板和外部机器的连接必须用参数设定。教导盒为有效时，只有教导盒的操作有效，无法由外部机器及操作面板进行操作
11	UP/DOWN 按钮	在显示面板中显示上页、下页
12	控制器连接接头	连接教导盒专用的接头。未使用教导盒时，需连接附属的仿制接头
13	界面防护盖	打开防护盖，可看到 USB 界面及电池。CRnQ-700 系列未使用界面防护盖
14	RS-232 接口	用来连接计算机 RS-232 的接头。CRnQ-700 系列没有安装接头

3) 教导盒(T/B)的机能

教导盒(T/B)的外形如图 4-88 所示，其上标注说明如下：

(1) **EMG.STOP** 开关：一个有上锁功能的按钮式开关，在紧急停止时使用。按下此开关则伺服功能关闭，且无论教导盒在有效/无效状态，机器人都会立刻停止。要取消此状态应将开关向右顺时针旋转，或向外拉起。紧急停止开关按下时，机器人会变成报警状态。开关解除后，应进行报警的重新设置。

(2) **TB ENABLE** 开关：用于对教导盒的按键操作为有效或无效进行切换的开关。此开关为交替的开关，教导盒有效时，开关内的灯会亮起，且前面的 ENABLE 灯也会亮起。使用教导盒操作机器人时，务必设置教导盒为有效。教导盒有效的情况下，教导盒的操作有优先权，无法由控制器或其他外部设备控制，否则应将教导盒设定为无效(DISABLE)。

(3) **ENABLE** 开关(三状态开关)：位于教导盒的背面，在 MANUAL 模式下，放开此开关或强压下此开关，会使伺服功能关闭。若要在伺服功能开启的状态下进行 JOG 和 STEP 等操作，则应轻压此开关。

另外，当执行紧急停止及伺服功能关闭操作时，因为处于伺服关闭状态，所以仅管只压下 ENABLE 开关，伺服功能也不会启动。

因此 ENABLE 开关对应如下三种状态：① 没有押下时：机器人无法动作；② 轻押下时：机器人可以动作及示教；③ 用力押下时：机器人无法动作。

(a) 正面

1—EMG.STOP开关；2—TB ENABLE开关；
3—ENABLA开关；4—显示面板；
5—显示状态灯；6—F1、F2、F3、F4键；
7—FUNCTION键；8—STOP键；
9—OVRD↑、OVRD↓键；10—JOG操作键；
11—SERVO键；12—MONITOR键；
13—JOG键；14—HAND键；
15—CHARACTER键；16—RESET键；
17—↑↓←→键；18—CLEAR键；
19—EXE键；20—数字/文字键

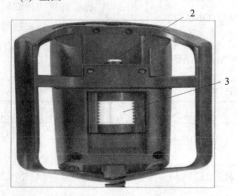

(b) 背面

图4-88　教导盒(T/B)

(4) 显示面板：显示教导盒做运行程序的内容或机器人的状态。

(5) 显示状态灯：显示教导盒及机器人的状态，共有四种状态。

POWER：教导盒有电源供给时，绿色灯亮起。

ENABLE：教导盒为有效状态时，绿色灯亮起。

SERVO：机器人在伺服功能开启中时，绿色灯亮起。

ERROR：机器人在异警状态时，红色灯亮起。

(6) F1、F2、F3、F4 键：每个键对应显示面板上相应的功能，按下即可进行操作。

(7) FUNCTION 键：转换键，用于切换机能显示，按 F1、F2、F3、F4 键变更分配机能。在显示屏的最下方有用反白字显示的 MENU，F1、F2、F3、F4 键以从左到右的顺序分配，按下对应的功能键，就可以选择显示的 MENU。

另外，在 MENU 右端显示"⇒"的情况下，除了当前的 MENU 显示，还有其他的 MENU 显示，按下 FUNCTION 键，就可以切换 MENU 显示。

(8) STOP 键：中断运转中的程序，使移动中的机器人减速停止。另外，在程序执行的过程中，STOP 键会中断执行。该按键和控制器前面的 STOP 键的功能相同，也有连接教导盒的状态，在没有按下 ENABLE 开关的情况下(ENABLE 灯没有亮起)，也可以使用。

(9) OVRD ↑、OVRD ↓ 键：可改变机器人的运行速度(OVERRIDE)。按下 OVRD ↑ 键，OVERRIDE 增加；按下 OVRD ↓ 键，OVERRIDE 减少。操作时的 OVERRIDE 变化将会显示在控制器的显示面板中。

(10) JOG 操作键：关节操作键，包括 –X(J1)～+C(J6)共 12 个键，对应关节 J1～J6 的 12 个方向的运行。

在 JOG 模式下，可以用此键执行 JOG 操作；在 HAND 模式下，可以用此键执行 HAND 操作。

(11) SERVO 键：使能键，运行机器人时，按下此键，机器人即可开启伺服功能。

(12) MONITOR 键：按下此键，会变成屏幕模式，显示屏幕 MENU。在屏幕模式时按下此键，则会回到屏幕模式前的画面。

(13) JOG 键：按下此键，会变成 JOG 模式，显示 JOG 画面。按下此键，再按显示面板上 –X(J1)～+C(J6)键中的任意一个，可使机器人的相应关节运动，共有三种运动方式：单轴运动，三轴一起运动、六轴一起运动。

(14) HAND 键：机械手操作键。按下此键，会变成 HAND 模式，显示 HAND 操作画面。按下此键后，再按下 +C(J6)键，机械手打开；按下 –C(J6)键，机械手夹紧。

(15) CHARACTER 键：教导盒在输入文字或数字时，通过使用此键来对文字及数字输入进行切换。

(16) RESET 键：机器人在报警状态下，按下此键可解除报警。此外，一边按下此键，一边按下 EXE 键，将会进行程序重设。

(17) ↑、↓、←、→ 键：可将光标以上、下、左、右方向来移动。

(18) CLEAR 键：在输入数字或文字时，按下此键，可删除光标上的 1 个文字。另外，长时间按住此键，将会删除光标输入范围的所有文字。

(19) EXE 键：确定输入操作。

另外，直接操作机器人时，继续按住此键，机器人会动作。

(20) 数字/文字键：在输入数字或文字时，按下此键会显示数字或文字。

4) 使用教导盒控制机器人运行

(1) 将控制器模式(MODE)转换开关切换到 MANUAL 位置，使教导盒有效。

(2) 将教导盒背面的 TB ENABLE 开关按下，此时该按钮的灯会亮，表示教导盒有效。

(3) 将 ENABLE 开关用手向左或者向右轻压下，机器人可以动作及示教。

(4) 按 EXE 键，使教导盒出现如图 4-89 所示的窗口。

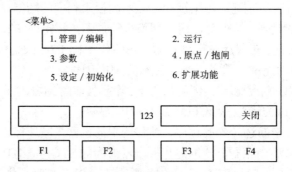

图 4-89　菜单窗口

在菜单窗口中，教导盒共有 6 项功能，要选择哪一项功能，可使用光标移动键进行移动。图 4-89 中选择了管理/编辑功能。在窗口的最下面出现了 4 个方框，分别对应显示屏外的 F1、F2、F3、F4 键。在图 4-89 所示的窗口中，按下 F4 键即可关闭该窗口。

(5) 按下 EXE 键，进入管理/编辑窗口，如图 4-90 所示。

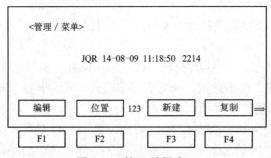

图 4-90　管理/编辑窗口

该窗口有 4 项功能，按下对应的 F1～F4 键，就能进入相应的操作窗口。

(6) 按下教导盒上的 JOG 键，再按下 SERVO 键，就可进行机器人 J1～J6 轴的操作，操作窗口如图 4-91 所示。

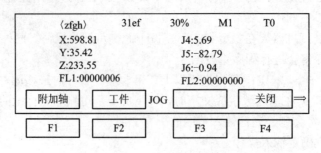

图 4-91　轴的操作窗口

图 4-91 中，30% 为 J1～J6 轴运行的速度，通过按 OVRD ↑、OVRD ↓ 键可以改变轴运行的速度，但不要太快，30% 就是正常动作速度。其他显示的是各轴的坐标，随着轴的运动，其坐标值也在改变。

(7) 按下图 4-91 中的 F2 键，进入轴的操作窗口，如图 4-92 所示。再按下 F2 键，进入"直交"操作，每次只能操作一个轴的运动，每个运动有 2 个方向。教导盒上的 X 控制 J1 轴的运动，Y 控制 J2 轴的运动，Z 控制 J3 轴的运动，A 控制 J4 轴的运动，B 控制 J5 轴的运动，C 控制 J6 轴的运动。正负表示每个轴有 2 个运动方向。

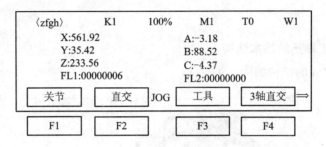

图 4-92　轴的操作窗口

按 F4 键，进入"3 轴直交"操作，每次可控制 3 个轴的操作，速度运行设置为 100%，虽然这会有一定的危险性，但运动到极限位置时机器人会报警。

(8) 按以上操作可控制 J1～J6 轴的自由运动。若要夹起工件，则需按下教导盒上的 HAND 键，然后按下 +C(J6)键，机械手打开，按下 –C(J6)键，机械手夹紧。

(9) 若要停止操作，则松开教导盒后的 ENABLE 开关，即可停止教导盒的操作。

(10) 若要返回到初始窗口，则按窗口上的 FUNCTION 键，当 F4 键上出现"关闭"时按下 F4 键，即可返回初始窗口。

思考与复习

在了解和熟悉机器人控制器、教导盒的操作方法后，实际操作机器人从传输带上夹取一个工件搬运到视觉比对口中，并放下工件，然后再夹取重新搬运到传输带上。

任务 6　热处理加工单元的结构与工作流程

一、任务引入

在 YL-268 柔性制造系统中，热处理加工单元为从站 13，它的主要工作是当传输带上有要进行热加工处理的金属物料到达热加工前方停止时，机械手启动，将物料从传输带的托盘上取出，放到加热炉中，加热一定时间后再将物料取出放到冷却罐中，经过一定时间的延时后，再把物料送到传输带上的托盘中，并向主机发送热加工完成信号。在机械手动作时可以随时按下停止按钮，在按下停止按钮后系统运行完这一周期后即可停止。本实训的任务是熟悉并掌握热处理加工单元的结构和工作流程,并学会 PID 编程方法。

二、任务分析

(1) 了解热处理加工单元的基本结构。

(2) 熟悉热处理加工单元的运行情况及注意事项。

(3) 了解热处理加工单元的控制程序。

三、相关知识

1. 热处理加工单元的基本结构

热处理加工单元的结构如图 4-93 所示。

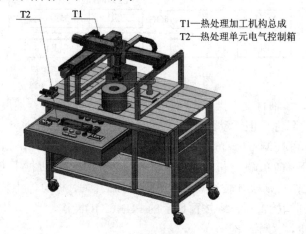

图 4-93　热处理加工单元的结构

热处理加工单元可以实现 6 个方向的运动,X 轴直线执行器带动手爪作前后运动,Y 轴直线执行器带动手爪作水平左右运动,Z 轴直线执行器带动手爪作上下运动。各部件的分解说明如图 4-94 所示。

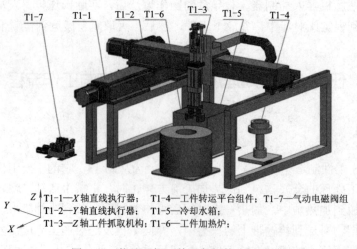

图 4-94　热处理加工单元各部件分解说明

1) X轴直线执行器分解图

X轴直线执行器分解图如图4-95所示。X轴直线执行器由步进电动机驱动，带动机械手爪作前后运动。该执行器上装有前后限位开关、复位(回原点)传感器。

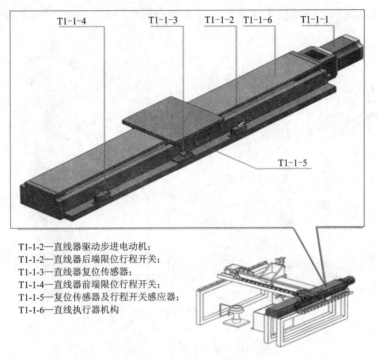

T1-1-2—直线器驱动步进电动机；
T1-1-2—直线器后端限位行程开关；
T1-1-3—直线器复位传感器；
T1-1-4—直线器前端限位行程开关；
T1-1-5—复位传感器及行程开关感应器；
T1-1-6—直线执行器机构

图 4-95 X轴直线执行器分解图

2) Y轴直线执行器分解图

Y轴直线执行器分解图如图4-96所示。Y轴直线执行器由步进电动机驱动，带动机械手爪作左右运动。该执行器上装有左右限位开关、复位(回原点)传感器等。

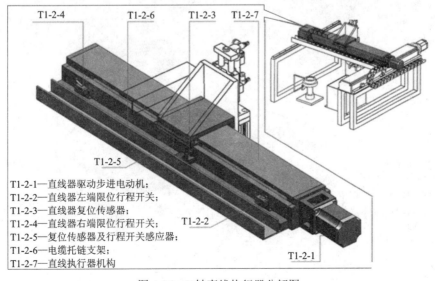

T1-2-1—直线器驱动步进电动机；
T1-2-2—直线器左端限位行程开关；
T1-2-3—直线器复位传感器；
T1-2-4—直线器右端限位行程开关；
T1-2-5—复位传感器及行程开关感应器；
T1-2-6—电缆托链支架；
T1-2-7—直线执行器机构

图 4-96 Y轴直线执行器分解图

3) Z轴直线执行器分解图

Z轴直线执行器分解图如图 4-97 所示。Z轴直线执行器由步进电动机驱动，带动机械手爪作上下运动。当有工件在运转平台上时，薄型汽缸驱动手爪抓住工件，搬运到加热炉内加热，加热完成后，再抓住工件放置于储水槽中进行冷却，最后放回运转平台上。

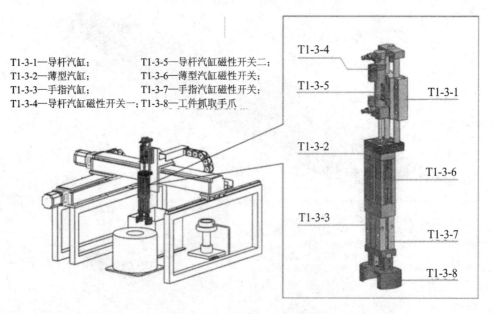

T1-3-1—导杆汽缸；
T1-3-2—薄型汽缸；
T1-3-3—手指汽缸；
T1-3-4—导杆汽缸磁性开关一；
T1-3-5—导杆汽缸磁性开关二；
T1-3-6—薄型汽缸磁性开关；
T1-3-7—手指汽缸磁性开关；
T1-3-8—工件抓取手爪

图 4-97　Z轴直线执行器分解图

4) 工件运转平台分解图

工件运转平台分解图如图 4-98 所示。由传输带将工件放入工件运转平台组件中，再由Z轴直线执行器抓取进行处理。

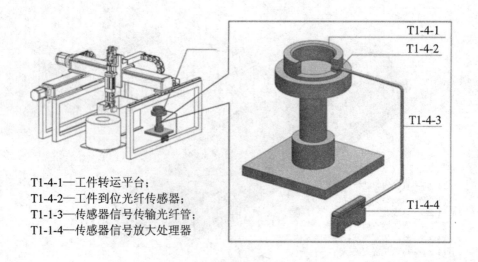

T1-4-1—工件转运平台；
T1-4-2—工件到位光纤传感器；
T1-1-3—传感器信号传输光纤管；
T1-1-4—传感器信号放大处理器

图 4-98　工件运转平台分解图

5) 工件加热炉分解图

工件加热炉分解图如图 4-99 所示。

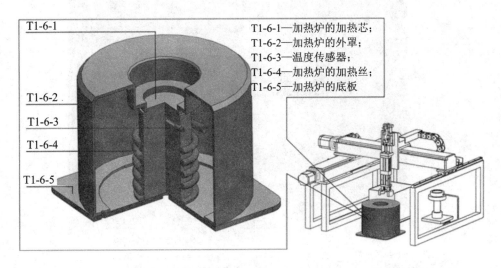

T1-6-1—加热炉的加热芯；
T1-6-2—加热炉的外罩；
T1-6-3—温度传感器；
T1-6-4—加热炉的加热丝；
T1-6-5—加热炉的底板

图 4-99 工件加热炉分解图

6) 气动电磁阀总成

气动电磁阀总成如图 4-100 所示，它由双线圈电磁阀、单线圈电磁阀、汽缸汇流板和消声器等组成。

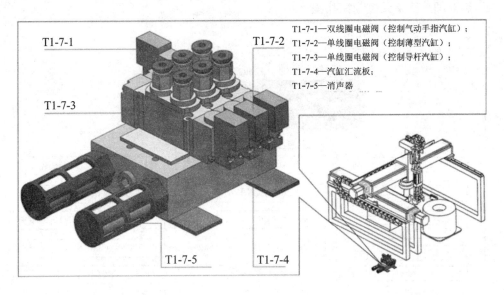

T1-7-1—双线圈电磁阀（控制气动手指汽缸）；
T1-7-2—单线圈电磁阀（控制薄型汽缸）；
T1-7-3—单线圈电磁阀（控制导杆汽缸）；
T1-7-4—汽缸汇流板；
T1-7-5—消声器

图 4-100 电磁阀总成

7) 热处理单元电气控制箱总成

热处理单元电气控制箱的组成如图 4-101 所示。

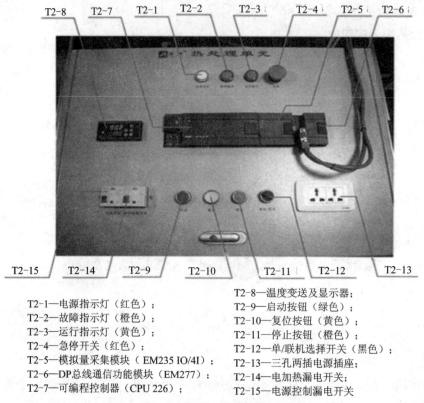

T2-8—温度变送及显示器；
T2-9—启动按钮（绿色）；
T2-10—复位按钮（黄色）；
T2-11—停止按钮（橙色）；
T2-12—单/联机选择开关（黑色）；
T2-13—三孔两插电源插座；
T2-14—电加热漏电开关；
T2-15—电源控制漏电开关

T2-1—电源指示灯（红色）；
T2-2—故障指示灯（橙色）；
T2-3—运行指示灯（黄色）；
T2-4—急停开关（红色）；
T2-5—模拟量采集模块（EM235 IO/4I）；
T2-6—DP总线通信功能模块（EM277）；
T2-7—可编程控制器（CPU 226）；

图 4-101 热处理单元电气控制箱总成

2. 热处理加工单元控制拓扑图

1) X 轴、Y 轴控制拓扑图

X 轴、Y 轴控制拓扑图如图 4-102 所示。

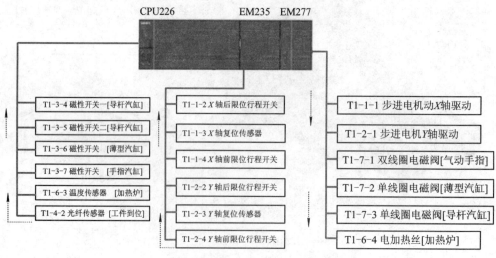

图 4-102 X 轴、Y 轴控制拓扑图

2) 电气控制箱控制拓扑图

电气控制箱控制拓扑图如图 4-103 所示。

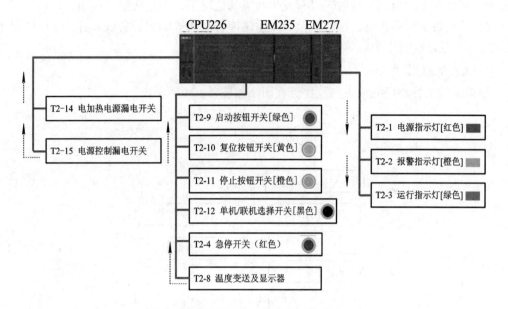

图 4-103 电气控制箱控制拓扑图

四、任务实施

(一) 热处理加工单元动作控制

1. 任务要求和目的

(1) 了解热处理加工单元的工作情况。

(2) 编写 PLC 程序，达到热处理加工单元各工序控制要求。

2. 任务实施

1) 单机操作

(1) 上电复位。

① 上电前确保行车横向、纵向没有越位。

② 将单机/联机选择旋钮置于单机位置。

③ 按下复位按钮，复位开始。

④ 行车横向、纵向若不处于原点位置，则分别低速爬行至原点。

(2) 注意事项。

① 打开电气控制箱之前，必须拔掉电源进线。

② 井式加热炉高温危险，不可触摸。

③ 复位前应确保行车横向、纵向没有越位。

④ 在设备正常自动运行时，务必不要人为碰触微动开关和干扰光电传感器，否则将使程序误判断导致设备不能正常运行，并且可能造成设备部件的永久性损坏。

⑤ 在设备正常自动运行时，不允许人为碰触运动的机构，否则将导致设备不能正常运行，并且也可能造成设备部件的永久性损坏。

⑥ 在设备正常自动运行时，没有发生故障的情况下，不要按急停按钮。

⑦ 在设备运行不正常且即将或已经发生碰撞等直接影响到设备或人身安全的情况下，应立即按下急停开关以免故障扩大。

2) 工序流程图

根据工件运行顺序完成控制程序流程图，如图 4-104 所示。

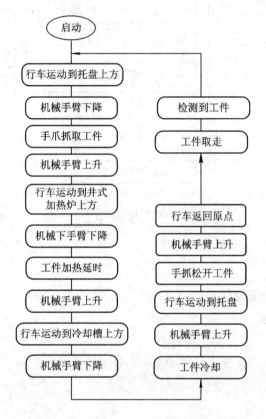

图 4-104　热处理加工单元动作流程图

3) X 轴、Y 轴的控制及保护

X 轴、Y 轴的控制由 PLC 两路 PTO 脉冲输出(Q0.0、Q0.1)及方向信号(Q0.2、Q0.3)分别通过两个步进驱动器，驱动 X 轴与 Y 轴步进电动机实现平面双轴定位。两个槽型光耦分别提供 X 轴与 Y 轴的原点位置信号。在 X 轴及 Y 轴两端分别安装两个串联的微动开关，作为 X 轴及 Y 轴的越位保护。一旦发生越位，微动开关常闭接点断开，则继电器线圈失电而直接断开驱动器电源，同时继电器常开接点断开，输出越位信号至 PLC，由 PLC 停止 PTO 脉冲输出。

(二) 淬火炉的温度控制

1. 任务要求和目的

(1) 了解热处理加工单元淬火炉的温度控制回路。

(2) 了解淬火炉温度控制回路的各元器件。

(3) 使用 PID 控制淬火炉的温度。

2. 任务实施

1) 淬火炉的温度控制回路

淬火炉的加温元件采用 800 W 电热圈。XMT-8000 作为温度显示面板直接显示温度值，同时具有智能温度变送器的功能，可将输入的温度传感器信号转变为 0～5 V 模拟电压信号输出至模拟量模块 EM235。模拟量模块 EM235 将 0～5 V 模拟电压信号经 A/D 转换为对应数字量反馈给 CPU266。CPU266 根据温度反馈值与设定值通过 PID 调节运算输出一个数字量给 EM235，经 EM235D/A 转换成对应的 0～10 V 模拟量并输出到调压模块控制电压输入端，调压模块根据输入隔离的控制电压输出对应的 10～220 V 单相交流电压到电热圈，形成一个温度的闭环控制。

2) EM235 模拟量扩展模块

EM235 外部接线如图 4-105 所示。模块上部有 12 个端子，每 3 个为一组，共 4 组，每组可作为 1 路模拟量的输入通道(电压信号或电流信号)。输入信号为电压信号时，用 2 个端子(如 A+、A−)；输入信号为电流信号时，用 3 个端子，应将(RA 与 A+)或(RB 与 B+)、(RC 与 C+)、(RD 与 D+)短接，未用的输入通道应短接(如 B+、B−)。

模块下部电源右边的 3 个端子是 1 路模拟量输出(电压或电流信号)，V0 端接电压负载，I0 端接电流负载，M0 端为公共端。

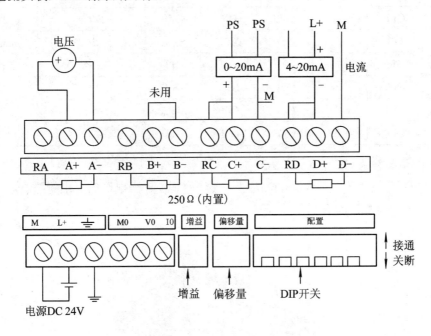

图 4-105　EM235 外部接线

4 路输入模拟量地址分别是 AIW0、AIW2、AIW4、AIW6；1 路输出模拟量地址是 AQW0。

模块下部模拟量输出端的右边分别是增益校准电位器、偏移量校准电位器和配置设定 DIP 开关。

用来选择模拟量量程和精度的 EM235 DIP 开关设置表见表 4-20 所示，开关 SW1～SW6

处于位置 ON 时为接通，处于位置 OFF 时为关断。

表 4-20　用来选择模拟量量程和精度的 EM235 DIP 开关设置

单极性						满量程输入	分辨率
SW1	SW2	SW3	SW4	SW5	SW6	满量程输入	分辨率
ON	OFF	OFF	ON	OFF	ON	0～50 mV	12.5 μV
OFF	ON	OFF	ON	OFF	ON	0～100 mV	25 μV
ON	OFF	OFF	OFF	ON	ON	0～500 mV	125 μV
OFF	ON	OFF	OFF	ON	ON	0～1 V	250 μV
ON	OFF	OFF	OFF	OFF	ON	0～5 V	12.5 mV
ON	OFF	OFF	OFF	OFF	ON	0～20 mA	5 μA
OFF	ON	OFF	OFF	OFF	ON	0～10 V	2.5 mV
双极性						满量程输入	分辨率
SW1	SW2	SW3	SW4	SW5	SW6	满量程输入	分辨率
ON	OFF	OFF	ON	OFF	OFF	±25 mV	12.5 μV
OFF	ON	OFF	ON	OFF	OFF	±50 mV	25 μV
OFF	OFF	ON	ON	OFF	OFF	±100 mV	50 μV
ON	OFF	OFF	OFF	ON	OFF	±250 mV	125 μV
OFF	ON	OFF	OFF	ON	OFF	±500 mV	250 μV
OFF	OFF	ON	OFF	ON	OFF	±1 V	500 μV
ON	OFF	OFF	OFF	OFF	OFF	±2.5 V	1.25 mV
OFF	ON	OFF	OFF	OFF	OFF	±5 V	2.5 mV
OFF	OFF	ON	OFF	OFF	OFF	±10 V	5 mV

3) 单相调压模块 HHT3-U/22 10A

单相调压模块的外形如图 4-106 所示。其作用是使输出电压的大小随控制电压的大小变化，其结构及原理如图 4-107 所示。

图 4-106　单相调压模块的外形

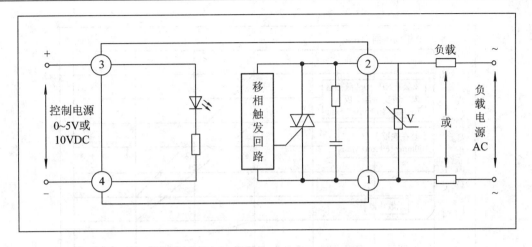

图 4-107　单相调压模块的结构及原理

单相调压模块 HHT3-U/22 的性能指标如表 4-21 所示。其温度特性和控制特性如图 4-108 和图 4-109 所示。

表 4-21　单相调压模块 HHT3-U/22 的性能指标

产品型号	HHT3-U/22　10～100 A　(SSR-VA)
产品名称	全隔离单相调压模块
控制方式	0～5 V DC、0～10 V DC、4～20 mA 调整
负载电压	220 V AC
调压范围	10～250 V AC
隔离电压	有源型　全隔离
断态漏电流	≤10 mA
输出电流	10、20、30、40、100A
瞬态电压	22、600 V AC
通态压降	<1.6 V AC
介质耐压	≥2500 V AC
绝缘电阻	500 MΩ 500 V DC 测试
环境温度	−30～80℃
外形尺寸	106×75×31.5 (长×宽×高)
工作指示	LED
安装方式	螺栓固定
产品重量	10 A 的小于等于 390 g，40 A 的小于等于 470 g，100 A 的小于等于 540 g
说明	负载 10 A 以上必须配装散热器，0～5(10) V DC 手动调整或自动调整

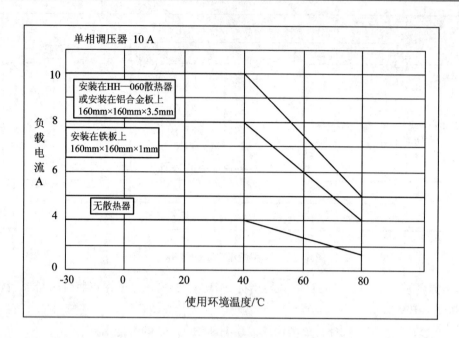

图 4-108　单相调压模块 HHT3-U/22 的温度特性

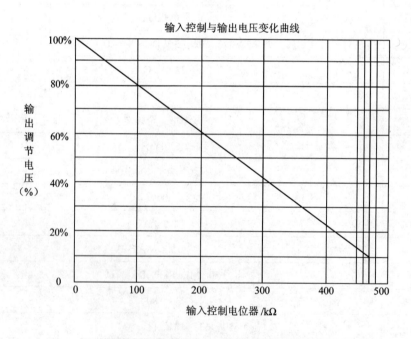

图 4-109　单相调压模块 HHT3-U/22 的控制特性

4) 温度控制程序

　　使用 SETP7 编程软件的编程向导可以设置 PID 温度控制子程序,在主程序中调用 PID 子程序,设置相应参数并调试程序。温度控制 PID 子程序如图 4-110 所示。

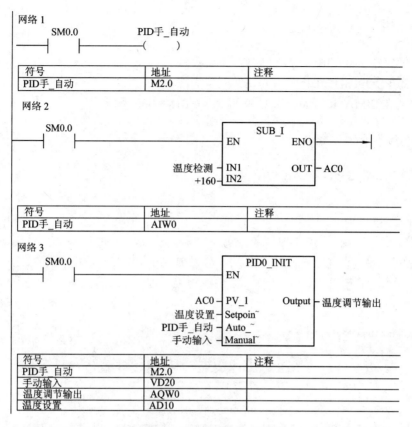

图 4-110 温度控制 PID 子程序

思考与复习

1. 在了解和熟悉热处理单元的组成结构和工作原理后,尝试编写 X、Y、Z 轴的控制程序。

2. 使用 PID 回路控制指令编写淬火炉的温度控制程序,下载并调试运行。

任务 7 PROFIBUS-DP 网络应用

一、任务引入

在 YL-268 柔性制造系统中,包括 2 个主站,即 S7-300 PLC CPU315-2DP 主站和西门子 WinCC flexible 触摸屏主站,以及 13 个由 S7-200 PLC 控制的单元组成的从站。每个从站与主站之间通过 PROFIBUS-DP 总线进行通信,传递和接收控制信号。本实训的任务是使学生熟悉并掌握 PROFIBUS-DP 总线的组成原理,并学会编程,达到使用 PROFIBUS-DP 总线通信的目的。

二、任务分析

(1) 了解组成 PROFIBUS-DP 网络的主要设备。

(2) 熟悉 PROFIBUS-DP 网络的硬件配置步骤。

(3) 实现在 SIMATIC Manager 中编写 PROFIBUS-DP 网络程序。

三、相关知识

1. PROFIBUS-DP 网络的硬件配置

1) 系统组成

总站采用 S7-300-315 2DP 主机，通信方式为 DP 总线，主要负责从站之间的数据交换和通信监控。系统中共有 12 个从站：从站 3 入料仓库 1、从站 4 入料仓库 2、从站 5 出料仓库、从站 6 三轴龙门搬运机器人、从站 7 输送单元 1、从站 8 输送单元 2、从站 9 五轴搬运机器人、从站 11 输送单元 3、从站 12 装配加工单元、从站 13 热处理单元、从站 14 机器人视觉单元、从站 10 铣床加工单元和钻床加工单元。系统 DP 总线组成图如图 4-111 所示。

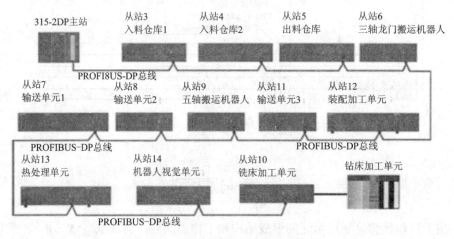

图 4-111　系统 DP 总线组成图

2) 主、从站设备

主站：S7-300 PLC，电源模块 PS307，CPU 为 315-2DP，数字量模块为 SM322。

从站：S7-200 PLC +EM277。

主、从网络如图 4-112 所示。

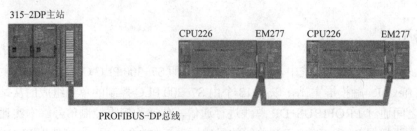

图 4-112　主、从网络

3) 组网步骤

总线通信采用 PROFIBUS DP 总线，具体组网步骤如下：

(1) S7-300 与 S7-200 通过 EM277 进行 PROFIBUS DP 通信，首先需要在 STEP7 中进行 S7-300 站组态，在 S7-200 系统中不需要对通信进行组态和编程，只需要将要进行通信的数据整理存放在 V 存储区，并与 S7-300 的组态 EM277 从站时的硬件 I/O 地址相对应就可以了。

(2) 建立主站。打开 STEP7 编程软件，插入一个 S7-300 的站，如图 4-113 所示。

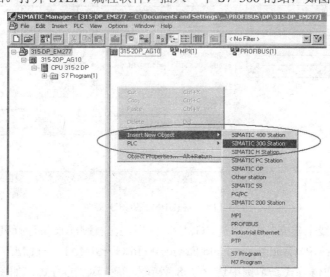

图 4-113　插入一个 S7-300 的站

(2) 选中 STEP7 的硬件组态窗口中的菜单 Options → Install New GSD，导入 SIEM089D.GSD 文件，安装 EM277 从站配置文件，如图 4-114 所示。

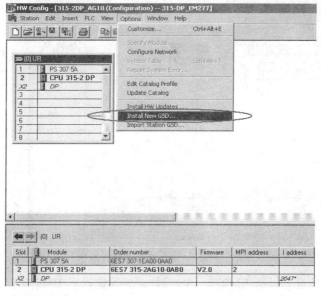

图 4-114　导入 GSD 文件

(3) 安装 EM277GSD 文件。在 SIMATIC 文件夹中有 EM277 的 GSD 文件，如图 4-115 所示。

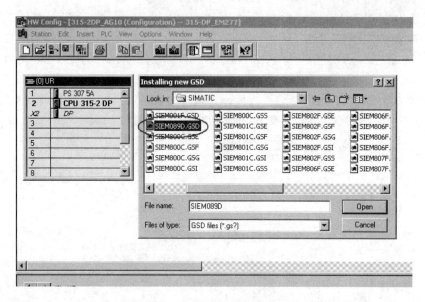

图 4-115　安装 EM277GSD 文件

(4) 在 DP 总线上建立从站。导入 GSD 文件后，在右侧的设备选择列表中找到 EM277 从站，PROFIBUS DP→Additional Field Devices→PLC→SIMATIC→EM277，并且根据通信字节数选择一种通信方式。本例中选择了 8 字节入/8 字节出的方式，如图 4-116 所示。

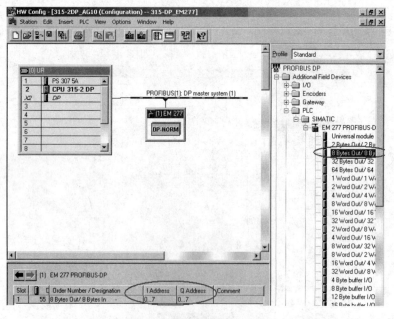

图 4-116　在 DP 总线上建立从站

(5) 设置从站地址。根据 EM277 上的拨位开关设定以上 EM277 从站的站地址，如图 4-117 所示。EM277 拨位开关的地址如图 4-118 所示，两者地址必须一致。

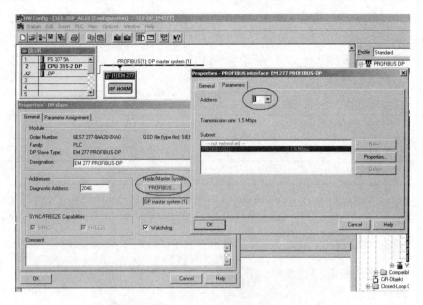

图 4-117 设置从站地址

图 4-118 EM277 拨位开关地址

(6) 下载。组态完系统的硬件配置后，将硬件信息下载到 S7-300 的 PLC 当中，如图 4-119 所示。

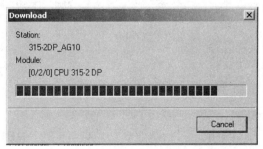

图 4-119 下载硬件信息

S7-300 的硬件下载完成后,将 EM277 的拨位开关拨到与以上硬件组态的设定值一致,在 S7-200 中编写程序,将进行交换的数据存放在 VB0～VB15,对应 S7-300 的 PQB0～PQB7 和 PIB0～PIB7。打开 STEP7 中的变量表和 STEP7 MicroWin32 的状态表进行监控,它们的数据交换结果如表 4-22 所示。

表 4-22　主从站数据交换表

S7-300(主站)	S7-200(从站)	
PQB0～PQB7	VB0～VB7	写
PIB0～PIB7	VB8～VB15	读

图 4-120 是 S7-300 PLC 与 S7-200 PLC 通信时的数据交换状态,图 4-121 是 S7-200 PLC 的状态图。

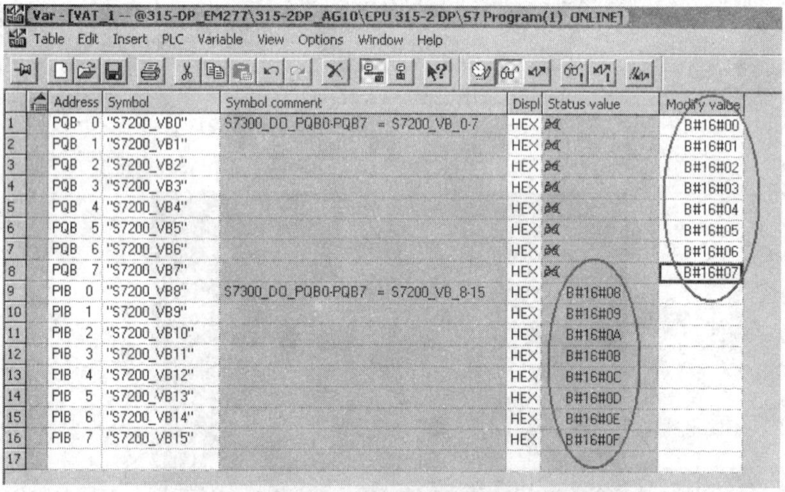

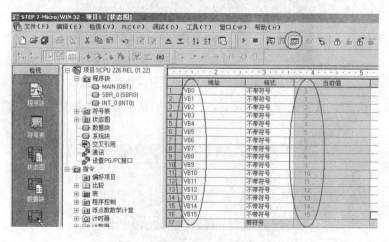

图 4-120　S7-300 PLC 与 S7-200PLC 通信时的数据交换状态

图 4-121　S7-200 PLC 状态图

注意:VB0～VB7 是 S7-300 写到 S7-200 的数据,VB8～VB15 是 S7-300 从 S7-200 读取的值。EM277 上拨位开关的位置一定要和 S7-300 中组态的地址值一致。

四、任务实施

1. 控制要求

设计一个单主站多从站控制系统。

2. 任务要求和目的

(1) 学习用 PROFIBUS-DP 网络实现单主站多从站控制系统。

(2) 能够实现单主站与多个从站之间的 DP 连接。

3. 任务实施

1) 控制原理

通过 EM277 PROFIBUS-DP 扩展从站模块，可将 S7-200 CPU 连接到 PROFIBUS-DP 网络。EM277 经过串行 I/O 总线连接到 S7-200 CPU。PROFIBUS 网络经过其 DP 通信端口连接到 EM277 PROFIBUS-DP 模块。这个端口可将 9600 Baud 和 12M Baud 之间的 PROFIBUS 波特率作为 DP 从站，EM277 模块接受从主站来的多种不同的 I/O 配置，向主站发送和接收不同数量的数据。这种特性使用户能修改所传输的数据量，以满足实际应用的需要。与许多 DP 站不同的是，EM277 模块不仅仅是传输 I/O 数据，还能读/写 S7-200 CPU 中定义的变量数据块，这样它使用户能与主站交换任何类型的数据。只需将数据移到 S7-200 CPU 的变量存储器中，就可将输入、计数值、定时器值或其他计算值传送到主站。

2) 建立主、从站

主站组成：电源模块 PS307，CPU315-2DP，数字量模块 SM322。

从站组成：从站 3，S7-200+EM277；从站 4，S7-200+EM277。

1 主站、2 从站 PROFIBUS-DP 的组成如图 4-122 所示。

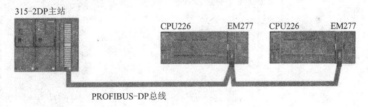

图 4-122　1 主站、2 从站 PROFIBUS-DP 的组成

3) 分配网络地址

主站与从站之间的通信地址分配如表 4-23 所示。

表 4-23　主站与从站之间的通信地址分配

S7-300(主站，两个字节)	S7-200(从站 3，两个字节)	功能
PQB2、PQB3	VB0、VB1	写
PIB2、PIB3	VB2、VB3	读
S7-300(主站，两个字节)	S7-200(从站 4，两个字节)	
PQB4、PQB5	VB0、VB1	写
PIB4、PIB5	VB2、VB3	读

4) 从站地址设置

把一个 EM277 通信模块地址设置为"3",另一个 EM277 通信模块地址设置为"4"(从站通信物理地址和组态地址一致)

5) 主站硬件组态步骤

总线通信采用 PROFIBUS DP 总线,即 S7-200 和 S7-300 之间数据的交换全部通过主站。具体操作步骤如下:

(1) 建立主站。S7-300 与 S7-200 通过 EM277 进行 PROFIBUS-DP 通信时,需要在 STEP7 中进行 S7-300 站组态,在 S7-200 系统中不需要对通信进行组态和编程,只需要将要进行通信的数据整理存放在 V 存储区,并与 S7-300 的组态 EM277 从站时的硬件 I/O 地址相对应就可以了。

插入一个 S7-300 的站,如图 4-123 所示。

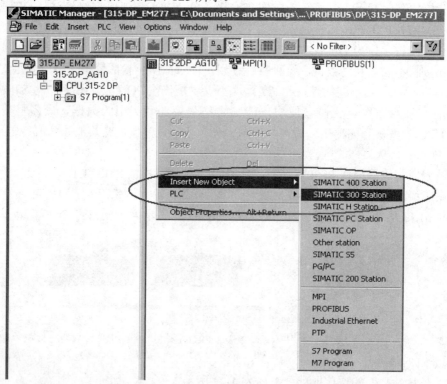

图 4-123   建立一个主站

(2) 安装 GSD 文件。如果 STEP7 中已经有 EM277 的 GSD 文件,就不用安装,直接进入步骤(4)步选用就行。没有 EM277 的 GSD 文件就进行下面的安装:选中 STEP7 的硬件组态窗口中的菜单 Option→Install New GSD,导入 SIEM089D.GSD 文件,安装 EM277 从站配置文件,如图 4-114 所示,在 SIMATIC 文件夹中可以看到 EM277 的 GSD 文件。

(3) 建立 2 个从站。导入 GSD 文件后,在右侧的设备选择列表中找到 EM277 从站,选择菜单 PROFIBUS DP→Additional Field Devices→PLC→SIMATIC→EM277,并且根据通信字节数选择一种通信方式。本例中选择了 2 字节入/2 字节出的方式,如图 4-124 和图 4-125 所示。

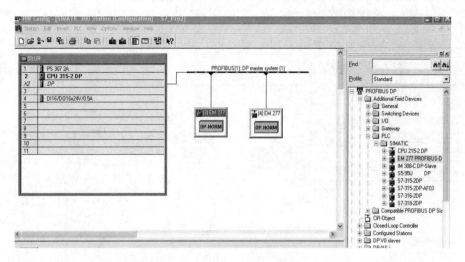

图 4-124　建立 2 个从站

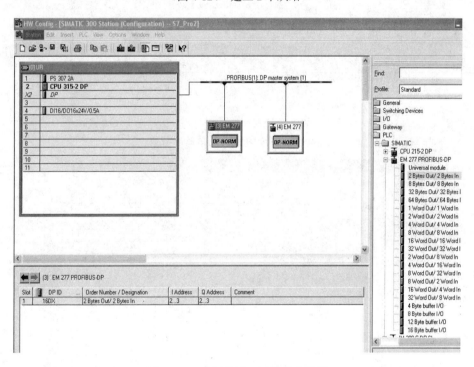

图 4-125　选择从站 3 通信的字节数

(4) 设置从站接收地址。在图 4-125 中设置了从站 3 的 PQB、PIB 地址为 2～3 各两个字节，在图 4-126 中设置了从站 4 的 PQB、PIB 地址为 4～5 各两个字节。该地址为 S7-300 PLC 主站的地址。从站对应主站的地址也要设置，点击从站 3 的 EM277 框，点击鼠标右键，在出现的菜单中点击"属性"，出现如图 4-127 所示的对话框，在"参数赋值"选项中，点击"设备专用参数"，点击"I/O Offset in the V-memory"，在右边出现的"数值"栏中，设置从站 3 的数据交换地址从 VB0(输入"0")开始。从站 4 的地址设置与上述方法相同。

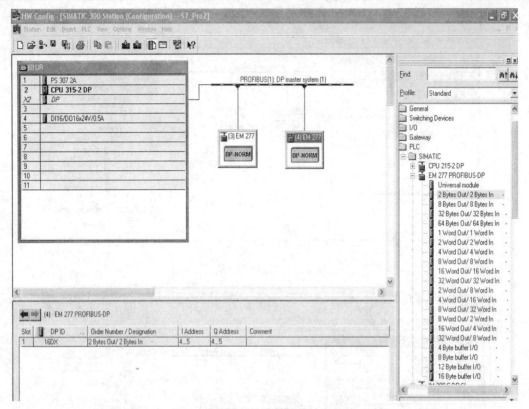

图 4-126 选择从站 4 通信的字节数

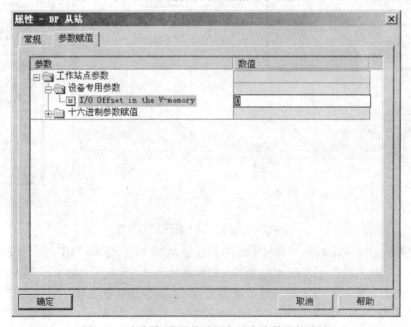

图 4-127 功赎罪 设置从站同主站交换数据的地址

6) 主站程序编写

(1) S7-300 主站写给从站 3 的位数据程序，如图 4-128 所示。

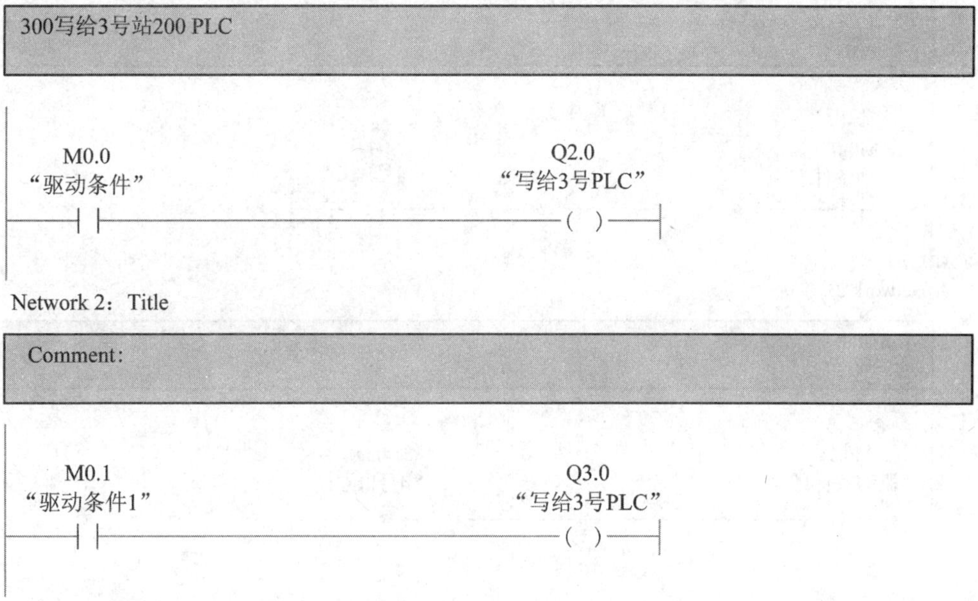

300写给3号站200 PLC

```
        M0.0                                    Q2.0
      "驱动条件"                               "写给3号PLC"
    ──┤ ├──                                    ──( )──
```

Network 2：Title

Comment：

```
        M0.1                                    Q3.0
      "驱动条件1"                              "写给3号PLC"
    ──┤ ├──                                    ──( )──
```

图 4-128 主站写给从站 3 的位数据程序

(2) S7-300 主站读取从站 3 的位数据程序，如图 4-129 所示。

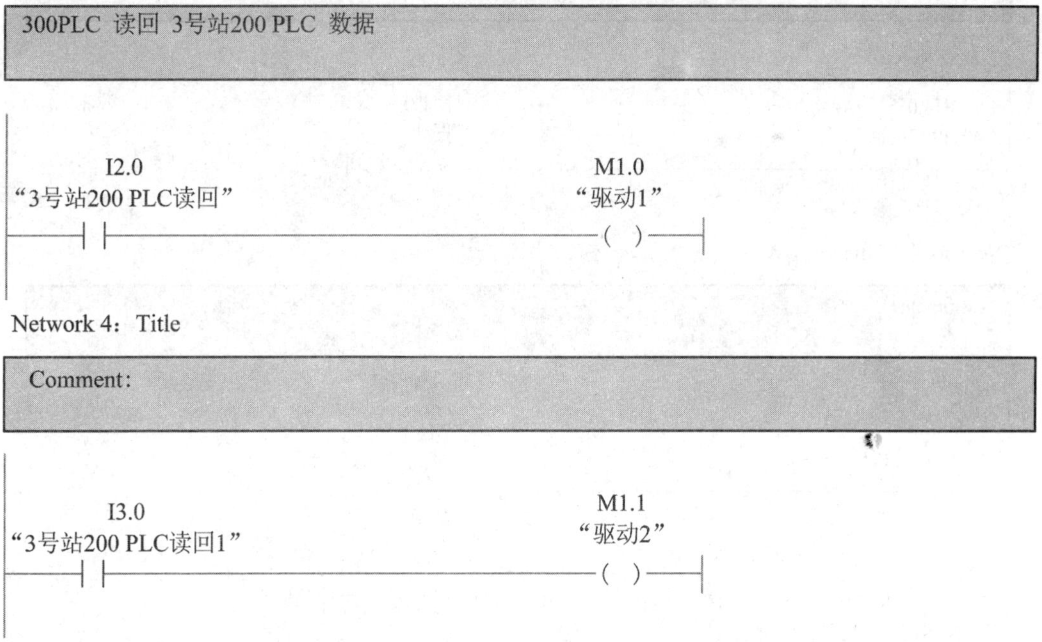

300PLC 读回 3号站200 PLC 数据

```
        I2.0                                    M1.0
   "3号站200 PLC读回"                          "驱动1"
    ──┤ ├──                                    ──( )──
```

Network 4：Title

Comment：

```
        I3.0                                    M1.1
   "3号站200 PLC读回1"                         "驱动2"
    ──┤ ├──                                    ──( )──
```

图 4-129 主站读取从站 3 的位数据程序

(3) S7-300 主站写给从站 4 的位数据程序，如图 4-130 所示。

300写4号站200 PLC

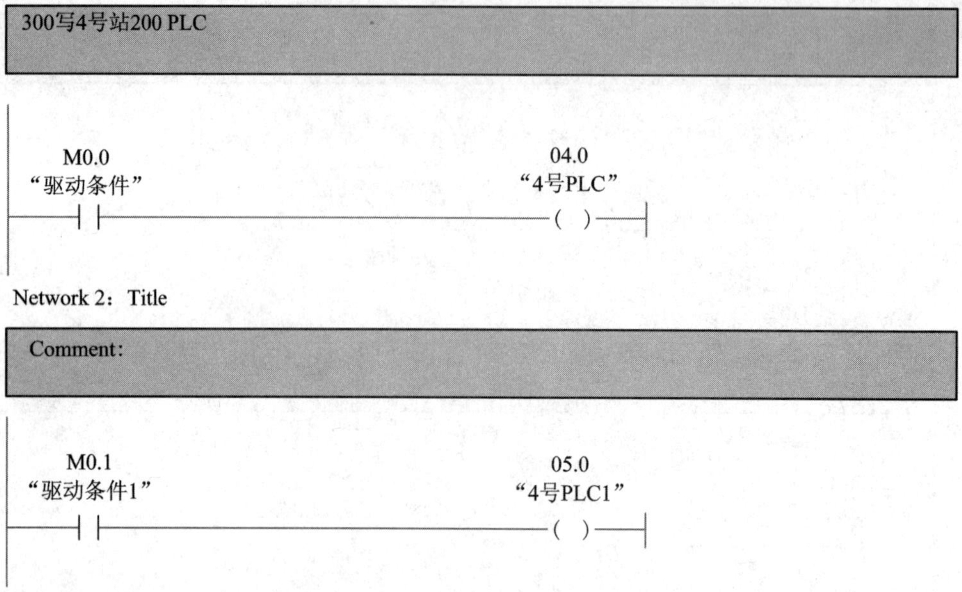

```
    M0.0                                      04.0
  "驱动条件"                                  "4号PLC"
─────┤ ├────────────────────────────────────( )─────

Network 2：Title

Comment：

    M0.1                                      05.0
  "驱动条件1"                                "4号PLC1"
─────┤ ├────────────────────────────────────( )─────
```

图 4-130　主站写给从站 4 的位数据程序

(4) S7-300 主站读取从站 4 的位数据程序，如图 4-131 所示。

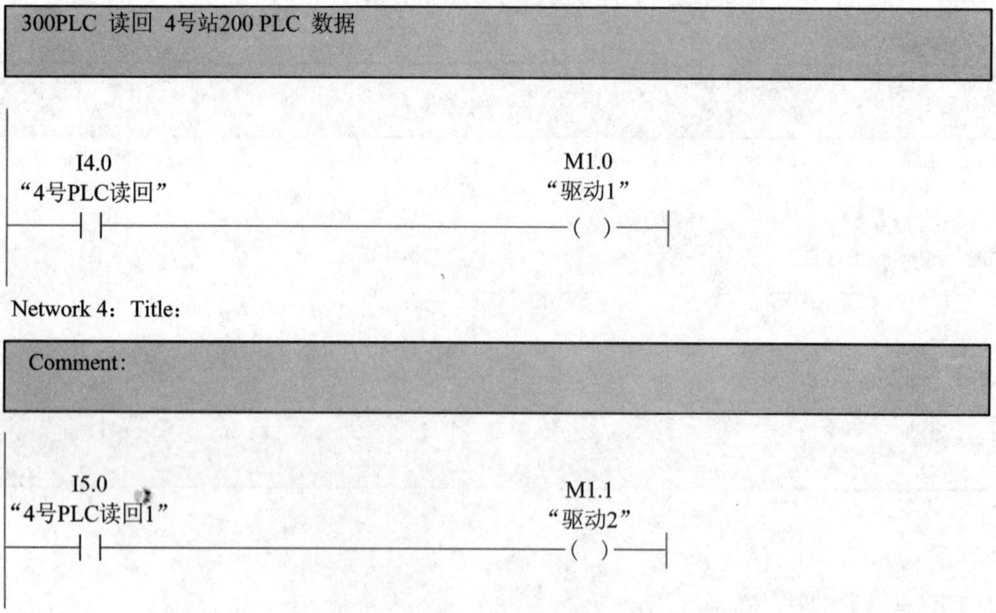

300PLC 读回 4号站200 PLC 数据

```
    I4.0                                      M1.0
  "4号PLC读回"                                "驱动1"
─────┤ ├────────────────────────────────────( )─────

Network 4：Title：

Comment：

    I5.0                                      M1.1
  "4号PLC读回1"                               "驱动2"
─────┤ ├────────────────────────────────────( )─────
```

图 4-131　主站读回从站 4 的位数据程序

主站和从站通过上图中的位数据进行通信。S7-200 中不需要程序，只需通过状态表进行监控就可以了。

7) 实验结果

(1) 主站 S7-300PLC 读/写远程 S7-200PLC 3 号站的通信数据，记录数据于表 4-24 中。

表 4-24 主站读/写从站 3 的通信数据

PLC300 主站	修改	PLC200 3 号站	监视
PQB2		VB0	
PQB3		VB1	
PIB2		VB2	
PIB3		VB3	

(2) 主站 S7-300PLC 读/写远程 S7-200PLC 4 号站的通信数据，记录数据于表 4-25 中。

表 4-25 主站读/写从站 4 的通信数据

PLC300	修改	PLC200 4 号站	监视
PQB4		VB0	
PQB5		VB1	
PIB4		VB2	
PIB5		VB3	

思 考 与 复 习

1. 掌握 S7-300 PLC 编程软件的线性编程方法，练习一个简单程序，从硬件组态到程序编写、程序调试，完成一个任务的全过程。

2. 编写 1 个主站、3 个从站的数据通信程序。

附录1 松下A4系列伺服驱动器控制信号接线详解

1. 通用的输入信号及其功能

信号	记号	引脚号码	功 能	I/O 信号接口
控制信号电源	COM+	7	连接到外置直流电源(12~24 V)的正极(+)。 电源采用 12~24 V(±5%)	
	COM–	41	连接到外置直流电源(12~24 V)的负极(–)。电源的容量取决于 I/O 信号的组合应用,建议不小于 0.5 A	
伺服使能	SRV-ON	29	此信号与 COM– 短接,即进入伺服使能状态(电机通电)。 此信号与 COM– 短接后,应至少 100 ms 后再输入指令脉冲。 如果与 COM– 的连接断开,则伺服系统进入不使能状态(没有电流进入电机)。 伺服不使能(伺服 OFF)状态下,动态制动器的动作与偏差计数器清零的动作可用参数 Pr69 选择。 **注意:** 伺服使能信号在接通约 2 s 后输入才有效(请参考时序图)。 不能用伺服使能信号(ON/OFF)来启动、停止电机。 应在伺服使能信号接通后至少 100 ms 后再输入脉冲指令	i – 1
控制模式切换	C-MODE	32	如果参数 Pr02(控制模式选择)设为 3~5,则控制模式的选择如下表所示: {SUBTABLE} 注意: 用 C-MODE 信号切换控制模式时,电机的运转可能会由于对应的控制模式的指令不同而产生剧烈变化	i-1
CW 行程限位	CWL	8	这个引脚可以用来输入 CW(顺时针)方向的行程限位信号。 设备的移动部件越过了 CW 方向的限位开关时,CWL 信号与 COM– 的连接断开,使得 CW 方向的转矩不再产生。 如果 CWL 信号与 COM– 断路,则电机在 CW 方向不产生转矩。 如果参数 Pr04(行程限位禁止输入无效设置)= 1,那么 CWL 信号的输入是无效的。出厂默认值设为 0(无效)。 参数 Pr66(行程限位时报警时序)可以用来选择 CWL 输入有效时的动作,出厂默认值(Pr66 = 0)可以使动态制动器动作从而快速地停止	i-1

C-MODE 单元格内嵌套表格:

Pr02 值	C-MODE 与 COM– 开路(选择第 1 控制模式)	C-MODE 与 COM– 开路(选择第 2 控制模式)
3	位置控制	速度控制
4	位置控制	转矩控制
5	速度控制	转矩控制

续表（一）

信号	记号	引脚 号码	功　能		I/O 信号 接口
CCW 行程 限位	CCWL	9	含义、用法与 CWL 信号相同		i-1
偏差计数器清零或内部速度选择 2	CL INTSPD2	30	这个引脚的功能取决于不同的控制模式。		i-1
			位置控制全闭环控制	可用来将偏差计数器和全闭环偏差计数器的内容清零(CL 信号)。 此引脚与 COM-信号短接，即可把计数器内容清零。 可用 Pr4E(计数器清零输入方式)选择清零方式。 <table><tr><td>Pr4E 值</td><td>功　能</td></tr><tr><td>0 (出厂前)</td><td>CL 信号与 COM- 短路(≥100μs)，计数器内容即清零</td></tr><tr><td>1</td><td>CL 信号与 COM-的连接从开路变为短路，计数器即清零，但仅有一次清零动作</td></tr><tr><td>2</td><td>CL 信号被屏蔽，即输入无效</td></tr></table>	
			速度控制	用来输入内部速度选择 2 信号(INTSPD2)。 通过与 INH/INTSPD1 信号信号和 DIV/INTSPD3信号的不同组合，可以选择 8 段内部速度	
			转矩控制	输入无效	
指令脉冲禁止输入或内部速度选择 1	INH INTSPD1	33	这个引脚的功能取决于不同的控制模式。		i-1
			位置控制全闭环控制	可用来禁止指令脉冲的输入(INH 信号)。 这个引脚一旦与 COM-信号断路，位置指令脉冲的输入即被屏蔽。 可用参数 Pr43(指令脉冲禁止输入无效设置)选择将此信号屏蔽： <table><tr><td>Pr43 值</td><td>功　能</td></tr><tr><td>0</td><td>INH 信号有效</td></tr><tr><td>1 (出厂前)</td><td>INH 信号无效，被屏蔽</td></tr></table>	
			速度控制	用来输入内部速度选择 1 信号(INTSPD1)。 通过与 CL/INTSPD2 信号和 DIV/INTSPD3信号的不同组合，可以选择 8 段内部速度	
			转矩控制	输入无效	

续表(二)

信号	记号	引脚号码	功 能	I/O 信号接口
零速箝位 或 振动抑制控制切换选择	ZEROSPD VS-SEL	26	这个引脚的功能取决于不同的控制模式。 **速度控制 转矩控制：** 用来输入零速钳位指令(ZEROSPD 信号)。 <table><tr><td>Pr06</td><td colspan="2">与 COM−</td><td>功 能</td></tr><tr><td>0</td><td colspan="2">—</td><td>零速钳位信号无效,被屏蔽</td></tr><tr><td rowspan="2">1</td><td colspan="2">开路</td><td>速度指令为 0,即零速钳位</td></tr><tr><td colspan="2">短路</td><td>正常运行</td></tr><tr><td rowspan="2">2</td><td colspan="2">开路</td><td>速度指令是 CCW 方向的</td></tr><tr><td colspan="2">短路</td><td>速度指令是 CW 方向的</td></tr></table>转矩控制模式中,若 Pr06=2,则 ZEROSPD 信号无效 **位置控制 全闭环控制：** 用来输入振动抑制控制切换选择信号(VS-SEL)。Pr24(振动抑制滤波器切换选择)=1,若此信号与 COM−的连接断开,则选择第 1 振动抑制滤波器(Pr2B、2C);若与 COM−短接,则第 2 滤波器(Pr2D、2E)有效	i-1
增益切换 或 转矩限制切换	GAIN TL-SEL	27	可以用参数 Pr03(转矩限制选择)和 Pr30(第 2 增益动作设置)设定此引脚的功能。 <table><tr><td>Pr03</td><td>Pr30</td><td>与 COM−</td><td>功 能</td></tr><tr><td rowspan="6">0~2</td><td rowspan="2">0</td><td>开路</td><td>速度环:PI(比例/积分)动作</td></tr><tr><td>短路</td><td>速度环:P(比例)动作</td></tr><tr><td rowspan="4">1</td><td colspan="2">并且当 Pr31=2,且 Pr36=2 时:</td></tr><tr><td>开路</td><td>选择第 1 增益设置(Pr10~14)</td></tr><tr><td>短路</td><td>选择第 2 益设置(Pr18~1C)</td></tr><tr><td colspan="2">并且当 Pr31 和 Pr36=2 时: 无效,被屏蔽</td></tr><tr><td>3</td><td>—</td><td colspan="2">用来输入转矩限制切换信号(TL-SEL)。此时,如果此引脚与 COM−的连接断开,则 Pr5E(第 1 转矩限制)有效;如果短接,则 Pr5F(第 2 转矩限制)有效</td></tr></table>	i-1

续表(三)

信号	记号	引脚号码	功　能	I/O 信号接口
报警清除	A-CLR	31	此信号与 COM− 的连接保持闭合 120 ms 以上,就可以将报警状态清除掉。报警清除的同时,偏差计数器的内容也会被清零。某些报警状态无法用此信号消除	i-1
指令脉冲分倍频选择或内部速度选择 3	DIV　　INTSPD3	28	这个引脚的功能取决于不同的控制模式。 速度控制：用来输入内部速度选择 3 信号(INTSPD3)。通过与 INH/INTSPD1 信号和 CL/INTSPD2 信号不同的组合,可以选择 8 段内部速度 转矩控制：输入无效 位置控制全闭环控制：可以选择指令脉冲分倍频设置的分子。如果与 COM−短路,指令脉冲分倍频的分子就从 Pr48(指令脉冲分倍频第 1 分子)变为 Pr49(第 2 分子)值 注意：请不要在切换动作的前/后 10 ms 内输入指令脉冲	i-1

2. 指令脉冲分倍频的分子

(1) 位置控制、全闭环控制模式下的指令脉冲分倍频设置如下：

X5 插头,第 28 引脚 DIV 信号 (与 COM−)	指令脉冲分倍频设置
开路	$\dfrac{Pr\,48 \times 2^{Pr\,4A}}{Pr\,4B}$　或编码器分辨率/每转所需指令脉冲数(Pr4B),Pr4B 自动设为 0
短路	$\dfrac{Pr\,49 \times 2^{Pr\,4A}}{Pr\,4B}$　或编码器分辨率/每转所需指令脉冲数(Pr4B),Pr49 自动设为 0

(2) 内部速度选择如下：

X5 插头·引脚号码·信号(与 COM−)的连接			Pr05(内部/外部速度切换选择)值			
第 33 引脚 INTSPD1 (INH)	第 30 引脚 INTSPD2 (CL)	第 28 引脚 INTSPD3 (DIV)	0	1	2	3
开路	开路	开路	模拟量速度指令 (第 14 引脚)	第 1 内部速度 (Pr53)	第 1 内部速度 (Pr53)	第 1 内部速度 (Pr53)
短路	开路	开路	模拟量速度指令 (第 14 引脚)	第 2 内部速度 (Pr54)	第 2 内部速度 (Pr54)	第 2 内部速度 (Pr54)
开路	短路	开路	模拟量速度指令 (第 14 引脚)	第 3 内部速度 (Pr55)	第 3 内部速度 (Pr55)	第 3 内部速度 (Pr55)
短路	短路	开路	模拟量速度指令 (第 14 引脚)	第 4 内部速度 (Pr56)	模拟量速度指令 (第 14 引脚)	第 4 内部速度 (Pr56)
开路	开路	短路	模拟量速度指令 (第 14 引脚)	第 5 内部速度 (Pr74)	第 1 内部速度 (Pr53)	第 5 内部速度 (Pr74)
短路	开路	短路	模拟量速度指令 (第 14 引脚)	第 6 内部速度 (Pr75)	第 2 内部速度 (Pr54)	第 6 内部速度 (Pr75)
开路	短路	短路	模拟量速度指令 (第 14 引脚)	第 7 内部速度 (Pr76)	第 3 内部速度 (Pr55)	第 7 内部速度 (Pr76)
短路	短路	短路	模拟量速度指令 (第 14 引脚)	第 8 内部速度 (Pr77)	模拟量速度指令 (第 14 引脚)	第 8 内部速度 (Pr77)

3. 脉冲指令输入信号及其功能

根据指令脉冲的情况可以在两种接口中选择一个最合适的接口。

(1) 差分专用电路接口说明如下：

信号	记号	引脚号码	功能	I/O 信号接口
指令脉冲输入 1	PULSH1	44	表示一种位置指令脉冲的形式。 如果参数 Pr40(指令脉冲输入选择)=1，则可以选择通过差分输入接口电路。 在不需要脉冲指令的控制模式中，速度、转矩控制是无效的。允许输入的最大脉冲频率为 2 Mp/s。	Di-2
	PULSH2	45		
指令脉冲输入 2	SIGNH1	46	通过 Pr41(指令脉冲旋转方向设置)和 Pr42(指令脉冲输入方式)的组合设置，可以选择 6 种不同的指令脉冲输入形式。 (1) 2 相正交脉冲(A 相+B 相)。 (2) CW 脉冲(PULS)+CCW 脉冲(SIGN)。 (3) 指令脉冲(PULS)+指令方向(SIGN)	
	SIGNH2	47		

(2) 普通光耦电路接口说明如下：

信号	记号	引脚号码	功　能	I/O 信号接口
指令脉冲输入 1	PULS1	3	表示一种位置指令脉冲的形式。如果参数 Pr40(指令脉冲输入选择) = 1，则可以选择通过差分输入接口电路。 　在不需要脉冲指令的控制模式中，速度、转矩控制是无效的。 　允许输入的最大脉冲频率为 500 kp/s(差分电路输入)，或 200 kp/s(集电极开路输入)。 　通过 Pr41(指令脉冲旋转方向设置)和 Pr42(指令脉冲输入方式)的组合设置，可以选择 6 种不同的指令脉冲输入形式。 (1) 2 相正交脉冲(A 相 + B 相)。 (2) CW 脉冲(PULS) + CCW 脉冲(SIGN)。 (3) 指令脉冲(PULS) + 指令方向(SIGN)	Di-1
	PULS2	4		
指令脉冲输入 2	SIGN1	5		
	SIGN2	6		

4. 指令脉冲输入形式

Pr41	Pr42	指令脉冲类型	信号记号	CCW 指令	CW 指令
0	0 或 2	正交脉冲，A、B 两相相差 90°	PULS SIGN	B 相脉冲超前 A 相 90°	B 相脉冲滞后 A 相位 90°
	1	CW 脉冲+CCW 脉冲	PULSS IGN		
	3	指令脉冲+指令方向	PULSS IGN		
1	0 或 2	正交脉冲，A、B 两相相差 90°	PULS SIGN	B 相脉冲滞后 A 相 90°	B 相脉冲超前 A 相 90°
	1	CW 脉冲+CCW 脉冲	PULSS IGN		
	3	指令脉冲+指令方向	PULSS IGN		

下表是对上表的时间说明：

	差分专用输入电路	普通光耦输入电路	
		差分电路输入	集电极开路电路输入
t_1	≥500 ns	≥2 μs	≥5 μs
t_2	≥250 ns	≥1 μs	≥2.5 μs
t_3	≥250 ns	≥1 μs	≥2.5 μs
t_4	≥250 ns	≥1 μs	≥2.5 μs
t_5	≥250 ns	≥1 μs	≥2.5 μs
t_6	≥250 ns	≥1 μs	≥2.5 μs

5. 模拟量指令输入信号及其功能

信号	记号	引脚号码	功　能	I/O 信号接口
速度指令或转矩指令或速度限制	SPR TRQR SPL	14	这个引脚的功能取决于不同的控制模式(Pr02 值)。 **Pr02 / 控制模式 / 功能** 1 速度控制　选择了速度控制模式，即通过速度指令 SPR 信号输入速度指令。 3 位置/速度　速度指令的增益、极性、零漂和滤波器分别如下：Pr50 为速度指令增益；Pr51 为速度指令逻辑取反；Pr52 为速度指令零漂调整；Pr57 为速度指令滤波器 5 速度/转矩 **Pr5B(转矩指令选择)不同的设置值。** 2 转矩控制 / 4 位置/转矩 Pr5B 0：选择输入转矩指令(TQRQ)信号。转矩指令的增益、极性、零漂调整及滤波器分别为 Pr5C、Pr5D、Pr52、Pr57 Pr5B 1：选择了输入速度限制(SPL)信号。速度限制值的增益、零漂调整及滤波器分别为 Pr50、Pr52、Pr57 **取决于 Pr5B(转矩指令选择)不同的设置值。** 5 速度/转矩 Pr5B 0：输入无效，被屏蔽 Pr5B 1：选择了输入速度限制(SPL)信号。速度限制值的增益、零漂调整及滤波器分别是：Pr50, Pr52, Pr57 其他　其他模式　输入无效，被屏蔽 这个信号的 AD 转换器的分辨率是 16 位(包括一位符号位)。 ±32767(LSB) = ±10 V，1(LSB) ≈ 0.3 mV 注意：SPR/TRQR/SPL 信号的输入幅值不能超过 ±10 V 的模拟量	Ai-1

续表

信号	记号	引脚号码	功 能			I/O 信号接口
CW 转矩限制	CWTL	18	这个引脚的功能取决于不同的控制模式(Pr02 值)。 表格如下			Ai-2

这个引脚的功能取决于不同的控制模式(Pr02 值)。

Pr02	控制模式	功 能
2 4 5	转矩控制 位置/转矩 速度/转矩	选择转矩控制模式时此信号被屏蔽,任何输入都无效
4	位置/转矩	选择输入 CW 方向的模拟量转矩限制(CWTL)。
5	速度/转矩	CW 方向的转矩被输入的负电压(0~−10 V)等比例地限制,比值:约 −3 V/额定转矩。
其他	其他模式	Pr03(转矩限制选择)不设为 0,可以使得这个信号的输入无效

这个信号的 AD 转换器的分辨率是 10 位(包括一位符号位)。

±511(LSB) = ±11.9 V,1(LSB) ≈ 23 mV

CCW 转矩限制 或 转矩指令 | CCWTL / TRQR | 16 | Ai-2

这个引脚的功能取决于不同的控制模式(Pr02 值)。

Pr02	控制模式	功 能
2 4	转矩控制 位置/转矩	取决于 Pr5B(转矩指令选择)不同的设置值。

Pr5B	功 能
0	输入无效,被屏蔽
1	选择输入转矩指令(TRQR)信号。转矩指令的增益、极性、零漂调整及滤波器分别为 Pr5C、Pr5D、Pr52、Pr57

Pr02	控制模式	功 能
5	速度/转矩	选择输入转矩指令(TRQR)信号。转矩指令的增益、极性分别是 Pr5C、Pr5D。零漂可以自动的调整,滤波器不可用
4	位置/转矩	选择输入 CCW 方向的模拟量转矩限制信号(CCWTL)。
5	速度/转矩	CCW 方向的转矩被输入的负电压(0~−10 V)等比例地限制。比值:约 −3V/额定转矩。
其他	其他模式	Pr03(转矩限制选择)不设为 0,可以使得这个信号的输入无效

这个信号的 AD 转换器的分辨率是 10 位(包括一位符号位)。

±511(LSB) = ± 11.9 V,1(LSB) ≈ 23 mV

注意:CWTL 和 CCWTL/TRQR 信号的输入幅值不能超过 ±10 V 的模拟量

6. 通用的输出信号及其功能

信号	记号	引脚号码	功 能			I/O信号接口
伺服报警	ALM+ ALM−	37 36	报警状态发生时，此输出晶体管关断			o-1
伺服准备好	S-RDY+ S-RDY−	35 34	当控制电源/主电源接通且没有报警发生时，此输出晶体管导通			o-1
制动器释放	BRK-OFF+ BRK-OFF−	11 10	应先设置电机的保持制动器动作的时序。 当保持制动器释放时，此输出晶体管导通。 此输出信号的时序可用参数 Pr6A(电机停止时机械制动器延迟时间)和 Pr6B(电机运转时机械制动器延迟时间)设置			o-2
零速检测	ZSP (COM−)	12 41	用参数 Pr0A(ZSP 输出选择)选择这个输出信号的输出内容。 Pr0A 出厂默认值是 1，即此信号输出零速检测信号。 应参考 TLC、ZSP 信号的选择			o-2
转矩限制	TLC (COM−)	40 41	用参数 Pr09(TLC 输出选择)选择这个输出信号的输出内容。 Pr09 出厂默认值是 0，即此信号输出转矩限制控制信号。 应参考 TLC、ZSP 信号的选择			o-2
定位完成 或 全闭环定位完成 或 速度到达	COIN+ COIN− EX-COIN+ EX-COIN− AT-SPEED+ AT-SPEED−	39 38	这个引脚的功能取决于不同的控制模式(Pr02 值)。	位置控制	输出定位完成信号(COIN)。 当位置偏差脉冲数(绝对数值)小于参数 Pr60(定位完成范围)设置值时，此输出晶体管导通。 参数 Pr63(定位完成信号输出设置)可以用来选择定位完成信号(COIN)的输出条件	o-1
				全闭环控制	输出全闭环定位完成信号(EX-COIN)。 位置偏差脉冲数(绝对数值)小于 Pr60 值，即导通。 Pr63 可用来选择输出条件	
				速度控制 转矩控制	输出速度到达信号(AT-SPEED)。 如果电机的实际转速超过了参数 Pr62(到达速度)的设置值，那么此输出晶体管导通	

7. 选择 TLC、ZSP 信号的输出内容

Pr09 或 Pr0A 值	TLC(X5 插头，第 40 引脚)的输出信号	ZSP(X5 插头，第 12 引脚)的输出信号
0	转矩限制信号。在伺服使能状态中转矩指令被转矩限制时，此输出晶体管导通	
1	零速检测。电机转速低于参数 Pr61 设定值时，此输出晶体管导通	
2	报警状态发生。再生电阻过载、电机过载、电池、风扇报警或外部反馈装置报警中的任一报警发生时，即有输出	
3	放电电阻过载报警。当放电电阻的负载率超过 85% 或更多时，此输出晶体管导通	
4	过载报警。当电机的转矩输出超过 85% 或更多时，此输出晶体管导通	
5	电池报警。绝对式编码器用的电池电压低于 3.2V 时，此输出晶体管导通	
6	风扇锁定报警。风扇停止超过 1 s 时，此输出晶体管导通	
7	外部反馈装置报警，仅在全闭环控制模式下有效。 外部反馈装置温度超过 65℃，或信号强度太弱(装置有必要调整安装等)时，此输出晶体管导通	
8	速度一致性输出(V-COIN)，仅在速度和转矩控制模式有效。 如果速度指令(在加减速之前)和电机减速到低于 Pr61 设定值时的那个速度有差异，那么此输出晶体管导通	

8. 脉冲输出信号及其功能

信号	记号	引脚号码	功　　能	I/O 信号接口
A 相输出	OA+	21	输出经过分频处理的编码器信号或外部反馈装置信号(A、B、Z 相)，等效于 RS422 信号。 可以用参数 Pr44(反馈脉冲分倍频分子)和 Pr45(反馈脉冲分倍频分母)设置输出脉冲信号的分倍频比例。 可以用参数 Pr46(反馈脉冲逻辑取反)设置输出的 B 相信号相对于 A 相的逻辑关系。 如果输出脉冲来自于外部反馈装置，则参数 Pr47(外部反馈装置 Z 相脉冲设置)可以用来设置 Z 相脉冲的输出相位。 此输出电路的差分驱动器的地与信号地(GND)相接，不隔离。 输出脉冲的最高频率是 4 Mp/s(4 倍频之后)	Do-1
A 相输出	OA−	22		Do-1
B 相输出	OB+	48		Do-1
B 相输出	OB−	49		Do-1
Z 相输出	OZ+	23		Do-1
Z 相输出	OZ−	24		Do-1
Z 相输出	CZ	19	输出 Z 相信号的集电极开路信号。 此输出晶体管的发射极与信号地(GND)相接，不隔离	Do-2

9. 模拟量输出信号及其功能

信号	记号	引脚号码	功 能	I/O信号接口
速度监视器输出	SP	43	用参数 PrO7(速度监视器(SP)选择)选择这个信号的输出内容。 | Pr07	输出内容	功 能
---	---	---
0～4	电机转速	输出带极性的,等比于电机转速的模拟电压
5～9	指令速度	输出带极性的,等比于电机转速的模拟电压	 比例关系可参考参数 Pr07 的说明。 +:电机按 CCW(逆时针)方向旋转。 −:按 CW(顺时针)方向旋转	Ao1
转矩监视器输出	IM	42	用参数 Pr08(转矩监视器(IM)选择)选择这个信号的输出内容。 | Pr08	输出内容	功 能
---	---	---
0 11 12	转矩指令	输出带极性的、等比于电机输出转矩或位置偏差脉冲数的模拟电压。 +:电机产生 CCW 转矩。 −:产生 CW 转矩
1～5	位置偏差脉冲数	输出带极性、等比于位置偏差脉冲数的电压。 +:位置指令是 CCW 方向的。 −:位置指令是 CW 方向的
6～10	全闭环偏差脉冲数	输出带极性的、等比于外部反馈装置的位置偏差脉冲数的模拟电压。 +:位置指令是 CCW 方向的。 −:位置指令是 CW 方向的	 比例关系可参考参数 Pr08 的说明	Ao1

10. 其他信号及其功能

信号	记号	引脚号码	功 能	I/O信号接口
外壳地	FG	50	内部连接到驱动器上的接地端子	—
信号地	GND	13,15,17,25	信号地。内部与控制电源(COM−)相隔离	—

附录2 松下A4系列伺服驱动器各型号的通用参数

1. 通用参数

编号 Pr.	参 数 名 称	缺省值
00	轴地址	1
01	LED 初始状态	1
02	控制模式选择	1
03	转矩限制选择	1
04	行程限位禁止输入无效设置	1
05	内部/外部速度切换选择	0
06	零速钳位(ZEROSPD)选择	0
07	速度监视器(SP)选择	3
08	转矩监视器(IM)选择	0
09	转矩限制中(TLC)输出选择	0
0A	零速检测(ZSP)输出选择	1
0B	绝对式编码器设置	1
0C	RS-232C 波特率设置	2
0D	RS-485 波特率设置	2
0E	操作面板锁定设置	0
0F	制造商参数	0
10	第 1 位置环增益	(27)
11	第 1 速度环增益	(30)
12	第 1 速度环积分时间常数	(18)
13	第 1 速度检测滤波器	(0)
14	第 1 转矩滤波器时间常数	(75)
15	速度前馈	(300)
16	速度前馈滤波器时间常数	(50)
17	制造商参数	0
18	第 2 位置环增益	(32)
19	第二速度环增益	(30)
1A	第二速度环积分时间常数	(1000)
1B	第二速度检测滤波器	(0)
1C	第二转矩滤波器时间常数	(75)

续表(一)

编号 Pr.	参 数 名 称	缺省值
1D	第一陷波频率	1500
1E	第一陷波宽度选择	2
1F	制造商参数	0
20	惯量比	(100)
21	实时自动增益设置	1
22	实时自动增益的机械刚性选择	4
23	自适应滤波模式	1
24	振动抑制滤波器切换选择	0
25	常规自动调整模式设置	0
26	制造商参数	0
27	速度观测器	(0)
28	第 2 陷波频率	1500
29	第 2 陷波宽度选择	2
2A	第 2 陷波深度选择	0
2B	第 1 振动抑制滤波器频率	0
2C	第 1 振动抑制滤波器	0
2D	第 2 振动抑制滤波器频率	0
2E	第 2 振动抑制滤波器	0
2F	自适应滤波器频率	0
30	第 2 增益动作设置	(1)
31	第 1 控制切换模式	(0)
32	第 1 控制切换延迟时间	(30)
33	第 1 控制切换水平	(50)
34	第 1 控制切换迟滞	(32)
35	位置环增益切换时间	(20)
36	第 2 控制切换模式	(0)
37	第 2 控制切换延迟时间	0
38	第 2 控制切换水平	0
39	第 2 控制切换迟滞	0
3A	制造商参数	0
3B	制造商参数	0
3C	制造商参数	0
3D	JOG 速度设置	3000

编号 Pr.	参 数 名 称	缺省值
3E	制造商参数	0
3F	制造商参数	0
40	指令脉冲输入选择	0
41	指令脉冲旋转方向设置	0
42	指令脉冲输入方式	1
43	指令脉冲禁止输入无效设置	1
44	反馈脉冲分倍频分子	2500
45	反馈脉冲分倍频分母	0
46	反馈脉冲逻辑取反	0
47	外部反馈装置 Z 相脉冲设置	0
48	指令脉冲分倍频第 1 分子	0
49	指令脉冲分倍频第 2 分子	0
4A	指令脉冲分倍频分子倍率	0
4B	指令脉冲分倍频分母	10000
4C	平滑滤波器	1
4D	FIR 滤波器	0
4E	计数器清零输入方式	1
4F	制造商参数	0
50	速度指令增益	500
51	速度指令逻辑取反	1
52	速度指令零漂调整	0
53	第 1 内部速度	0
54	第 2 内部速度	0
55	第 3 内部速度	0
56	第 4 内部速度	0
57	速度指令滤波器	0
58	加速时间设置	0
59	减速时间设置	0
5A	S 形加减速时间设置	0
5B	转矩指令选择	0
5C	转矩指令增益	30
5D	转矩指令逻辑取反	0
5E	第 1 转矩限制(*1)	500
5F	第 2 转矩限制(*1)	500

续表(三)

编号 Pr.	参 数 名 称	缺省值
60	定位完成范围	131
61	零速	50
62	到达速度	1000
63	定位完成信号输出设置	0
64	制造商参数	0
65	主电源关断时的欠电压报警时序	1
66	行程限位时的报警时序	0
67	主电源关断时的报警时序	0
68	伺服报警时的相关时序	0
69	伺服 OFF 时的相关时序	0
6A	电机停止时的机械制动器延迟时间	0
6B	电机运转时的机械制动器延迟时间	0
6C	外接制动电阻设置(*2)	0/3
6D	主电源关断检测时间	35
6E	紧停时转矩设置	0
6F	制造商参数	0
70	位置偏差过大水平	35000
71	模拟量指令偏差过大水平	0
72	过载水平	0
73	过载水平	0
74	第 5 内部速度	0
75	第 6 内部速度	0
76	第 7 内部速度	0
77	第 8 内部速度	0
78	外部反馈脉冲分倍频分子	0
79	外部反馈脉冲分倍频分子倍频	0
7A	外部反馈脉冲分倍频分母	10000
7B	混合控制偏差过大水平	100
7C	外部反馈脉冲方向设置	0
7D	制造商参数	0
7E	制造商参数	0
7F	制造商参数	0

注：*1. 参数 Pr5E(转矩限制设置)根据不同的电机可以设置不同的最大值。

*2. 参数 Pr6C(外接制动电阻设置)的缺省值因不同的驱动器而不同。

*3. 缺省值带()的参数可以在实时自动增益调整或常规自动增益调整时自动设定。

2. 参数详解

编号 Pr.	参数 名称	相关 模式	设置 范围	功能与含义
00*	轴地址	All	0～15	面板上旋转开关 ID 的设定值在控制电源接通时下载到驱动器。 通常用于串行通信。 此设定值不影响伺服操作与功能
01*	LED 初始 状态	All	0～17	可以选择电源接通时在 7 段 LED 上初始显示的内容。 0：位置偏差脉冲总数　　　1：电机转速。 2：转矩输出负载率　　　　3：控制模式。 4：I/O 信号状态　　　　　5：报警代码/历史记录。 6：软件版本　　　　　　　7：报警状态。 8：放电电阻负载率　　　　9：过载率。 10：惯量比　　　　　　　11：反馈脉冲总数。 12：指令脉冲总数 13：外部反馈装置偏差脉冲总数 14：外部反馈装置反馈脉冲总数 15：电机自动识别功能 16：模拟量指令输入值 17：电机不转的原因 显示内容的细节请参考"7. 显示面板与操作按钮"
02*	控制 模式 选择	All	0～6	选择伺服驱动器的控制模式。 设置的参数值在控制电源重新上电后才有效。<table><tr><td>Pr02 值</td><td>控制模式</td><td>相关代码</td></tr><tr><td>0</td><td>位置控制</td><td>P</td></tr><tr><td>1</td><td>速度控制</td><td>S</td></tr><tr><td>2</td><td>转矩控制</td><td>T</td></tr><tr><td>3(*1)</td><td>位置(第 1)/速度(第 2)控制</td><td>P/S</td></tr><tr><td>4(*2)</td><td>位置(第 1)/转矩(第 2)制</td><td>P/T</td></tr><tr><td>5(*3)</td><td>速度(第 1)/转矩(第 2)控制</td><td>S/T</td></tr><tr><td>6</td><td>全闭环控制</td><td>F</td></tr></table>注：当设成混合控制方式(Pr02 = 3，4，5)时，用控制模式切换输入端子(C-MODE，X5 插头，第 32 引脚)来选择第 1 或第 2 控制模式。 C-MODE(与 COM−)开路：选择第 1 控制模式。 C-MODE(与 COM−)短路：选择第 2 控制模式。 切换 C-MODE 信号时至少在 10 ms 后才能输入指令信号 *1：号码带 * 之参数，其设定值必须在控制电源断电重启之后才能修改成功。 　*2：号码标有 RT 的参数，其设定值在执行实时自动增益调整时自动修改。如果手动设置其数值，则先将 Pr21(实时自动增益调整设置)设为 0，即取消实时自动调整功能，再输入新的数值。 　*3：All 表示全部的控制模式。

续表(一)

编号 Pr.	参数 名称	相关 模式	设置 范围	功能与含义
03	转矩 限制 选择	P, S, F	0～3	设置逆时针(CCW)和顺时针(CW)两个方向转矩限制信号(CCWTL，X5 插头，第 16 引脚；CWTL，第 18 引脚)的输入是否有效。 表格如下： Pr03 值 0：CCW 为 CCWTL，CW 为 CWTL Pr03 值 1：CCW、CW 方向的限定值都由 Pr5E 设定 Pr03 值 2：CCW 由 Pr5E 设定，CW 由 Pr5F 设定 Pr03 值 3：GAIN/TL-SEL(与 COM−)开路：由 Pr5E 设定；GAIN/TL-SEL(与 COM−)短路：由 Pr5F 设定 当 Pr03 = 0 时，Pr5E(第 1 转矩限制)即设置 CCWTL 和 CWTL 的限制值。转矩控制模式中，Pr5E 设置 CW、CW 方向的转矩限制值，而与此参数无关
04*	行程 限位 禁止 输入 无效 设置	All	0～2	设置两个行程限位信号(CCWL，X5 插头，第 8 引脚；CCWL，第 9 引脚)的输入是否有效。 0：行程限位动作发生时，按 Pr66 设定的时序发生动作。 1：行程限位信号输入无效。 2：CCWL 或 CWL 信号(与 COM−)断路，都会发生 Err38 行程限位禁止输入信号出错报警。 设定此参数值必须在控制电源断电重启之后才能修改、写入成功
05	内部/ 外部 速度 切换 选择	S	0～3	选择速度控制模式下的速度指令种类。 0：模拟量速度指令输入(SPR，X5 插头第 14 引脚)。 1：内部指令(第 1～第 4 内部速度：Pr53～Pr56 设定值)。 2：内部指令(第 1～第 3 内部速度：Pr53～Pr55)，模拟量指令输入(SPR)。 3：内部指令(第 1～第 8 内部速度：Pr53～Pr56 和 Pr74～Pr77)。 关于此参数，可参照"4.参数"的说明
06	零速 箝位 (ZEROSPD) 选择	S, T	0～2	选择零速钳位信号(ZEROSPD，X5 插头，第 26 引脚)的功能。 0：零速钳位无效 1：零速钳位 2：速度指令代码 转矩控制模式中，Pr06 = 2 表示零速钳位无效
07	速度监 视器(SP) 选择	All	0～9	选择模拟量速度监视器信号(SP，X5 插头，第 43 引脚，或显示面板上的接线端子)的输出内容。 0～4：实际转速，单位为 r/m 0:47,1:188,2:750,3:3000,4:12000 5～9：指令速度，单位为 rpm 5:47,6:188,7:750,8:3000,9:12000

续表(二)

编号 Pr.	参数 名称	相关 模式	设置 范围	功 能 与 含 义
08	转矩监视器(IM)选择	All	0~9	选择模拟量转矩监视器信号(IM，X5 插头第 42 引脚，或显示面板上的接线端子)的输出内容。 括号()内的数值表示当监视器输出约 3V 时的值。 0: 转矩指令 100%。 1~5: 位置偏差脉冲个数。　　1:31，2:125，3:500，4:2000，5:8000 6~10:全闭环偏差脉冲个数。　6:31，7:125，8:500，9:2000，1:8000 11: 转矩指令 200%。 12: 转矩指令 400%
09	转矩限制控制(TLC)输出选择	All	0~8	选择转矩限制控制信号(TLC，X5 插头第 40 引脚)或零速检测信号(ZSP，第 12 引脚)的检测、输出内容。 0: 转矩限制控制　　　　　　　1: 零速检测 2: 有任何报警　　　　　　　　3: 放电电阻过载报警 4: 过载报警　　　　　　　　　5: 电池报警 6: 风扇锁定报警　　　　　　　7: 外部反馈装置报警 8: 速度一致性输出
0A	零速检测(ZSP)输出选择			
0B*	绝对式编码器设置	All	0~5	选择绝对式编码器的用法。 0: 用作绝对式编码器。 1: 用作增量式编码器。 2: 用作绝对式编码器，但不考虑计数器溢出。 其设定值必须在控制电源断电重启之后才能修改、写入成功
0C*	RS-232C 波特率设置	All	0~5	选择 RS-232C 或 RS-485 方式的通信速度。 0: 2400　　　　　　　　　　　1: 4800 2: 9600　　　　　　　　　　　3: 19200 4: 38400　　　　　　　　　　5: 57600 (单位: b/s，误差: ±5%) 设定此参数值必须在控制电源断电重启之后才能修改、写入成功
0D*	RS-485 波特率设置			
0E*	操作面板锁定设置	All	0~1	把操作面板锁定到监视器状态，以免发生误操作，比如修改参数设置等。 0: 不锁定，全部功能可操作。 1: 锁定到监视器状态。 即使该参数设为 1，通过通信方式也可以进行修改。 应使用 PANATERM 软件或控制器将此参数复位到 0。 设定此参数值时，必须在控制电源断电重启之后才能修改、写入成功

续表(三)

编号 Pr.	参数 名称	相关 模式	设置 范围	功 能 与 含 义
0F	制造商参数			
10 (RT)	第1位置 环增益	P, F	0～ 3000	定义位置环增益的大小。 单位：1/s。 增大此增益值，可以提高位置控制的伺服刚性，但是过高的增益会导致振荡
11 (RT)	第1速度 环增益	All	1～ 3500	定义速度环增益的大小。 如果 Pr20(惯量比)设置准确，则此参数的单位是 Hz。 增大此增益值，可以提高速度控制的相应速度
12 (RT)	第1速度 环积分 时间常数	All	1～ 1000	减小此参数值可以加快积分动作。 单位：ms 设为 999 可以保持积分动作，设为 1000 可以使积分动作无效
13 (RT)	第1速度 检测滤波器	All	0～5	选择速度检测滤波器的类型。 0～5：设定值越高，电机噪声越小。 只有当 Pr27 = 1(瞬时速度观测器功能有效)时，此参数的设置才有效
14 (RT)	第1转 矩滤波器 时间常数	All	0～ 2500	定义插入到转矩指令后的初级延时滤波器的时间常数。 单位：×10 μs。 设置转矩滤波器参数可以减轻机器振动
15 (RT)	速度前馈	P, F	−2000 ～2000	用来设置速度前馈值。 单位：×0.1%。 设置较高时，可在较小的位置偏差达到较快反应，尤其是在需要高速响应的场合
16 (RT)	速度前馈 滤波	P, F	0～ 6400	设置速度前馈的初级延时滤波器的时间常数。 单位：×10 μs
17	制造商参数			
18 (RT)	第2位置 环增益	All	0～ 3000	
19 (RT)	第2速度 环增益	All	1～ 3500	
1A (RT)	第2速度 环积分 时间常数	All	1～ 1000	这些参数的功能与意义可参考上述的"第1"参数。 只有启用了两档增益切换功能，才需要设置这些参数
1B	第2速度检测 滤波器	All	0～5	
1C	第2转矩滤波 器时间常数	All	0～ 2500	

续表(四)

编号 Pr.	参数 名称	相关 模式	设置 范围	功能与含义
1D	第 1 陷波 频率	All	100~ 1500	设置抑制共振的第 1 陷波滤波器的频率,单位为 Hz。 陷波滤波器可以模拟出机械的共振频率,从而抑制掉共振频率。 100~1499:滤波器有效。 1500:无效。 注:如果同时也设置了自适应滤波器,那么此参数可能会改变。这两者合用时,应使用第 2 陷波滤波器
1E	第 1 陷波 宽度选择	All	0~4	设置抑制共振的第 1 陷波滤波器的陷波宽度。 较大的设定值可以获得较大的陷波宽度。 注:如果同时也设置了自适应滤波器,那么此参数可能会改变。这两者合用时,应使用第 2 陷波滤波器
1F	制造商参数			
20	惯量比	All	0~ 10000	设置机械负载惯量对电机转子惯量之比率,单位为%。 设定值(%) = 负载惯量 / 转子惯量 × 100。 实时自动增益调整时,此参数可自动估算并在 EEPROM 中每隔 30 分钟刷新保存一次
21	实时自动 增益设置	All	0~6	设置实时自动增益调整功能的运行模式。 根据负载惯量在运行时的变化情况,此参数值设得越大,响应越快。但是由于运行条件的限制,实时的调整也可能不稳定。 通常情况下设为 1 或 4。如果电机用于垂直轴,则设为 4~6。 表格: Pr21 / 实时自动调整 / 运行时负载惯量的变化情况 0 / 无效 / — 1 / 常规模式 / 没有变化 2 / 常规模式 / 变化很小 3 / 常规模式 / 变化很大 4 / 垂直轴模式 / 没有变化 5 / 垂直轴模式 / 变化很小 6 / 垂直轴模式 / 变化很大
22	实时自动 增益的 机械刚性 选择	All	0~15	选择实时自动增益调整时的机械刚性。 此参数值设得越大,响应越快。 如果此参数突然设得很大,系统增益会发生显著变化,导致机器有较大冲击。 建议先设一个较小值,在监视机器运行状况的同时逐步选择较大的刚性

续表(五)

编号 Pr.	参数 名称	相关 模式	设置 范围	功 能 与 含 义
23	自适应 滤波器 模式	P,S,F	0~2	设置自适应滤波器的工作模式。 0：无效。　　　　1：有效。 2：保留(自适应滤波器的频率被保留)
24	振动抑制 滤波器 切换选择	P, F	0~2	选择正确的切换模式以选通合适的振动抑制滤波器。 0：不切换(第1、第2滤波器都有效)。 1：通过振动抑制控制切换选择端子(VS-SEL，X5插头，第26引脚)来选择第1或第2滤波器。 VS-SEL端子(与COM-)开路：选择第1滤波器(Pr2B，Pr2C)。 VS-SEL端子(与COM-)短路：选择第2滤波器(Pr2D，Pr2E)。 2：根据转动方向来切换滤波器。 逆时针(CCW)方向转动：选择第1滤波器(Pr2B、Pr2C)。 顺时针(CW)方向转动：选择第2滤波器(Pr2D、Pr2E)
25	常规自动 调整模式 设置	All	0~7	设置常规自动增益调整时电机的运行模式。 表格内容见下 例：Pr25＝0，则电机先逆时针(CCW)转2圈，再顺时针(CW)转2圈。
26	制造商参数			
27 (RT)	速度 观测器	P, S	0~1	这是一个瞬时的速度观测器，可以改善速度检测的精度，从而可以获得高响应，也可以减弱电机停止时的振动。 0：瞬时速度观测器无效。 1：观测器有效。此时，第1、第2速度检测滤波器(Pr13和Pr1B)无效。 使用此观测器功能，首先要尽可能准确地设置好惯量比(Pr20)

Pr25 表格：

Pr25	旋转圈数	旋转方向
0	2	CCW→CW
1	2	CW→CCW
2	2	CCW→CCW
3	2	CW→CW
4	1	CCW→CW
5	1	CW→CCW
6	1	CCW→CCW
7	1	CW→CW

续表(六)

编号 Pr.	参数 名称	相关 模式	设置 范围	功 能 与 含 义
28	第2陷波 频率	All	100～ 1500	设置抑制共振的第2陷波滤波器的频率，单位为 Hz。 陷波滤波器可以模拟出机械的共振频率，从而抑制掉共振频率。 100～1499：滤波器有效。 1500：无效
29	第2陷波 宽度选择	All	0～4	设置抑制共振的第2陷波滤波器的陷波宽度。较大的设定值 可以获得较大的陷波宽度
2A	第2陷波 深度选择	All	0～99	设置抑制共振的第2陷波滤波器的陷波深度。较大的设定值 可以获得较大的陷波深度和相移(相位延迟)
2B	第1振动 抑制滤波器 频率	P, F	0～ 2000	振动抑制滤波器可以用来抑制在机械负载的前端发生的振动。 单位：×0.1Hz。 100～2000：振动抑制滤波器有效。 0～99：振动抑制滤波器功能无效
2C	第1振动 抑制滤波器	P, F	–200～ 2000	设置第1振动抑制滤波器(Pr2B)时，如果出现转矩饱和，那 么可以将此参数值设得较小。如果需要较快的运行，则可以设 得大一些。通常情况下设为0。单位：Hz
2D	第1振动 抑制滤波 器频率	P, F	0～ 2000	与上述第1振动抑制滤波器(Pr2B、Pr2C)参数的意义相同
2E	第2振动 抑制滤波器	P, F	–200～ 2000	
2F	自适应滤 波器频率	P,S,F	0～64	根据代表号码来选择自适应滤波器的频率。 自适应滤波器功能有效(Pr23≠0)时，其频率(Pr2F)应自动设 定，而不能手工修改。 0～4：滤波器无效。 5～48：滤波器有效。 49～64：有效与否取决于参数 Pr22 设定值。 如果自适应滤波器功能有效，则此参数可自动估算并在 EEPROM 中每隔30分钟刷新保存一次。 如果下次上电开机时自适应滤波器功能生效，那么存储在 EEPROM 里的数据就作为运行的初始值。 如果此参数要清零、复位，那么先将自适应滤波器功能取消， 再重新使之有效

编号 Pr.	参数名称	相关模式	设置范围	功能与含义
30 (RT)	第2增益动作设置	All	0~1	选择是否采用两档增益切换。 0：选择第1增益设置(Pr10~14)，此时 PI/P(比例积分/比例)操作可切换。 1：可以在第1增益设置(Pr10~14)和第2增益设置(Pr18~1C)之间切换。 PI/P 操作的切换，可通过增益切换端子(GAIN，X5 插头，第27引脚)进行。 如果 Pr30 = 0 并且 Pr03 = 3，则固定为 PI 操作
31 (RT)	第1控制切换模式	All	0~10	定义在第1控制切换模式中两挡增益设置切换的触发条件。 表格： Pr31 / 增益切换条件 0 — 固定到第1增益 1 — 固定到第2增益 2 — 增I切换端子(GAIN)有信号输入即选择第2增益 3 — 转矩指令有较大变化，即选择第2增益 4 — 速度指令幅值有变化，即选择第2增益 5 — 有速度指令输入，即选择第2增益 6 — 位置偏差较大变化，即选择第2增益 7 — 有位置指令输入，即选择第2增益 8 — (定位)没有到位，即选择第2增益 9 — 速度，即选择第2增益 10 — 位置指令 + 速度，即选择第2增益 如果 Pr31 = 2 且 Pr03 = 3，则固定为第1增益的设置。 触发条件的内容可能由于控制模式的不同而不同
32 (RT)	第1控制切换延迟时间	All	0~10000	当 Pr31 = 3~10 时，在从第2增益切换到第1增益的过程中从触发条件的检测到切换动作的发生这一段延迟时间
33 (RT)	第1控制切换水平	All	0~20000	当 Pr31 = 3~10 时，可以设置增益切换的触发水平。 单位取决于 Pr31 的设置
34 (RT)	第1控制切换迟滞	All	0~20000	当 Pr31 = 3~6、9 或 10 时，可以设置增益切换的触发判断动作的迟滞。单位取决于 Pr31 的设置
35 (RT)	位置环增益切换时间	P，F	0~10000	如果从第2位置环增益切换到第1位置环增益有一个很大的变化，那么可以用这个参数来抑制切换过程中的快速冲击。 如果位置环增益变大，则其切换时间 = (Pr35 + 1) × 166 μs

续表(八)

编号 Pr.	参数 名称	相关 模式	设置 范围	功 能 与 含 义
36 (RT)	第 2 控制 切换模式	S，T	0~5	定义在第 2 控制切换模式中两挡增益设置切换的触发条件。 {表} Pr31 | 增益切换条件 0 | 固定到第 1 增益 1 | 固定到第 2 增益 2 | 增益切换端子(GAIN)有信号输入，即选择第 2 增益 3 | 转矩指令有较大变化，即选择第 2 增益 4 | 速度指令有较大变化，即选择第 2 增益 5 | 有速度指令输入，即选择第 2 增益 触发条件的内容可能由于控制模式的不同而不同。 如果 Pr36 = 2 且 Pr03 = 3，则固定为第 1 增益的设置
37	第 2 控制 切换延迟 时间	S，T	0~ 10000	当 Pr36 = 3 或 5，在从第 2 增益切换到第 1 增益的过程中，从触发条件的检测到切换动作的发生这一段的延迟时间，单位为 ×166 μs
38	第 2 控制 切换水平	S，T	0~ 20000	当 Pr36 = 3~5 时，可以设置增益切换的触发水平。 单位取决于 Pr36 的设置
39	第 2 控制 切换迟滞	S，T	0~ 20000	当 Pr31 = 3~5 时，可以设置增益切换的触发判断动作的迟滞。 单位：取决于 Pr36 的设置
3A	制造商参数			
3B	制造商参数			
3C	制造商参数			
3D	JOG 速度 设置	All	0~500	设置 JOG(试运转)速度。 单位：r/m。 使用前可参照操作说明
3E	制造商参数			
3F	制造商参数			
40	指令脉冲 输入选择	P，F	0~1	选择是否直接通过差分电路输入指令脉冲信号。 0：通过光耦电路输入(X5 插头，PULS1：第 3 引脚，PULS2：第 4 引脚，SIGN1：第 5 引脚，SIGN2：第 6 引脚) 1：通过差分专用电路输入(X5 插头，PULS1：第 44 引脚，PULSH2：第 45 引脚，SIGNH1：第 46 引脚，SIGNH2：第 47 引脚)

续表(九)

编号 Pr.	参数名称	相关模式	设置范围	功能与含义
41*	指令脉冲旋转方向设置	P, F	0~1	根据输入的指令脉冲的类型来设置相应的旋转方向和脉冲形式。 （见下表 Pr41=0 部分）
42*	指令脉冲输入方式	P, F	0~3	（见下表 Pr41=1 部分） 设定此参数值时，必须在控制电源断电重启之后才能修改、写入成功
43	指令脉冲禁止输入无效设置	P, F	0~1	若此参数设为 1，则指令脉冲禁止输入端子(INH，X5 插头，第 33 引脚)被屏蔽

功能与含义内嵌表：

Pr41	Pr42	指令脉冲类型	信号名	CCW 指令	CW 指令
0	0 或 2	正交脉冲，A、B 两相相差 90°	PULS SIGN	B 相脉冲超前 A 相 90°	B 相脉冲滞后 A 相位 90°
	1	CW 脉冲+CCW 脉冲	PULS SIGN		
	3	指令脉冲+指令方向	PULS SIGN	H高电平	
1	0 或 2	正交脉冲，A、B 两相相差 90°	PULS SIGN	B 相脉冲滞后 A 相 90°	B 相脉冲超前 A 相 90°
	1	CW 脉冲+CCW 脉冲	PULS SIGN		
	3	指令脉冲+指令方向	PULS SIGN	L低电平	H高电平

续表(十)

编号 Pr.	参数名称	相关模式	设置范围	功能与含义
44*	反馈脉冲分倍频分子	All	1~32767	设置电机每转一圈从反馈信号接口输出的脉冲个数。 (反馈信号接口:X5 插头:OA+:第 21 引脚,OA-:第 22 引脚,OB+:第 48 引脚,OB-:第 49 引脚) 设定此参数值时,必须在控制电源断电重启之后才能修改、写入成功。 如果输出的是编码器反馈的脉冲信号(即位置、速度、或转矩控制模式或 Pr46 = 0 或 1),则有以下两种情况。 (1) Pr45 = 0:每转反馈脉冲数 = Pr44 × 4。 (2) Pr45 ≠ 0:每转反馈脉冲数 = Pr44/Pr55 × 编码器分辨率。 注: ① 编码器分辨率,如果是 17 位编码器,那就是 131072(P/R)。 ② 每转反馈脉冲数不可能超过(最高就是等于)编码器的分辨率。 ③ 电机每转一圈输出一个 Z 相脉冲信号。 如果根据上式计算出的是 4 倍系数(Pr44/Pr45),那么输出的 Z 相信号与 A 相同步。否则就是基于编码器的分辨率,Z 相不与 A 相同步,而且其宽度比 A 相信号窄。
45*	反馈脉冲分倍频分母	All	0~32 767	若输出外部反馈装置反馈的反馈的脉冲信号(即全闭环控制模式或 Pr46 = 2 或 3),则有以下两种情况。 (1) Pr45 = 0:不作分频处理。 (2) Pr45 ≠ 0:每输出脉冲的位移量通过下式进行分频。 每输出脉冲的位移量 = (Pr44/Pr45) × 外部反馈装置的脉冲当量 注: ① 外部反馈装置的脉冲当量:AT500 系列为 0.05 μm;ST771 系列为 0.5 μm。 ② Pr44 值不能设得比 Pr45 大(Pr44 > Pr45 就相当于不作分频处理)。 ③ Z 相信号只有在驱动器控制电源接通后、越过外部反馈装置的绝对 0 位置时与 A 相同步。此后 Z 相信号在 A 相的间隔里输出,这个可以通过 Pr47(外部反馈装置 Z 相脉冲设置)来设置

表中 Pr44/Pr45 = 4 与 Pr44/Pr55 ≠ 4 波形图:

Pr44/Pr45 = 4	Pr44/Pr55 ≠ 4
同步	不同步

编号 Pr.	参数名称	相关模式	设置范围	功能与含义
46*	反馈脉冲逻辑取反	All	0～3	设置从反馈信号接口(X5 插头,OB+:第 48 引脚,OB-:第 49 引脚)。 输出的 B 相信号的逻辑电平是否取反以及反馈信号的来源。 0:不取反。 1:取反(编码器反馈信号)。 2:不取反。 3:取反(外部装置反馈信号或全闭环控制模式)。 用此参数可以设置 B 相信号对于 A 相的相位关系。

Pr46	A 相 (OA)	电机逆时针 (CCW)转动	电机顺时针 (CW)转动
0 或 2	B 相 (OB) 不取反		
1 或 3	B 相 (OB) 取反		

设定 Pr46 参数值时,必须在控制电源断电重启之后才能修改、写入成功。

Pr46	B 相信号逻辑	反馈信号来源
0	不取反	编码器
1	取反	编码器
2*	不取反	外部反馈装置
3*	取反	外部反馈装置

*全闭环控制模式下才可以把 Pr46 设为 2 或 3

编号 Pr.	参数名称	相关模式	设置范围	功能与含义
47*	外部反馈装置 Z 相脉冲设置	F	0～32767	如果反馈脉冲信号来源于外部反馈装置(即 Pr02 = 6 且 Pr46 = 2 或 3),可用此参数来设置 Z 相脉冲的输出位置,即与 A 相脉冲的相位关系(在 4 倍频处理之前)。 (1) Pr47 = 0:Z 相信号不输出。 (2) Pr47 = 1～32 767:Z 相信号只有在驱动器控制电源接通后、越过外部反馈装置的绝对 0 位置时才与 A 相同步。此后 Z 相信号在 A 相的间隔里输出

续表（十二）

编号 Pr.	参数名称	相关模式	设置范围	功能与含义
48	指令脉冲分倍频第 1 分子	P, F	0～10000	用来对指令脉冲的频率进行分频或倍频设置。分倍频比率计算公式如下： $$\frac{分倍频(Pr\,48 或 Pr\,49) \times 2分倍频(Pr\,4A)}{指令脉冲分倍频(Pr\,4B)}$$ 或 $$\frac{编码器分辨率}{每转所需指令脉冲数(Pr\,4B)}$$ (1) 如果分子(Pr48 或 Pr49) = 0，则实际分子(Pr48 × 2^{Pr4A})计算值等于编码器分辨率，Pr4B 即可设为电机每转一圈所需的指令脉冲数。
49	指令脉冲分倍频第 2 分子			(2) 如果分子(Pr48 或 Pr49) ≠ 0，那么分倍频比率根据上式计算，而每转所需指令脉冲数的计算如下式：
4A	指令脉冲分倍频分子倍频	P, F	0～17	
4B	指令脉冲分倍频分母	P, F	0～10000	$$每转所需指令脉冲数 = 编码器分辨率 \times \frac{Pr\,4B}{Pr\,48(或8(49) \times 2^{Pr4A}}$$ 注：实际分子(Pr48 × 2^{Pr4A})计算值的上限是(4194304/Pr4D 设定值 + 1)。
4C	平滑滤波器	P, F	0～7	设置插入到脉冲指令后的初级延时滤波器参数。提高此参数值，可以进一步平滑指令脉冲，但会延迟对脉冲指令的响应。 0：滤波器无效 1～7：滤波器有效
4D*	FIR 滤波器	P, F	0～31	设置指令脉冲的 FIR 滤波器。 FIR 滤波器用来对指令脉冲微分取平均值，平均值 = Pr4D 值 + 1。 设定此参数值时，必须在控制电源断电重启之后才能修改、写入成功
4E	计数器清零输入方式	P, F	0～2	设置计数器清零信号(CL，X5 插头第 30 引脚)的功能。 0：用电平方式对位置偏差计数器和全闭环偏差计数器清零(CL 与 COM− 端子短路至少 100 μs)。 1：用上升沿清零(开路→短路至少 100 μs)。 2：无效，屏蔽此端子的输入
4F	制造商参数			
50	速度指令增益	S, T	10～2000	设置电机转速与加到模拟量速度指令/模拟量速度限制输入端子(SPR，X5 插头，第 14 引脚)的电压的比例关系。此参数设定值 = 输入 1 V 电压时所需电机转速(r/m)

续表(十三)

编号 Pr.	参数 名称	相关 模式	设置 范围	功能与含义
51	速度指令 逻辑取反	S	0~1	设置输入的模拟量速度指令(SPR, X5 插头, 第 14 引脚)的逻辑电平。 0: 输入"+"电压指令则逆时针(CCW)旋转。 1: 输入"-"电压指令则顺时针(CW)旋转。 如果 Pr06 = 2(零速钳位(ZEROSPD)选择), 那么这个参数的设置是无效的
52	速度指令 零漂调整	S, T	-2047 ~2047	调整输入的模拟量速度指令/模拟量速度限制(SPR, X5 插头, 第 14 引脚)的零漂
53	第 1 内部 速度	S	-20000 ~ 20000	设置内部速度指令的第 1~4 速度。 单位: r/m。 取决于 Pr73(过速水平)的设定值
54	第 2 内部 速度			
55	第 3 内部 速度			
56	第 4 内部 速度	S, T		
57	速度指令 滤波器	S, T	0~ 6400	设置插入到模拟量速度指令/模拟量转矩指令/模拟量速度限制(SPR, X5 插头, 第 14 引脚)之后的初级延时滤波器的参数。 单位: ×10 μs
58	加速时间 设置	S	0~500	设置速度控制模式时的加速时间, 单位为 s。 此参数设定值(s) = 电机从 0 加速到 1000 r/m 所需时间 × 500
59	减速时间 设置	S	0~500	设置速度控制模式时的加速或减速时间, 单位为 s。 此参数设定值(s) = 电机从 1000r/m 减速到 0 所需时间 × 500
5A	S 形加减速 时间设置	S	0~500	设置速度控制模式时的 S 形加减速时间。 单位: ×2 ms
5B	转矩指令 选择	T	0~1	选择输入模拟量转矩指令或者模拟量速度限制。 <table><tr><td>Pr5B</td><td>转矩指令</td><td>速度限制</td></tr><tr><td>0</td><td>SPR/TRQR/SPL</td><td>Pr56</td></tr><tr><td>1</td><td>CCWTL/TRQR</td><td>SPR/TRQR/SPL</td></tr></table>
5C	转矩指令 增益	T	10~ 100	设置电机转矩与加到模拟量转矩指令输入端子(SPR/TRQR, X5 插头, 第 14 引脚或 CCWTL/TRQR, 第 16 引脚)的电压的比例关系。 单位: ×0.1 V / 100%

编号 Pr.	参数名称	相关模式	设置范围	功能与含义
5D	转矩指令逻辑取反	T	0~1	设置输入的模拟量转矩指令(SPR,X5 插头第 14 引脚)的逻辑电平。 0:输入"+"电压指令则由逆时针(CCW)方向的转矩输出。 1:输入"−"电压指令则由顺时针(CW)方向的转矩输出
5E	第 1 转矩限制	All	0~500	设置电机输出转矩的第 1 或第 2 限制值。 单位:%。 转矩限制的选择可参考 Pr03(转矩限制选择)的说明
5F	第 2 转矩限制			
60	定位完成范围	P,F	0~32 767	设置定位完成的范围,即允许的脉冲个数。 如果位置偏差脉冲数小于此设定值,则定位完成信号(COIN)有输出。 位置控制模式是编码器的反馈脉冲数。 全闭环控制模式是外部反馈装置的反馈脉冲
61	零速	All	10~20 000	设置零速检测信号(ZSP,X5 插头,第 12 引脚,或 TLC,第 40 引脚)的检测阈值。单位为 r/m。 如果检测的是速度一致性,那么要根据速度指令来设置合适的速度。 注:零速检测与速度一致性检测之间存在 10 r/m 的迟滞
62	到达速度	S,T	10~20 000	设置速度到达信号(COIN+:X5 插头,第 39 引脚,COIN−:第 38 引脚)的检测阈值,单位为 r/m。 注:到达速度的检测存在 10 r/m 的迟滞
63	定位完成信号输出设置	P,F	0~3	可以设置定位完成信号(COIN)的输出条件。

可以设置定位完成信号(COIN)的输出条件。

Pr63	COIN 输出条件
0	如果位置偏差脉冲数在定位完成范围之内,则 COIN 信号有输出(ON)
1	如果没有位置指令,且位置偏差脉冲数在定位完成范围之内,则 COIN 信号有输出
2	如果没有位置指令,零速检测信号有输出(ON),并且位置偏差脉冲数减少到定位完成范围之内,则 COIN 信号有输出
3	如果没有位置指令,并且位置偏差脉冲数减少到定位完成范围之内,则 COIN 信号有输出

此后(有输出后),COIN 在下一个指令到达之前一直保持有输出(ON)

续表(十五)

编号 Pr.	参数 名称	相关 模式	设置 范围	功能与含义
64	制造商参数			
65	主电源 关断时 欠电压 报警时序	All	0~1	设置在伺服使能状态中从主电源关断开始、由 Pr6D(主电源关断检测时间)设定的那一段检测时间里的时序。 0：对应于 Pr67(主电源关断时报警时序)，伺服关断(SRV-ON 信号断开)。 1：主电源欠电压报警 Err13 发生时伺服跳闸。 如果 Pr6D=1000，则此参数被屏蔽。 如果由于 Pr6D 设得太久，导致在检测到主电源关断之前主电源逆变器上 PN 结电压就已跌落至规定值之下，那么就会出现一个电压故障 Err13

66* 行程限位时报警时序　All　0~2

设置行程限位信号(CWL，X5 插头，第 8 引脚；CCWL，X5 插头，第 9 引脚)触发或有效之后电机减速过程中的驱动条件。

Pr66		减速 过程中	电机停转后	偏差计数器 内容
0		DB	发生限位报警 方向的 转矩指令=0	保持
1		发生限位报警 方向的 转矩指令=0	发生限位报警 方向的 转矩指令=0	保持
2	控制 模式			
	P，F	伺服锁定 (位置指令=0)	发生限位报警 方向的位置指令=0	减速前或 后即清零
	S，T	零速钳位 (位置指令=0) (减速时间=0)	发生限位报警 方向的速度指令=0	—

(DB：动态制动器动作)

如果 Pr66=2，减速过程中的转矩限制就是 Pr6E 的设定值。

设定此参数值时，必须在控制电源断电重启之后才能修改、写入成功

续表(十六)

编号 Pr.	参数 名称	相关 模式	设置 范围	功 能 与 含 义
67	主电源 关断时 报警时序	All	0～9	如果 Pr65 = 0,可以设置在主电源关断之后,电机减速过程中和停转后的驱动条件,以及将偏差计数器内容清零。 表格内容 (DB:动态制动器动作) 如果 Pr67 = 8 或 9,则减速过程中的转矩限制就是 Pr6E 的设定值
68	伺服报警时 相关时序	All	0～3	设置由于驱动器保护功能触发的报警动作后,在电机减速过程中或停转后的驱动条件。 表格内容 (DB:动态制动器动作)

Pr67 表格:

Pr67	驱动条件 减速过程中	驱动条件 电机停转后	偏差计数器内容
0	DB	DB	清零
1	自由滑行	DB	清零
2	DB	自由滑行	清零
3	自由滑行	自由滑行	清零
4	DB	DB	保持
5	自由滑行	DB	保持
6	DB	自由滑行	保持
7	自由滑行	自由滑行	保持

Pr67	控制模式		驱动条件	偏差计数器内容
8	P, F	伺服锁定 (位置指令 = 0)	DB	清零
8	S, T	零速钳位 (速度指令 = 0) (减速时间 = 0)	DB	—
9	P, F	伺服锁定 (位置指令 = 0)	自由滑行	清零
9	S, T	零速钳位 (速度指令 = 0) (减速时间 = 0)	自由滑行	—

Pr68 表格:

Pr68	驱动条件 减速过程中	驱动条件 电机停转后	偏差计数器内容
0	DB	DB	清零
1	自由滑行	DB	清零
2	DB	自由滑行	清零
3	自由滑行	自由滑行	清零

续表(十七)

编号 Pr.	参数名称	相关模式	设置范围	功能与含义
69	伺服 OFF 时相关时序	All	0～9	设置在伺服关断(SRV-ON，X5 插头，第 29 引脚断开)之后，电机减速过程中和停转后的驱动条件，以及将偏差计数器内容清零。 此参数的功能与设定值的意义同 Pr67
6A	电机停止时机械制动器延迟时间	All	0～100	设置在电机停止(伺服锁定)状态中关断伺服使能信号(SRV-ON，X5 插头，第 29 引脚)时，从机械制动器释放信号(BRK-OFF，第 10、11 引脚)断开到电机断电的延迟时间。 单位：×2 ms
6B	电机运转时机械制动器延迟时间	All	0～100	设置电机运转状态中伺服使能信号(SRV-ON 断开)关断时，从机械制动器释放信号(BRK-OFF)断开到电机断电的延迟时间。 单位：×2 ms。 如果在设定这个时间之前电机速度就降到约 30 r/m，BRK-OFF 信号将关断
6C*	外接制动电阻设置	All	0～3	对制动电阻及其过载保护 Err18 功能进行设置。 <table><tr><th>设定值</th><th>保护功能</th></tr><tr><td>0</td><td>只用内置制动电阻，并对其启用保护功能</td></tr><tr><td>1</td><td>若制动电阻操作限制值超过 10%，则过载报警 Err18 发生后伺服跳闸(失控)</td></tr><tr><td>2</td><td>不启用保护功能</td></tr><tr><td>3</td><td>不用制动电阻电路，完全依靠内置电容放电</td></tr></table>设定此参数值时，必须在控制电源断电重启之后才能修改、写入成功
6D*	主电源关断检测时间	All	35～1000	设置从主电源关断到主电源检测功能启动的延迟时间。 单位：×2 ms。 如果设为 1000，则取消断电检测功能。 设定此参数值时，必须在控制电源断电重启之后才能修改、写入成功
6E	紧停时转矩设置	All	0～500	对以下情况的转矩限制值进行设置： (1) Pr66 = 2，行程限位时的减速过程。 (2) Pr67 = 8 或 9，减速过程。 (3) Pr69 = 8 或 9，减速过程。 如果此参数设为 0，就使用通常的转矩限制
6F	制造商参数			

续表(十八)

编号 Pr.	参数名称	相关模式	设置范围	功能与含义
70	位置偏差过大水平	P，F	1～32 767	设置位置偏差脉冲数过大的检测范围。 单位：×256×编码器分辨率。 位置控制模式是编码器的反馈脉冲数。 全闭环控制模式是外部反馈装置的反馈脉冲。 如果此参数设为 0，则位置偏差过大检测功能被取消
71	模拟量指令偏差过大水平	S，T	0～100	设置输入的模拟量速度指令或转矩指令(SPR，X5 插头，第 14 引脚)在零漂补偿后检测电压是否过高的判断水平。 单位：×0.1 V。 如果此参数设为 0，则模拟量指令过大检测功能被取消
72	过载水平	All	1～500	设置电机的过载水平。单位：%。 如果设为 0，则过载水平即为 115%。通常请设为 0。 此参数值最高可设为电机额定转矩的 115%。 如果需要较低的过载水平，则预先设置此参数。
73	过速水平	All	1～20 000	设置电机的过速水平。单位：r/m。 如果设为 0，则过速水平即为电机最高速度×1.2。通常设为 0。 此参数值最高可设为电机最高转速的 1.2 倍。 注：7 线制绝对式编码器的检测误差为 ±3 r/m；5 线制增量式编码器为 ±36 r/m
74	第 5 内部速度	S	−20 000～20 000	设置内部速度指令的第 5～8 速度。 单位：r/m。 取决于 Pr73(过速水平)的设定值
75	第 6 内部速度			
76	第 7 内部速度			
77	第 8 内部速度			
78*	外部反馈脉冲分倍频分子	F	0～32 767	设置全闭环控制模式时编码器与外部反馈装置分辨率之比率(分倍频比率)。 $$\frac{编码器分辨率}{外部反馈装置分辨率}=\frac{Pr78\times2^{Pr79}}{Pr7A}$$ Pr78 = 0：分子即等于编码器分辨率，Pr7A 即可设为外部反馈装置的分辨率。
79*	外部反馈脉冲分倍频分子	F	0～17	
7A	外部反馈脉冲分倍频分母	F	1～32 767	Pr78 ≠ 0：根据上式设置外部反馈装置每转分辨率。 注： 分辨率：电机转一圈对应的脉冲数。 实际分子(Pr78×2^{Pr79})计算出来的上限是 131 072。超过此值得计算结果是无效的，并自动以上限值替代。 应在伺服 OFF 状态下修改此参数

续表(十九)

编号 Pr.	参数 名称	相关 模式	设置 范围	功能与含义
7B*	混合控制 偏差过大 水平	F	1~ 10 000	设置全闭环控制模式中分别由电机编码器与外部反馈装置检测出的位置的容许偏差。 单位：×16×外部反馈装置的分辨率
7C*	外部反馈 脉冲方向 设置	F	0~1	设置外部反馈装置的绝对式数据的逻辑。 0：当检测的数据头正向运动(计数器数据＋向变化)时串行数据增大。 1：当检测的数据头负向运动(计数器数据－向变化)时串行数据减小
7D	制造商参数			
7E	制造商参数			
7F	制造商参数			

附录3 三菱MR-J2S伺服驱动器接头针脚意义

1. CN1A/CN1B 中的信号功能

通过改变控制模式及针脚定义可改变信号的功能，请参照下表。

接头	针脚号	I/O[①]	对应于各控制模式的 I/O 信号[②]						相关参数
			P	P/S	S	S/T	T	T/P	
CN1A	1		LG	LG	LG	LG	LG	LG	
	2	I	NP	NP/—				1—/NP	
	3	I	PP	PP/—				/PP	
	4		P15R	P15R/P15R	P15R	P15R	P15R	P15R	
	5	O	LZ	LZ	LZ	LZ	LZ	LZ	
	6	O	LA	LA	LA	LA	LA	LA	
	7	O	LB	LB	LB	LB	LB	LB	
	8	I	CR	CR/SP1	SP1	SP1/SP1	SP1	SP1/CR	No.43~48
	9		COM	COM	COM	COM	COM	COM	
	10		SG	SG	SG	SG	SG	SG	
	11		OPC	OPC/—				1—/OPC	
	12	I	NG	NG/—				/NG	
	13	I	PG	PG/—				1—/PG	
	14	O	OPC	OP	OP	OP	OP	OP	
	15	O	LZR	LZR	LZR	LZR	LZR	LZR	
	16	O	LAR	LAR	LAR	LAR	LAR	LAR	
	17	O	LBR	LBR	LBR	LBR	LBR	LBR	
	18	O	INP	INP/SA	SA	SA/—		/INP	No.49
	19	O	RD	RD	RD	RD	RD	RD	No.49
	20		SG	SG	SG	SG	SG	SG	
CN1B	1		LG	LG	LG	LG	LG	LG	
	2	I		1—/VC	VC	VC/VLA	VLA	VLA/—	
	3		VDD	VDD	VDD	VDD	VDD	VDD	
	4[④]	O	DO1	DO1	DO1	DO1	DO1	DO1	
	5	I	SON	SON	SON	SON	SON	SON	No.43~48
	6	O	TLC	TLC	TLC	TLC/VLC	VLC	TLC/VLC	No.49
	7	I		LOP	SP2	LOP	SP2	LOP	No.43~48
	8	I	PC	PC/ST1	ST1	ST1/RS2	RS2	RS2/PC	No.43~48
	9	I	TL	TL/ST2	ST2	ST2/RS1	RS1	RS1/TL	No.43~48
	10		SG	SG	SG	SG	SG	SG	
	11		P15R	P15R	P15R	P15R	P15R	P15R	
	12	I	TLA	TLA/TLA[③]	TLA[③]	TLA/TC[③]	TC	TC/TLA	

续表

接头	针脚号	I/O①	\multicolumn{6}{对应于各控制模式的I/O信号②}	相关参数
			P	P/S	S	S/T	T	T/P	
CN1B	13		COM	COM	COM	COM	COM	COM	
	14	I	RES	RES	RES	RES	RES	RES	No.43～48
	15	I	EMG	EMG	EMG	EMG	EMG	EMG	
	16	I	LSP	LSP	LSP	LSP/—		1—/LSP	
	17	I	LSN	LSN	LSN	LSN/—		1—/LSP	
	18	O	ALM	ALM	ALM	ALM	ALM	ALM	No.49
	19	O	ZSP	ZSP	ZSP	ZSP	ZSP	ZSP	No.1，No.49
	20		SG	SG	SG	SG	SG	SG	

注：① I：输入信号；O：输出信号；—：其他(电源等)。② P：位置控制模式；S：速度控制模式；T：转矩控制模式；P/S：位置/速度控制切换模式；S/T：速度/转矩控制切换模式；T/P：转矩/位置控制切换模式。③ 通过参数 No.43～No.48 的设定，可以使用信号 TL 和 TLA。④ 恒定输出 CNIA-18 信号。

2. 伺服驱动器显示符号说明

符号	信号名称	符号	信号名称
SON	伺服开启	VLC	速度限制中
LSP	正转行程末端	RD	准备完毕
LSN	反转行程末端	ZSP	零速
CR	清除	INP	定位完毕
SP1	速度选择 1	SA	速度到达
SP2	速度选择 2	ALM	故障
PC	比例控制	WNG	警告
ST1	正向转动开始	BWNG	电池警告
ST2	反向转动开始	OP	编码器 Z 相脉冲(集电极开路)
TL	转矩限制选择	MBR	电磁制动器连锁
RES	复位	LZ	编码器 Z 相脉冲(差动驱动)
EMG	外带紧急停止	LZR	
LOP	控制切换	LA	编码器 A 相脉冲(差动驱动)
VC	模拟量速度指令	LAR	
VLA	模拟量速度限制	LB	编码器 B 相脉冲(差动驱动)
TLA	模拟量转矩限制	LBR	
TC	模拟量转矩指令	VDD	内部接口电源输出
RS1	正转选择	COM	数字接口电源输入
RS2	反转选择	OPC	集电极开路电源输入
PP	正向/反向脉冲串	SG	数字接口公共端
NP		PI5R	15VDC 电源输出
PG		LG	控制公共端
NG		SD	屏蔽端
TLC	转矩限制中		

3. 信号说明

下列各表中，P：位置控制模式；S：速度控制模式；T：转矩控制模式；○：出厂设置下能使用的信号；△：通过参数 No.43～No.49 设定后才能使用的信号。

(1) 输入信号见下表：

信号名称	符号	接头针脚号	功能及应用	I/O分配	控制模式 P	控制模式 S	控制模式 T
正向转动开始	ST1	CN1B8	按下表中的旋转方向启动伺服电机 **(注)输入信号 / 输出转矩方向** ST2 / ST1 / 输出转矩方向 0 / 0 / 停止(伺服锁定) 0 / 1 / 逆时针 1 / 0 / 顺时针 1 / 1 / 停止(伺服锁定) 运行中如把 ST1 和 ST2 都置为 ON 或 OFF，根据参数 NO.12 的设定值，伺服电动机将减速停止并锁定。模拟量速度指令为 0V 时，启动时不会输出伺服锁定转矩	DI-1		○	
反向转动开始	ST2	CN1B9					
正转选择	RS1	CN1B9	选择伺服电动机输出转矩的方向。 输出转矩的方向如下： **(注)输入信号 / 输出转矩方向** RS2 / RS1 / 输出转矩方向 0 / 0 / 不输出转矩 0 / 1 / 正向电动，反向再生制动 1 / 0 / 反向电动，正向再生制动 1 / 1 / 不输出转矩 注：0 表示 OFF(和 SG 断开)，1 表示 ON(和 SG 接通)	DI-1			○
反正选择	RS2	CN1B8					

续表(一)

信号名称	符号	接头针脚号	功能及应用	I/O分配	控制模式 P	S	T
速度选择1	SP1	CN1A8	速度控制模式时，用于选择运行时的指令速度。使用 SP3 时，需设置参数 No.43～No.48。 **参数 No.43～No.48 的设定 / 输入信号(SP3 SP2 SP1) / 速度指令** 速度选择(SP3)无效的场合(初始值)： — 0 0 模拟量速度指令(VC) — 0 1 内部速度指令(No.48) — 1 0 内部速度指令(No.4) — 1 1 内部速度指令(No.10) 速度选择(SP3)有效的场合： 0 0 0 模拟量速度指令(VC) 0 0 1 内部速度指令(No.8) 0 1 0 内部速度指令(No.9) 0 1 1 内部速度指令(No.10) 1 0 0 内部速度指令(No.72) 1 0 1 内部速度指令(No.73) 1 1 0 内部速度指令(No.74) 1 1 1 内部速度指令(No.75) 注：0 表示 OFF(和 SG 断开)；1 表示 ON(和 SG 接通)。 转矩控制模式时，用于选择运行时的速度限制。使用 SP3 时，需设置参数 No.43～No.48。 **参数 No.43～No.49 的设定 / 输入信号(SP3 SP2 SP1) / 速度指令** 速度选择(SP3)无效的场合(初始值)： — 0 0 模拟量速度指令(VLA) — 0 1 内部速度指令(No.8) — 1 0 内部速度指令(No.9) — 1 1 内部速度指令(No.10) 速度选择(SP3)有效的场合： 0 0 0 模拟量速度指令(VLA) 0 0 1 内部速度指令(No.8) 0 1 0 内部速度指令(No.9) 0 1 1 内部速度指令(No.10) 1 0 0 内部速度指令(No.72) 1 0 1 内部速度指令(No.73) 1 1 0 内部速度指令(No.74) 1 1 1 内部速度指令(No.75)	DI-1		○	○
速度选择2	SP2	CN1B7		DI-1		○	○
速度选择3	SP3			DI-1		△	△

续表(二)

信号名称	符号	接头针脚号	功能及应用	I/O 分配	控制模式 P	S	T
比例控制	PC	CNIB8	当 PC-SG 之间接通时，速度调节器由比例积分控制切换到比例控制。 在伺服电动机处于停止状态时，由于外部原因，1 个脉冲的偏差也会使伺服电动机输出转矩以补偿位置误差。当定位完毕(停止)后，如果已经锁住电机轴，则应将比例控制信号设置为 ON，这样就可抑制为补偿位置偏差而输出转矩。当电机轴长时间锁定时，应将比例控制信号和转矩限制选择信号(TL)同时置 ON，用模拟量转矩限制功能将输出转矩限制在设定值以下	DI-1	○	△	
紧急停止	EMG	CN1B 15	当 PC-SG 之间断开时，伺服电动机处于紧急停止状态。这时伺服放大器停止输出，动态制动器动作将 EMG-SG 接通，就能解除此状态	DI-1	○	○	○
清除	CR	CN1A 8	在 CR-SG 接通的上升沿清除位置控制脉冲。脉冲宽度必须在 10 ms 以上。 如果参数 No.42 设置为□□1□，只要 CR-SG 在接通状态就清除滞留脉冲	DI-1	○		
电子齿轮选择 1	CM1		使用 CM1/CM2 时，需设置参数 No.43～No.48。 用 CM1-SG 和 CM2-SG 之间的状态组合，可以选择经参数设定的 4 种电子齿轮比。 在绝对位置系统中不能使用 CM1/CM2。				
电子齿轮选择 2	CM2		(注)输入信号 / 电子齿轮分平 表格见下	DI-1	△		
增益切换	CDP		使用此信号时，需设置参数 No.43～No.48。 CDP-SG 之间接通时，负载转动惯量比切换到参数 No.61 的设定，各种增益值被乘上由参数 No.62～No.64 所设定的参数	DI-1	△	△	△

(注)输入信号		电子齿轮分平
CM2	CM1	
0	0	参数 No.1(CMX)
0	1	参数 No.69(CM2)
1	0	参数 No.70(CM3)
1	1	参数 No.71(CM4)

注: 0 表示 OFF(和 SG 断开)，1 表示 ON(和 SG 接通)

续表(三)

信号名称	符号	接头针脚号	功能及应用	I/O分配	控制模式 P	S	T
控制切换	LOP	CN1B 7	位置/速度控制切换模式时,可使用控制切换信号进行选择。 (注)LOP | 控制模式 0 | 位置 1 | 速度 注:0 表示 OFF(和 SG 断开),1 表示 ON(和 SG接通)。 速度/转矩控制切换模式时,可使用控制切换信号进行选择。 (注)LOP | 控制模式 0 | 转矩 1 | 速度 注:0 表示 OFF(和 SG 断开);1 表示 ON(和 SG接通)。 速度/位置控制切换模式时,可使用控制切换信号进行选择。 (注)LOP | 控制模式 0 | 转矩 1 | 位置 注:0 表示 OFF(和 SG 断开),1 表示 ON(和 SG接通)	DI-1	参照功能应用说明		
模拟量转矩限制	TLA	CN1B 12	在速度控制模式中使用。需设置参数 No.43～No.48,使 TL 信号可用。 当模拟量转矩限制(TLA)有效时,可在伺服电动机输出的全范围内进行转矩限制。应在 TLA-LG间施加 0～+10 V DC 电压。将电源正极(+)接到TLA上。+10 V 输入电压对应最大输出转矩	模拟量输入	○	△	
模拟量转矩指令	TC		在伺服电动机输出的全范围内控制输出转矩。应在 TC-LG 间施加 0～±8 V DC 的电压。±8 V 对应最大输出转矩。可通过参数 No.26 修改 ±8 V 输入电压所对应的输出转矩	模拟量输入			○

信号名称	符号	接头针脚号	功能及应用	I/O分配	控制模式		
					P	S	T
模拟量速度指令	VC	CN1B 2	应在 VC-LG 间施加 0~±10 V DC 电源,可通过参数 No.25 修改 ±10 V 输入电压所对应的速度。	模拟量输入		○	
模拟量速度限制	VLA		应在 VLA-LG 间施加 0~±10 V DC 电源,可通过参数 No.25 修改 ±10 V 输入电压所对应的速度	模拟量输入			○
正向脉冲串反向脉冲串	PP NP PG NG	CN1B 3 CN1B 2 CN1B 13 CN1B 12	正转/反转脉冲串。 集电极开路时(最大输入速率为 200 kp/s),PP-SG 之间输入正向脉冲串,NP-SG 之间输入反向脉冲串;差动驱动方式时(最大输入速率为 500 kp/s),PG-PP 之间输入正向脉冲串,NG-NP 之间输入反向脉冲串。 指令脉冲串的形式可用参数 No.21 修改	DI-2	○		

(2) 输出信号见下表:

信号名称	符号	接头针脚号	功能及应用	I/O分配	控制模式		
					P	S	T
故障	ALM	CN1B 18	电源断开或保护电路工作时 ALM-SG 之间被断开,此时主电路停止输出。 没有发生报警时,电源接通后 1 s 以内 ALM-SG 导通	D0-1	○	○	○
准备完毕	RD	CN1A 19	伺服开启,伺服放大器处于可运转的状态时,RD-SG 之间导通	D0-1	○	○	○
定位完毕	INP	CN1A 18	在设定的定位范围内 INP-SG 之间接通,定位范围可用参数 No.5 修改。 定位范围较大且伺服电机低速旋转时,可能会一直处于导通状态	D0-1	○		
速度到达	SA		当伺服电机的速度到达设定速度附近时,SA-SG 之间导通。设定速度在 50 r/min 以下时,一直处于导通状态	D0-1		○	

信号名称	符号	接头针脚号	功能及应用	I/O 分配	控制模式 P	S	
速度限制	VLC	CN1B 6	在转矩控制模式下，当伺服电机速度达到任一内部速度限制(No.8～No.10，No.72～No.75)或模拟量速度限制(VLA)时 VLC-SG 之间导通。伺服开启信号(SON)为 OFF 时，VLC-SG 之间断开	D0-1			○
转矩限制	TLC		当输出转矩到达内部转矩限制(参数 No.28)或模拟量转矩限制(TLA)设定的转矩时，TLC-SG 之间导通。伺服开启信号(SON)为 OFF，TLC-SG 之间断开	D0-1	○	○	
零速	ZSP	CN1B 19	伺服电机的速度在零速(50 r/min)以下，ZSP-SG 之间导通。可通过参数 No.24 修改零速的范围	D0-1	○	○	○
电磁制动器连锁	MBR	CN1B 19	使用此信号时，参数 No.1 应设为□□1□，此时不能使用 ZSP。伺服 OFF 或报警时，MBR-SG 之间断开。报警发生时，不论主电路处于何种状态，MBR-SG 之间断开	D0-1	△	△	△
警告	WNG		使用这个信号时，应用参数 No.49 设定输出接头的针脚号。注意此时原来的信号将不能继续使用。警告发生时，WNG-SG 之间导通；没有警告发生时，电源接通后 1 s 内 WNG-SG 之间断开	D0-1	△	△	△
电池警告	BWNG		使用此信号时，应用参数 No.49 设定输出接头的针脚号。注意此时原来的信号将不能继续使用。电池断线警告(AL.92)或电池警告(AL.F)发生时，BWNG-SG 之间导通；没有发生上述警告时，在电源接通 1 s 内，BWNG-SG 之间断开	D0-1	△	△	△

续表（二）

信号名称	符号	接头针脚号	功能及应用				I/O 分配	控制模式		
								P	S	T
报警代码		CN1A 19 CN1A 18 CN1A 19	使用这些信号时，应将参数 No.49 设置为□□□1。 发生报警时输出这些信号；没有发生报警时，则分别输出通常的信号(RD，INP，SA，ZSP) 报警代码和报警名称如下所示： 注报警代码 / 报警显示 / 名称 表格如下： 	18针脚	18针脚	19针脚	报警显示	名称
---	---	---	---	---
			88888	看门狗
			AL.12	存储器异常 1
			AL.13	时钟异常
			AL.15	存储器异常 2
0	0	0	AL.17	电路板异常
			AL.19	存储器异常 3
			AL.37	参数异常
			AL.8A	串行通讯超时
			AL.8E	串行通讯异常
0	0	1	AL.30	再生制动异常
			AL.33	过压
0	1	0	AL.10	欠压
			AL.45	主电路器件过热
0	1	1	AL.46	伺服电机过热
			AL.30	过载 1
			AL.51	过载 2
1	0	0	AL.24	电机输出接地异常
			AL.32	过流
			AL.31	超速
1	0	1	AL.35	指令脉冲频率异常
			AL.32	误差过大
			AL.1A	电机配合异常
1	1	0	AL.16	编码器异常 1
			AL.20	编码器异常 2
			AL.25	绝对位置丢失 | 注：0表示OFF(和SG断开)；1表示ON(和SG接通)				D0-1	△	△	△

263

续表(三)

信号名称	符号	接头针脚号	功能及应用	I/O分配	控制模式 P	S	T
编码器 Z 相脉冲(集电极开路)	OP	CN1A 14	输出编码器 Z 相脉冲。伺服电机每转输出一个脉冲。每次到达零位置时,OP-LG 之间导通。 最小脉冲宽度约为 400 μs。在使用这个脉冲进行原点复归时,爬行速度应设置在 100 r/min 以下	D0-2	○	○	○
编码器 A 相脉冲(差动驱动)	LA LAR	CN1A 6 CN1A 16	在差动输出系统中用参数 No.27 设定伺服电机每转一周输出的脉冲个数 当伺服电机逆时针旋转时,编码器 B 相脉冲比编码器 A 相脉冲的相位滞后 90°。 伺服电机旋转方向和 A/B 相的相位差之间的关系可用参数 No.54 修改	D0-2	○	○	○
编码器 B 相脉冲(差动驱动)	LB LBR	CN1B 7 CN1B 17		D0-2	○	○	○
编码器 Z 相脉冲(差动驱动)	LZ LZR	CN1A 5 CN1A 15	以差动方式输出与 OP 相同的信号	D0-2	○	○	○
模拟量输出 1	MO1	CN3 4	以 MO1-LG 间的电压方式输出参数 No.17 所设定的内容。 分辨率:10 位	模拟量输出	○	○	○
模拟量输出 2	MO2	CN3 14	以 MO2-LG 间的电压方式输出参数 No.17 所设定的内容。 分辨率:10 位	模拟量输出	○	○	○

(3) 通信信号见下表:

信号名称	符号	接头针脚号	功能及应用	I/O分配	控制模式 P	S	T
RS-422接口	SDP SDN RDP RDN	CN3 9 CN31 9 CN3 5 CN3 15	RS-422 通信和 RS-232C 通信功能不可同时使用。 使用何种功能可用参数 No.16 选择		○	○	○
RS-422终端电阻	TRE	CN3 10	RS-422 接口的终端电阻连接端子。伺服放大器为最后一个站时,应将此端子与 RDN(CN3-15)连接		○	○	○
RS-232C接口	RXD TXD	CN3 2 CN3 12	RS-422 通信功能 RS-232 通信功能不可同时使用。 使用何功能可用参数 No.16 选择		○	○	○

(4) 电源信号见下表:

信号名称	符号	接头针脚号	功能及应用	I/O分配	控制模式		
					P	S	T
内部接口电源输出	VDD	CN1B 3	VDD-SG 之间输出±DC24V±10%电源。 用于数字输入接口时,应与 COM 端链接。 允许电流:80mA		○	○	○
数字接口电源输入	COM	CN1A 9 CN1B 13	输入接口用 DC 24 V 电源(200 mA 以上)。 应与 DC 24 V 外部电源的正极(+)连接。 接 DC 24 V ± 10%电源		○	○	○
集电极开路电源输入	OPC	CN1A 11	以集电极开路方式输入脉冲串时,应向此端子提供 DC 24 V 电源		○	○	○
数字接口公共端	SG	CN1A 10 20 CN1B 10 20	SON、EMG 等输入信号的公共端,与各针脚在伺服放大器内部连通,与 LG 隔离		○	○	○
15VDC电源输出	P15R	CN1A 4 CN1B 11	在 P15R-LG 之间输出 DC15V 电压,作为 TC/TLA/VC/VLA 的电源。 允许电流:30 mA		○	○	○
控制公共端	LG	CN1A 1 CN1B 1 CN3 1,11 3,13	TLA/TC/VC/VLA/FPB/GP/MO1/MO2 和 P15R 的公共端。 同名针脚在伺服放大器内部连通		○	○	○
屏蔽端	SD	金属牌	连接屏蔽线的屏蔽层		○	○	○

参 考 文 献

[1] 向晓汉. 西门子 PLC 高级应用实例精解. 北京：机械工业出版社，2010.
[2] 何用辉. 自动化生产线安装与调试. 北京：机械工业出版社，2012.
[3] 朱文杰. S7-200 PLC 编程设计与案例分析. 北京：机械工业出版社，2009.
[4] 童克波. 现代电气及 PLC 应用技术. 北京：北京邮电大学出版社，2011.
[5] 亚龙 YL-268 型机电一体化柔性生产实训系统实验指导书，2009.